JN039023

Pythonの基本と振動・制御工学への応用

工学博士　松下　修己
博士（情報科学）　藤原　浩幸　【共著】
博士（工学）　保手浜　拓也

コロナ社

まえがき

大学などの工業数学を考えた場合，少なくとも二つの側面がある。その代表例は数値ベースで計算することで，すべての数値が既知であるExcelのような数値（numerical）計算である。他方は，$ax^2+bx+c=0$のような文字変数（symbol）を含みながら数式を解くことである。後者のsymbolic数学では，変数にある値を代入し，残りは未知変数として変数名のまま数式展開を行い一般的に解析することができる。数値のみを扱う電卓と似て非なるところである。Pythonでは，この二つの世界は整然と区別され，numpyとsympyのコマンド群で実行する。両群のコマンドを協調させながら一つの目的に向かってプログラムが作成される。競合ソフトウェアMathematicaもsymbolic数学を得意とするが，無料という点でPythonが多くの方に歓迎されている。

板書で秩序立てて数式や数値を交えながら説明する理工系授業などでは，本ソフトウェアの利用で教育効率は各段に向上する。局所的ではあるが大学での理系工業数学の教育方法が一変しつつある。また，Excelを駆使しているような職場でも，複素数や変数を交えての計算なども簡単に扱える本ソフトウェアの導入は，仕事の仕方を変貌させる可能性がある。

工場の設計者として効率向上至上主義を教え込まれ，教育者に転じた著者自身，このPythonを駆使した講義の高効率化が目下の自身の開発テーマである。例えば，理工系力学において，数式・計算に悩まされることより，図表を用いてもっと上流側の物理的考察や力学的解釈に注力した講義を展開したい。そのツールとして，Pythonをダウンロード（DL）し，それを活用する入門書を著した。

本書の構成は全7章よりなる。

第1章は，PythonのDLおよびインストール方法の手引きである。

第2章では，簡単な電卓計算から始まり，表計算，グラフの描画，ファイルの出し入れなど通論で10講義を用意。これがわかれば即実践へという入門編である。第3章では，フローチャートに似たソフトウェア設計図であるPAD（Problem Analysis Diagram）を紹介し，論理思考過程の視覚化を説く。第4章では，厳選した4テーマ「微分方程式，ラプラス変換，フーリエ変換，固有値問題」について，大学で学ぶ工業数学を例題中心に学ぶ。鉛筆に代わり，ソフトウェアで数学を処理する威力を体感してほしい。以上の準備のもと，筆者らの専門範囲である機械・電気系ダイナミクスの基本として「機械力学」（振動工学）を第5章に，また「制御工学」を第6章にそれぞれを述べた。最終第7章では，我々が仕事や教育で使っている重宝な私設関数を紹介するので，多いに活用されたい。

Python などのソフトウェア習得のコツはプログラムのコピーにある。自分の課題に近いプログラムをまずコピー，それを変形し，自分流に書き換えていく方法が最も近道であることは，等しく余人の認めるところである。大いにコピーされたい。紙面数の制約で本書では中途となったプログラムが多々あり，（詳細は WEB）のサインが入っている。**コロナ社の Web ページ[†]にはプログラムの全文が載っているので，DL・活用をお願いします。**

書き終えてみると，ソフトウェア紹介本の執筆の大変さを思い知った。特にプログラミングでは，間違いなきことは当然であるが，紹介コマンドの取捨選択，プロミングは短く・分かりやすくなど，推敲に推敲を重ねた。著者らの筆力の不足，浅学非才や独断にもとづく誤った説明の所在が不安でもある。万全の体制で執筆につとめたが，専門の範囲も広く，また奥も深く，山の高さを痛感している。読者の皆様の批判や叱正を得ることができれば著者の望外の喜びとするところである。

最後に，本書の図版作成などでご便宜を賜った新川文登様（新川電機株式会社 社長）および同社広報関係者の皆様のご協力に感謝申し上げます。また，出版に際し格段のご支援を賜ったコロナ社に深く感謝の意を表す。

2023 年 12 月

著者代表　松下　修己

[†] コロナ社 Web ページ　https://www.coronasha.co.jp/np/isbn/9784339032468/

目　　　次

第1章　Python 事始め　1

第2章　Python 速習十講　7

Python 事始め

1・1 Anaconda パッケージについて

本節では Python を使用するための準備について解説する。特に算術計算で使用するためには数多くのライブラリを準備する必要がある。本書では算術計算に必要なライブラリや実行環境をまとめてインストールできる **Anaconda** というパッケージを利用している。おもなライブラリとして，算術計算 **Numpy**，シンボリック変数計算 **Sympy**，グラフ描画 **matplotlib**，実行環境 **Jupyter Notebook** などが入っている。機械・電機・制御などのシステム工学計算に必要なものがおよそそろっている。

1・2 Anaconda のインストール

Anaconda のソフトウェアは下記の web サイト†からダウンロードできる。

https://www.anaconda.com/products/individual

上記サイトを表示したら，一番下までスクロールし，自分の OS に合わせてクリックしてインストーラをダウンロード（DL）を実行すると実行環境ができる。本書ではインストールの詳細は省略するが，下記のサイトで解説されているので，参考にされたい。

https://www.python.jp/install/anaconda/windows/install.html

† 本書に示す URL はすべて 2023 年 12 月現在。

1・3　Jupyter ノートブックと実行方法

インストールが完了したら，プログラムの起動を確認する。**図 1・1** に示すように，① のスタートメニューをクリックすると，② の Anaconda3 のフォルダが見える。そのフォルダをクリックすると ③ のように中身のソフトウェアが見える。この中から ④ の "Jupyter Notebook" を選択し起動する。

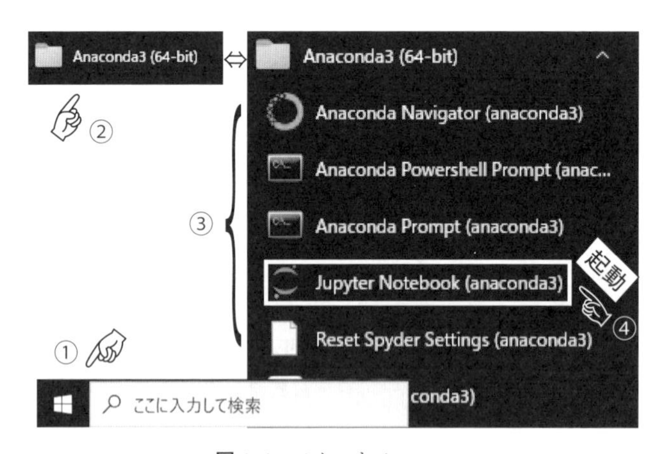

図 1・1　スタートメニュー

Jupyter Notebook は標準ブラウザ（Windows のときは Edge）で動作するようになっており，**図 1・2**（左上）は Jupyter Notebook が起動した直後の画面である。表示されているフォルダはユーザーの "Home" フォルダであり，標準の Desktop などのフォルダが見えるはずである。ここから，⑤ "Documents"，⑥ "Python Scripts" と順にクリックする。ここから既存の Notebook ファイル ⑦ を選択して開くことができる。ここでは，fujiwara.ipynb を選択している。既存ファイルがない場合は新規にプログラムを書き始めるとして，右上に表示されている ⑧ "New ▼" をクリックする。その後，⑨ "Python3 (ipykernel)" メニューを選択すると新しく ⑩ Notebook "Untitle1.ipynb" が開かれる。⑩ の Untitle1 をクリックすると名前の変更ができる。この段階で計算用の Notebook が準備され，⑪ ではプロンプトが点滅し入力のタイプインを待っている。これで準備完了である。

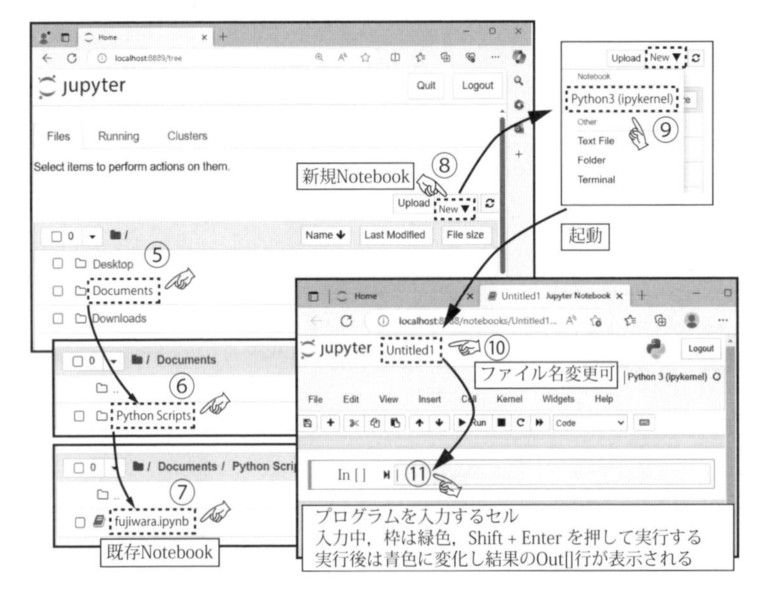

図 1·2　Jupyter Notebook の起動直後の画面

これから計算を開始していく。In［ ］の右枠にカーソルが点滅するので，ここにプログラムを記述して，SHIFT + ENTER を押すと計算が実行される。この枠一つが実行単位となり，**セル**（**cell**）と呼ばれる。実行が完了すると直下に計算結果として Out［ ］が現れる。［ ］内の数字はこの Notebook でセルが実行された順番であり，数字が表示されていない場合は未実行，［*］が表示されているときは実行中であることを示す。

1·4　簡 単 な 計 算

早速，実行してみよう。簡単な計算であれば，数値計算のライブラリを **Import** せずに実行できるので，下記の例に従って進めてほしい。

〔1〕足し算 ＋

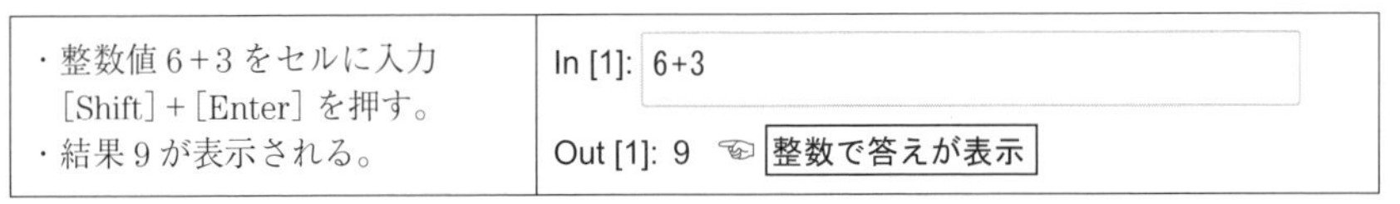

・整数値 6+3 をセルに入力 ［Shift］+［Enter］を押す。 ・結果 9 が表示される。	In [1]: 6+3 Out [1]: 9　☜ 整数で答えが表示

〔2〕引き算 −

・例 6.0-3 ・結果 3.0	In [2]: `6. -3` Out [2]: 3.0 ☜ 入力が小数のとき答えが小数値

〔3〕掛け算 *，割り算 / と四則演算

加減乗除を使った練習をしてみよう。

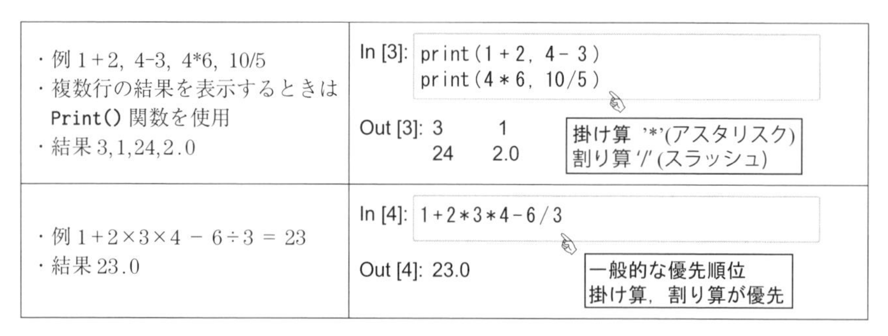

・例 1+2, 4-3, 4*6, 10/5 ・複数行の結果を表示するときは Print() 関数を使用 ・結果 3,1,24,2.0	In [3]: `print(1+2, 4-3)` `print(4*6, 10/5)` Out [3]: 3　1 24　2.0 掛け算 '*'(アスタリスク) 割り算 '/' (スラッシュ)
・例 1+2×3×4 − 6÷3 = 23 ・結果 23.0	In [4]: `1+2*3*4-6/3` Out [4]: 23.0 一般的な優先順位 掛け算，割り算が優先

〔4〕割り算の商 // と除り %

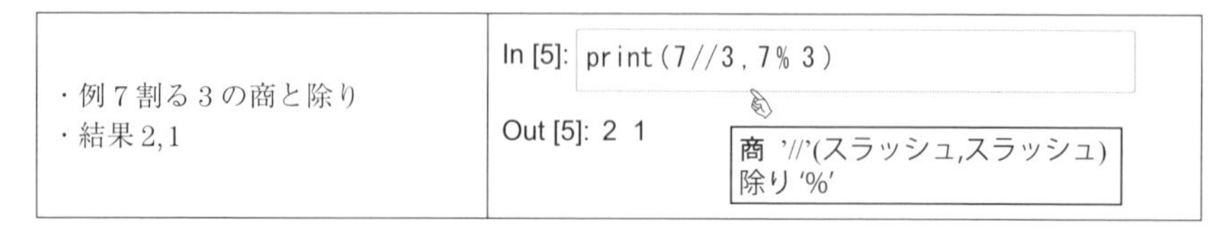

・例 7 割る 3 の商と除り ・結果 2,1	In [5]: `print(7//3, 7%3)` Out [5]: 2 1 商 '//'(スラッシュ,スラッシュ) 除り '%'

〔5〕べき乗 **

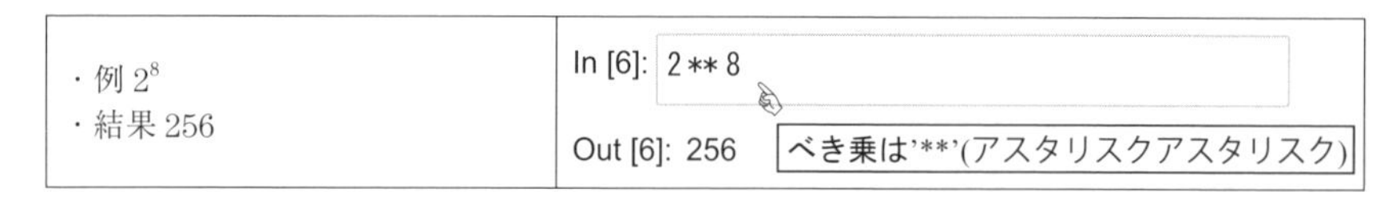

・例 2^8 ・結果 256	In [6]: `2**8` Out [6]: 256　べき乗は'**'(アスタリスクアスタリスク)

1・5 メニューの活用

記載したプログラムの保存や暴走したプログラムの中止などはメニューから選択する。**図 1・3** におもなものを記載する。

① 実行したファイルのオープンと保存

①(a) 既存のファイルを開くとき　**File → Open**

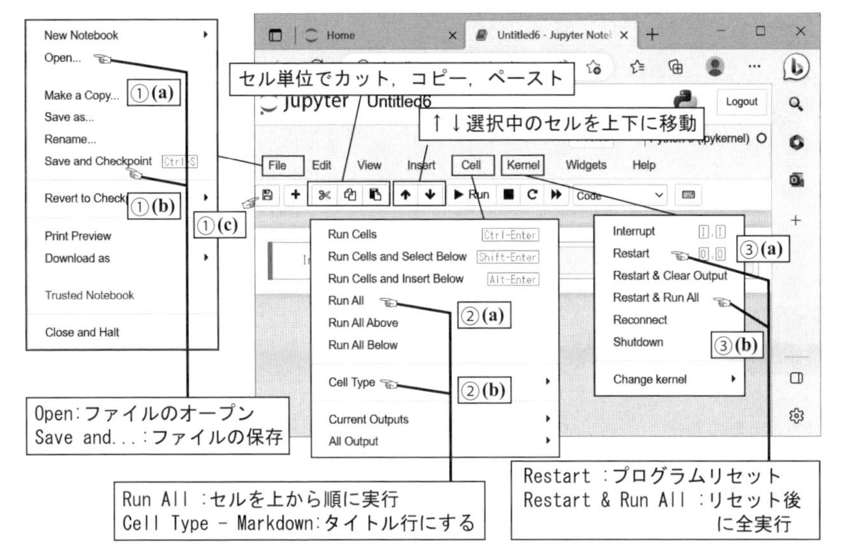

図 1·3 Jupyter notebook のメニューと操作

①(b) 保存するとき **File → Save and Checkpoint** または

①(c) 保存アイコンを押す

② セルの操作

既存のファイルを開いた直後などにすべてのセルを実行するときは

②(a) **Cell → RunAll**

プログラムの区切りとしてタイトル，コメントを入れる場合はセルを選択した状態で

②(b) **Cell → Cell Type → Markdown**

を選ぶ。文字の先頭に '#' を付けてから，[SHIFT]+[ENTER] を押すと文字列がフォントの大きいゴシック体で表示される。先頭 # の数を '##' と増やすとフォントが小さくなっていく。

③ カーネル操作

何らかの理由でプログラムが止まったり，暴走したときは

③(a) **Kernel → Restart**

で，計算をリセットし，変数を初期化する。また，プログラム全体を始めから終

わりまで一挙に動作確認をする際には

③(b)　**Kernel → Restart & Run All**

が便利である。

④　ツールボタン

✂	⎘	📋	↑↓
カット	コピー	ペースト	セルを上下に移動

1・6　本書を読む上での留意点

紙面都合のため，いろいろ工夫して略して表記しているので下記について留意されたい。

① 変位 x，行列名 M など数式はイタリックで表示，対応するプログラムでは，変数名 x，行列 mm とゴシックで書かれている。M のような大文字変数名は mm のように小文字二つを並べて対応させる。

② 数式はイタリック，プログラム変数名はゴシックで区別している。

③ ギリシャ文字と英文字との対応で数式はイタリック，プログラム変数名は英文字になっている場合が多い。

例：α → a,

ω（周波数）→ w,

θ（角度など）→ q,

ζ（減衰比）→ z

④ ワーク用の変数としては w 文字を使用している。

例：w1，w2，wtab など

⑤ プログラムの解説にはできるだけ PAD（第 3 章で紹介）を併記し，プログラム構造がわかるようにしている。ただし，誤解の恐れのない範囲で，PAD 図は変形して記載しているので留意されたい。

⑥ Python プログラミングの変数定義や計算では，半角英数のみが有効。全角の文字の使用は厳禁。

Python 速習十講

本章では，**Jupyter Notebook** と **numpy ライブラリ**を使った数値解，**sympy ライブラリ**を使った解析解，および **Plot 機能**などのパターンを紹介する。

Jupyter Notebook では，セルと呼ばれる部分にソースコードを入力し，Run（実行）ボタンのクリックでソースコードの実行結果を確認できるため，記述内容を確認しながらプログラムを作成できる。

この入力→実行を繰り返しながら全体像の一端を体験して欲しい。

2・1 加　減　乗　除

はじめに簡単な電卓計算をしてみよう。

入力 *[1]*

```
1-2+3*4+6/2
```

・掛け算 : * (アスタリスク)
・割り算 : / (スラッシュ)

```
14.0
```

べき乗，平方根の計算

入力 *[2]*

```
print(2**3, 9**(1/2))
```

・べき乗 : ** (アスタリスク アスタリスク)
・コマンド 'print(a,b)' でa, bの計算結果が印字される。

```
8 3.0
```

複素数の計算

入力 *[3]*

```
print((6+4*1j)+(7+3*1j),(6+4*1j)*(7+3*1j))
```

```
(13+7j) (30+46j)
```

・虚数単位は'1j'と書く。
・複素数は「実数＋虚数j」の形で表示される。

〔**参考文献**〕 三谷順：Python ゼロからはじめるプログラミング，翔泳社（2021）

2・2 関数解析

2・2・1 numpy, sympy ライブラリ読み込み

・下記コマンドにより【numpy】と【sympy】ライブラリを読み込む。
・語源はそれぞれ{numerical}（数値的），{symbolic}（記号的）である。
・ライブラリは一度読み込むとその後も有効

入力 [4]

```
import numpy as np
import sympy as sp
import matplotlib.pyplot as plt
plt.rcParams['figure.figsize']=(3.2,2)
```

以後はこの略称で呼ばれる

入力 [5]

```
x = sp.symbols('x')
```

・本節で使用予定のsymoblic数学の変数を宣言しておく。
・x = sp.symbols('x') はローカル変数として宣言される。
・sp.var('x')でも宣言可能であるが，大域変数となる。

2・2・2 数値化関数【numpy】-【sympy】sp.N (x, a)

・値 x を指定の有効桁数 a で小数値表記
・np.pi と書くと電卓のように標準15桁で表示
・sp.pi と書くと数式のように π → pi を表示
・type() を打つと数字np か数式sp かが判明

入力 [6]　・円周率

```
print(np.pi,'  ',type(np.pi))
print(sp.pi,'  ',type(sp.pi))
```

```
3.141592653589793    <class 'float'>
pi    <class 'sympy.core.numbers.Pi'>
```

入力 [7]

```
sp.N(sp.pi)
```

・sp.N 関数は数式 π を数字で表示できる。

3.14159265358979

・有効桁数aは省略可。その場合は標準の15桁で表示。

入力 [8]

```
# np.N(np.pi,30) #NG
sp.N(sp.pi,30)
```

・np.N では桁数の指定ができない。
・sp.N で π を30桁まで表示（a=30）

3.14159265358979323846264338328

2·2·3 平方根 np.sqrt(x), sp.sqrt(x)

入力 [9]

```
np.sqrt(2) #小数値表現
```

・平方根（ルート）関数を使用
・np.sqrt(2) にて小数値表現1.414
・sp.sqrt(2) にて厳密式表現$\sqrt{2}$

1.4142135623730951

入力 [10]

```
sp.sqrt(2) #厳密式表現
```

入力 [11]

```
sa=np.sqrt(2)-sp.sqrt(2)
print(sa, "sa=",sp.N(sa))
```

・数値表現と厳密表現の差は？
・表現の違いはあれど，差は 10^{-17} で，両者は実質同じ

1.4142 - sqrt(2) sa= 9.667e-17

subs 関数で symbol 変数 x に具体的な数値を代入したい場合には sp を用いる。

入力 [12]

```
#np.sqrt(x).subs(x,2) #NG
sp.sqrt(x).subs(x,2)
```

・np.sqrt(x)にx=2を代入→NG
・sp.sqrt(x)にx=2を代入→OK
　代入結果は，代入値のカタチを踏襲

$\sqrt{2}$

sp，np には違いがある。例えば，sp.N() subs() など引数として sp 値を専用とするものがあるので，要注意である。難しそうだがだんだんと慣れてくる。

恐れずにつぎへ進もう

2·2·4 対数 np.log(x), np.log2(x), np.log10(x), sp.log(x, a)

入力 [13]

```
np.log(np.exp(2))
```

・【numpy】では，任意の底を指定する関数はない。
・np.log(x) / np.log2(x) / np.log10(x)はそれぞれ
　e / 2 / 10を底とするlog関数である。

2.0 ☜ e^2→自然対数→答え2

例題　$8=2^x \rightarrow x=\log_2 8$,　　$100=10^x \rightarrow x=\log_{10} 100$

このようにして，対数計算（np）で x が求まる。

入力 [14]

```
print(np.log2(8), np.log10(100.0))
```

3.0 ☜ $8=2^x$　2.0 ☜ $100=10^x$

入力 [15]

```
sp.log(np.exp(2))
```

・【sympy】では, sp.log(x,a)`のように底:aと真数:xを入力引数とする。
・第2引数を省略のとき, 底は標準のeである。

2.0 ☜ e^2→自然対数→答え2

上記の例題（$8=2^x \rightarrow x=\log_2 8$, $100=10^x \rightarrow x=\log_{10} 100$）は，対数計算（sp）でも x が求めらる。

入力 [16]

```
print(sp.log(8,2), sp.log(100,10))
```

3 ← $8 = 2^x$　　　2 ← $100 = 10^x$

subs 関数により symbol 変数に数値を代入する場合：np 関数は NG，sp 関数は OK である。

入力 [17]

```
#np.log10(x).subs(x,1000) #NG
sp.log(x,10.0).subs(x,1000.0) #OK
```

・np.log10(x)に x=1000 を代入(subs) → NG
・sp.log(x,10)に x=1000 を代入(subs) → OK

3.0

2・3 複素数計算

・本書では虚数単位を $j=\sqrt{-1}$ と記す。

・【numpy】では Python 標準の complex 型を使用し 1j で表記する。

・また，【sympy】では sp.I で表記する。

・極形式の複素数は大きさ a，位相角 θ を用いて $ae^{j\theta}$ で表される。

それはオイラーの公式を用い，実部と虚部に分解される。

$$ae^{j\theta}=a\cos\theta+ja\sin\theta$$

・逆に，実部と虚部を横軸と縦軸で表した複素（ガウス）平面上の複素数値は，半径（絶対値）a と位相角（角度）θ の極形式に変換される。

例えば，**図 2・1** に示すように

$$1+2j=\sqrt{5}\ e^{j\theta}$$

となる。ただし，$\theta=\tan^{-1}2=1.107$ ラジアン[radian]＝63.4°[degree] という関係で，両表現が結ばれる。

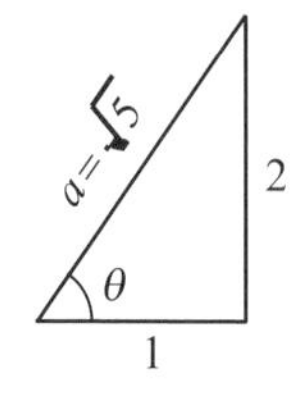

図 2・1

2·3·1 虚数単位【numpy】1j, 【sympy】sp.I

・【numpy】の np.sqrt(x) 関数の引数 x は正の実数がデフォルトであり，負の場合はエラーとなる。

・しかし，引数 x が負の実数の場合は答えが複素数となるので dtype=complex と教示される。

入力 [18]

```
print(np.sqrt(4.0))
#np.sqrt(-4.0) #NG
print(np.sqrt(-4.0,dtype=complex))
```

・計算例 $\sqrt{4}=2$, $\sqrt{-4}=2j$

```
2.0
2j
```

入力 [19]

```
np.sqrt(-4.0,dtype=complex)*1j
```

・計算例 $\sqrt{-4}\times j=2j\times j=-2$

```
(-2+0j)
```

・【sympy】の sp.sqrt(x) 関数の引数 x には正，負の実数が使える。

入力 [20]

```
print(sp.sqrt(-4),sp.sqrt(-4)*sp.I)
```

・計算例 $\sqrt{-4}=2j$, $\sqrt{-4}*j=-2$

```
2*I -2
```

2·3·2 複素数の実部と虚部【numpy】z.real / z.imag, 【sympy】sp.re(z) / sp.im(z)

・例として，つぎの複素数を考える（図 2·1 を参照）。

$$z=\frac{4+j3}{2-j}=1+j2=\sqrt{5}\ e^{j1.107}$$

・【numpy】では，複素数 z1 の実部と虚部の取り出しは変数の後ろに .real，.imag と書く。

入力 [21]

```
z1 = (4 + 3*1j) / (2 - 1j)
print(z1,type(z1))
print("re=",z1.real," im=", z1.imag)
```

・z1 = (4 + 3j)/(2 - j) = 1 + 2j に対して実部=1, 虚部=2を取り出し
・取り出し法：実部 z1.real，虚部 z1.imag

```
(1+2j) <class 'complex'>
re= 1.0  im= 2.0
```

・【sympy】では，複素数 z2 の実部と虚部の取り出しは sp.re()，sp.im() と書く。

・subs() は【sympy】が前提なのでその計算例を示す。

入力 [22]

```
L1 z2 = (x/(2-1*sp.I)).subs(x,4 + 3*sp.I)
L2 print(z2,type(z2))
L3 print(sp.simplify(z2))
L4 print("re=",sp.re(z2)," im=",sp.im(z2))
```

・z2 =x/(2 - I)= 1 + 2 I, x =(4 + 3 I)を代入した。結果はz1と同じ。
・取り出し法：実部 sp.re(z2)，虚部 sp.im(z2)

```
(2 + I)*(4 + 3*I)/5 <class 'sympy.core.mul.Mul'>
1 + 2*I
re= 1  im= 2
```

L3：L2と同じ答えだが，z2表示が複雑なため sp.simplify で簡単化した。

2·3·3　複素数の絶対値 np.abs(z)，sp.Abs(z)

入力 [23]

```
np.abs(z1)
```

・【numpy】絶対値 np.abs(z1)
・|z1|=2.23 を確認

```
2.23606797749979
```

入力 [24]

```
sp.Abs(z2)
```

・【sympy】絶対値 sp.Abs(z2)
・$|z2|=\sqrt{5}$ を確認

$\sqrt{5}$

2·3·4　複素数の位相角 np.angle(z)，sp.arg(z) [radian]

・$\theta = \mathrm{atan}(2) \approx 1.107[\mathrm{radian}] = 63.4[\mathrm{degree}]$ を確認。

入力 [25]

```
w1=np.angle(z1)
print("rad=",w1," deg=",np.rad2deg(w1))
```

・【nympy】np.angle(z1) はラジアンで求まる。
・np.rad2deg(x) はラジアン表記 x を度単位に変換

```
rad= 1.1071487177940904  deg= 63.43494882292201
```

入力 [26]

```
w2=sp.arg(z2)
print(w2,"=",sp.N(w2))
```

```
atan(2) = 1.10714871779409
```

入力 [27]

```
sp.deg(w2)
```

・【sympy】位相角sp.arg(z2) はラジアンで求まる。atan(2)=1.107 rad
・sp.deg(x) はラジアン表記 x を度単位に変換 180*atan(2)/pi deg = 63 deg

$$\frac{180\,\mathrm{atan}\,(2)}{\pi}$$

入力 [28]

```
sp.N(_)
```

・アンダーバー

・w2の数字表示を行う。
・sp.N(_) の_ は前行の内容を示す。

63.434948822922

2·3·5 複素数の log 計算 np.log(z), sp.log(z)

・複素数 $z=ae^{j\theta}$ を log 関数に代入。

$$\ln z \equiv \ln(ae^{j\theta}) = \ln a + j\theta$$

$z = (4+j3)/(2-j)$ に対して
・npで定義したものがz1
・spで定義したものがz2
これらの対数は下記にて計算する。
・【numpy】np.log(z1)
・【sympy】sp.log(z2)

【numpy】 np.log(z) np

入力 [29]

```
np.log(z1)
```

(0.8047189562170501+1.1071487177940904j)

・よって，いまの場合 ・$a=\sqrt{5} \to \ln\sqrt{5} = 0.804 \to$ 実部
・$\theta = 1.107$ [radian] $\to \theta = 1.107 \to$ 虚部

【sympy】 sp.log(z2) sp

入力 [30]

```
w2=sp.log(z2) #厳密形式式表現
display(w2,sp.N(w2))
```

$$\log\left(\frac{(2+i)(4+3i)}{5}\right)$$

・よって，いまの場合，式表現を数値表現に
・$a=\sqrt{5} \to \ln\sqrt{5} = 0.804 \to$ 実部
・$\theta = 1.107$ [radian] $\to \theta = 1.107 \to$ 虚部

$0.80471895621705 + 1.10714871779409i$

2·3·6 オイラーの公式（図 2·2 を参照）

【numpy】 の計算例

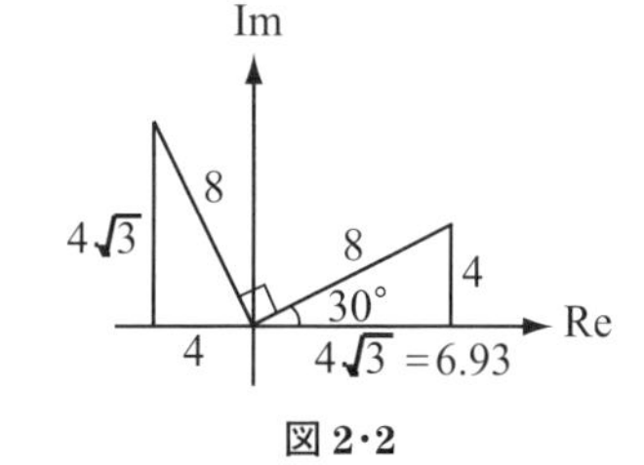

図 2·2

入力 [31]

```
8*np.exp(1j*np.deg2rad(30))# ans=6.93+j4
```

(6.92820323027551+3.9999999999999996j)

・図2·2から，計算は次式となる。
$8e^{j30^\circ} \to 90^\circ$回転 e^{j90°
$\to 8e^{j120^\circ} = -4 + 6.93j$

入力 [32]

```
display(_*np.exp(1j*np.deg2rad(90)))# ans=-4+j6.93
```

(-3.9999999999999999+6.92820323027551j)

・注：入力 [32][34] の _ は，直前行の入力 [31][33] 計算結果を引き継ぐの意

【sympy】の計算例

入力 [33]

```
sp.N(8*sp.exp(sp.I*sp.rad(30)))# ans=6.93+j4
```

6.92820323027551 + 4.0i

・ $8e^{j30°} = 6.93 + 4j$

・注：L1，L2 の _ は，直前行の計算結果を引き継ぐの意

入力 [34]

```
L1 display(_*sp.exp(sp.I*sp.rad(90))) #厳密形式式表現
L2 display(sp.simplify(_*sp.exp(sp.I*sp.rad(90))))#数値で表現
```

i (6.92820323027551 + 4.0i)
−4.0 + 6.92820323027551i

・同上 × $e^{j90°} = 8e^{j120°} = -4 + 6.93j$

2・4 関数の Plot 表現（【numpy】2.9 節【sympy】sp.plot）

・【sympy】には，簡単なグラフィックス機能が準備されている。

・ここでは最も簡単な sp.plot 関数を習得する。

2・4・1 直線・曲線のプロット

〔1〕 関数の定義 y(x)＝x−1

補遺：7章にて各種の私設のplot関数を用意している。そちらも参考にされたい。

```
def y(x):
  return x-1
```

入力 [35]

```
x=sp.Symbol('x') # 変数記号xを定義
def y(x):        # 関数y(x)を定義
    return x-1
```

・変数記号 x を sp.Symbol('x') で定義

・私設ユーザ関数 y(x)=x-1 は左記と定義し，y(x) で使う。

〔**2**〕 **関数のグラフ表示** sp.plot(**関数** y,(x **範囲**)) 　sp.plot() を用いて，先に定義した関数 y(x) を図示してみよう。

入力 *[36]*

```
# グラフ表示
sp.plot(y(x), (x, -4, 4), ylabel = "y")
```

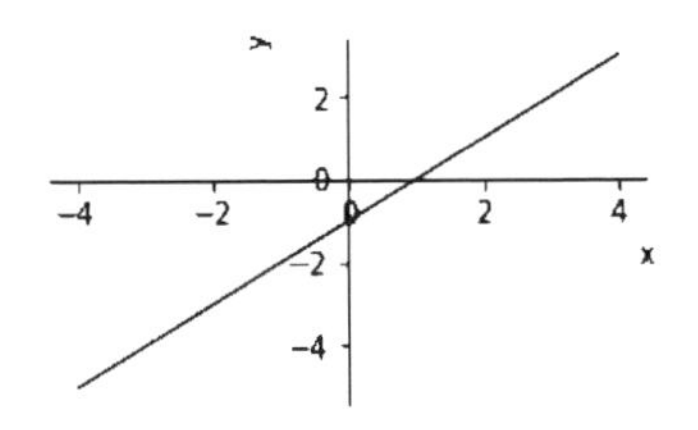

- sp.plot 関数を用い図示する。
- 図示する範囲は, -4 < x < 4
- sp.plot( )の中の引数は,
  関数名
  変数の範囲
  軸のラベル名(省略可)

〔**3**〕 **直線** y1＝y(x) 　関数を def y(x):return x-1 の形で定義せず，できるだけ直に y＝の形を推奨する。

入力 *[37]*

```
y1 = y(x);
```

- ここで, y(x) を y1 に置き換えた。

〔**4**〕 **2 次曲線** y2 　さらにもう一つ関数を定義し，先に定義した関数と合わせて同時にプロットしてみよう。

〔**5**〕 **グラフの複数表示** sp.plot(y1,y2,(x **範囲**))

入力 *[38]*

- 2次曲線 y2 = $x^2 - x - 4$を定義

```
y2 = x**2 - x -4
sp.plot(y1, y2, (x, -4, 4), ylabel = "y")
```

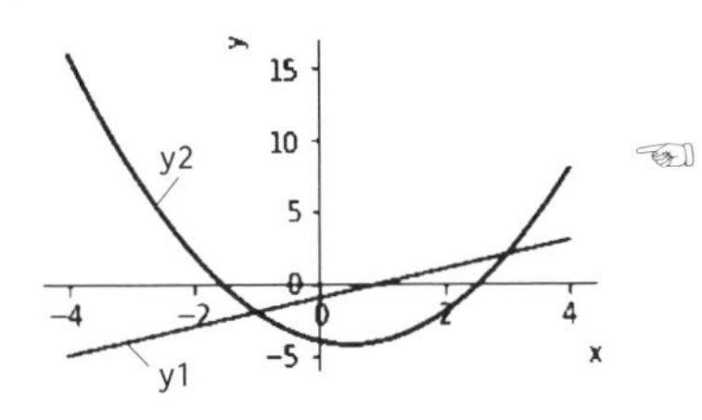

- この2次曲線y2と直線y1を sp.plot(y1,y2,(x範囲)) と書いて，重ね描きで図示する。
- 図示する範囲は, -4 < x < 4

```
<sympy.plotting.plot.Plot at 0x7fc230671250>
```

〔**6**〕 **線種の色分け** 　プロットする色は何も指示をしなければ自動的に選ばれるが，指示をすることもできる。

入力 [39]

```
zu = sp.plot(y1, y2, (x, -4, 4), ylabel = "y", show=False)
zu[0].line_color = 'r'
zu[1].line_color = (0,0,1)
zu.show()
```

・r：赤を指定，
他にg：緑　b：青　c：シアン　y：黄色　k：黒

・(r, g, b)：RGBによるアナログ表示，数値は0～1を入れる。

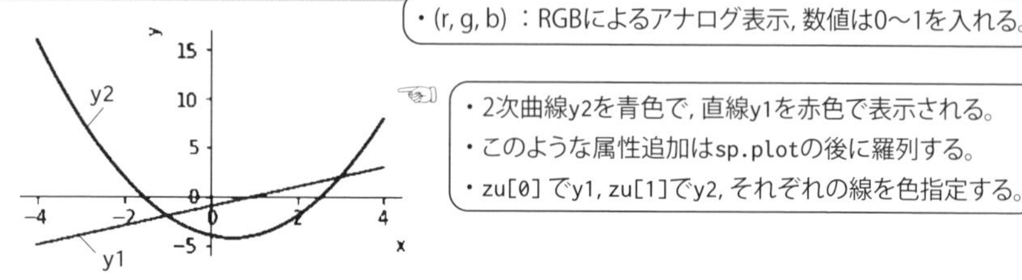

〔7〕 **交点：方程式の解** sp.solve(f(x),x)　　直線 y1 と曲線 y2 の交点，すなわち連立方程式の解を求めるには，【sympy】の sp.solve 関数を用いる。この場合であれば，f(x)=y1−y2 として，sp.solve(f(x),x) とすれば，代数方程式 $f(x)=0$ を x について解くことになる。

入力 [40]

```
sp.solve(y1-y2,x)#ans x=-1,3
```

```
[-1, 3]
```

・直線と曲線の2交点を求める。
すなわち，方程式 $y_1-y_2=0$ を x について解く。

2·4·2　波形のプロット

〔1〕 **パラメータ設定** para

入力 [41]

```
L1 a, w, t = sp.symbols("a w t")
L2 para = [(a,7),(w,2*sp.pi*0.5)]
L3 display(para)
```

```
[(a, 7), (w, 1.0*pi)]
```

・記号 a, w, t を定義
・振幅 a→7，角振動数 w→π [rad/s]
　　(= 0.5 [Hz])
をパラメータparaに置く。
・つぎに示す置換文（ネストしたタプル形式）でparaを代入

〔2〕 **正弦波 y(*t*) = sin(*wt*)**

入力 [42]

```
yt = (a*sp.sin(w*t)).subs(para)
display(yt)
```

$7\sin(\pi t)$

・サブルーチンsubsを使い，
パラメータ指定の振幅，振動数となる
正弦波を定義

〔**3**〕　**正弦波形 sp.plot(y(t), t 範囲)**　　正弦波グラフを時間軸（横軸）0 秒から 10 秒にわたってプロットする。

入力 *[43]*

```
sp.plot(yt, (t, 0, 10), xlabel="t", ylabel = "y")
```

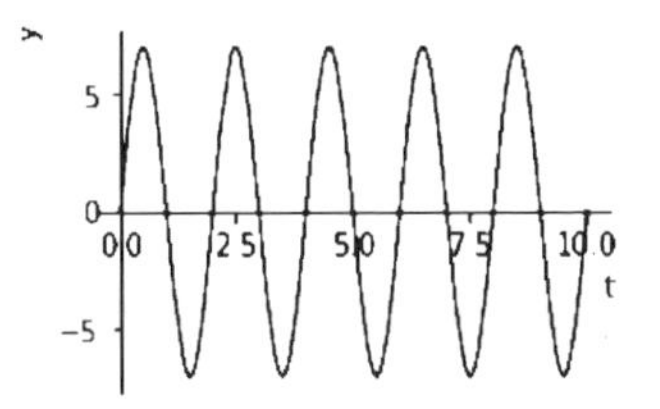

・sp.plot関数を使って正弦波ytをプロットする。
・図示する範囲は, 0<t<10とする。

〔**4**〕　**属性定義**　　【sympy】の plot での属性定義は限られている（例えばアスペクト比など）。それらは 2.9 節の matplotlib を使用するとその多くは可能となる。

2・5　数式による解析【sympy】

・変数名は変数名のまま解析的に解を追求する【sympy】らしい点を紹介する。

・具体例として，**図 2・3** に示すような荷重 F が作用するときの支持点の反力 Q_1，Q_2 を考える。静力学的知見（左右支持点まわりのモーメントのつり合い）から，反力は簡単に求まる。

$$\left.\begin{array}{l} Q_1 l = Fb\text{（右点まわり）} \rightarrow Q_1 = Fb/l \\ Q_2 l = Fa\text{（左点まわり）} \rightarrow Q_2 = Fa/l \end{array}\right\} \quad (2.2)$$

・一般には，並進力およびモーメントのつり合いから連立方程式を立て

$$\left.\begin{array}{l} Q_1 + Q_2 = F \\ aQ_1 - bQ_2 = 0 \end{array}\right\} \quad (2.3)$$

・これを解いて支持点反力を得る。

以上の予習を踏まえ，【sympy】で解いてみよう。

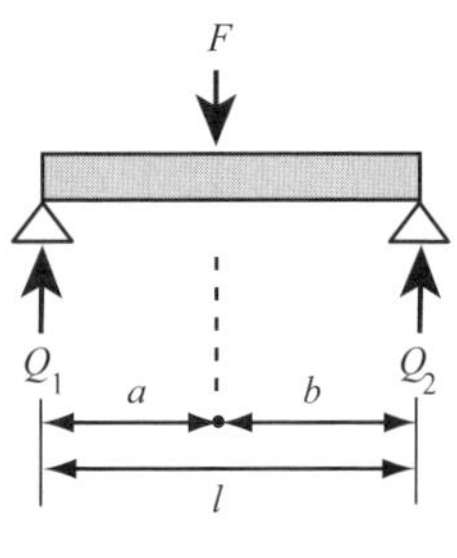

図 2・3　力のつり合い

〔1〕 解析解　sp.solve(f(x),x)

入力 [44]

```
x,a,b = sp.symbols("x a b")
display(sp.solve(a*x+b,x))
```

```
[-b/a]
```

- 【sympy】の sp.solve 関数を用いることで，$f(x)=0$ の根は解析的に求まる。
- 答え $x=-b/a$ を得る。

〔2〕 連立方程式と未知変数

入力 [45]

```
L1 q1,q2,f,a,b,l=sp.symbols("q1 q2 f a b l")
L2 eq1=sp.Eq(q1+q2,f)   #式(2.3a)
L3 eq2=sp.Eq(a*q1,b*q2) #式(2.3b)
L4 display(eq1)
L5 display(eq2)
```

- 未知変数 q_1 と q_2 に対して，式 eq1 と eq2 のつり合い条件の連立方程式を定義

$$q_1 + q_2 = f$$
$$aq_1 = bq_2$$

〔3〕 解析解 sp.solve([eq1,eq2], [q1,q2])

入力 [46]

```
L1 sol2=sp.solve([eq1,eq2],[q1,q2])
L2 display(sol2)
```

```
{q1: b*f/(a + b), q2: a*f/(a + b)}
```

- sol2の段階で前述の解式(2.2)が再確認される。

入力 [47]

```
print(sp.simplify(sol2[q1]+sol2[q2]))
print(sp.simplify(a*sol2[q1]-b*sol2[q2]))
```

```
f
0
```

- 解sol2を式(2.3)に代入してつり合い条件が満たされていることを確認
- 解の呼び出しはsol2[q1], sol2[q2]のように変数名を引数とする

〔4〕 2 次方程式の解 sp.solve

入力 [48]

```
L1 a,b,c,x=sp.symbols("a b c x")
L2 sol3=sp.solve(a*x**2+b*x+c,x)
L3 display(sol3)
```

```
[(-b + sqrt(-4*a*c + b**2))/(2*a),
 -(b + sqrt(-4*a*c + b**2))/(2*a)]
```

- 2次方程式 $ax^2+bx+c=0$ を解く。
- 根の公式が再確認される。

$$x = \frac{-b \pm \sqrt{b^2-4ac}}{2a}$$

〔5〕　**置換コマンドで係数値代入 subs**

入力 [49]

```
para=[(a, 1),(b, -2),(c, -3)]
x1=sol3[0].subs(para)
x2=sol3[1].subs(para)
print(x1,x2)
```

・2次方程式の係数を代入し，根x1, x2を確定
・できるだけ一般的にsybolic変数で解き，置換コマンドsubs()で具体的に根を確定する。
・このアプローチは【sympy】向きである。

```
3 -1
```

2・6　数値式の解析【sympy】

2・6・1　代 数 方 程 式

因数分解や求解問題を試してみよう。

〔1〕　**多項式展開** sp.expand

入力 [50]

```
s=sp.Symbol("s")
f1 = sp.expand((s-1)*(s-3)*(s-5))
display(f1)
```

・多項式の展開はsp.expand で行う。
・結果をf1と置く。

$$s^3 - 9s^2 + 23s - 15$$

〔2〕　**因数分解** sp.factor

入力 [51]

```
sp.factor(f1)
```

・因数分解sp.factor(f1) で元に戻ることを確認

$$(s - 5)(s - 3)(s - 1)$$

〔3〕　**高次多項式の求根** sp.solve

入力 [52]

```
sp.solve(f1,s)
```

・多項式には関数sp.solve を適用
結果は因数分解に一致

```
[1, 3, 5]
```

〔4〕　**任意関数式$f_2 = x - \sin \lambda x$**

入力 [53]

```
x,λ=sp.symbols("x λ")
f2=x-2*sp.sin(λ*x)
f2=f2.subs(λ,sp.pi)
display(f2)
```

・関数f_2をsp.subs(λ, pi) で定義
・関数sp.solve で解析的には解けない。

$$x - 2\sin(\pi x)$$

〔5〕 任意関数式の図式解：交点

入力 [54]

```
L1 zu = sp.plot(x, 2*sp.sin(sp.pi*x), (x, 0, 2), xlabel="x", ylabel = "y")
```

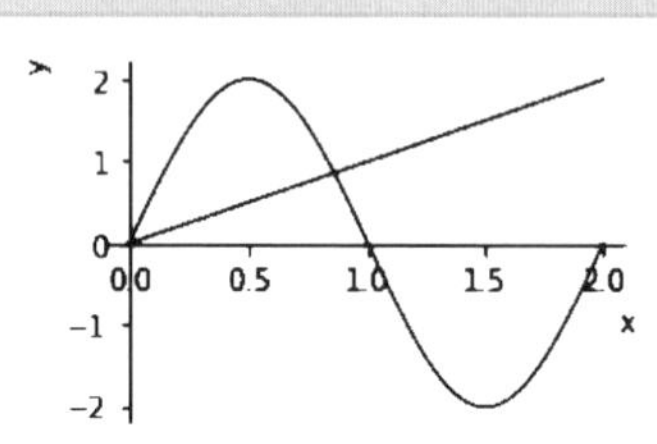

・グラフ{xと$\sin \pi x$}の交点=根を予測，根は1より小さく，0.8ぐらい。

〔6〕 求根 sp.nsolve(式，近似根)

入力 [55]

```
L1 sp.nsolve(f2, x, 1)
```

0.858736290371754

・関数sp.nsolve を適用。(3点法による図式解法)
・第2引数: x ,第3引数: 1 により, x=1 近くの根を求めよと指示収束計算で求まる。

2·6·2 微　積　分

・【sympy】では関数 sp.diff を用い，sp.diff(f,x) により関数 f を x で微分する。

・または，fd=sp.Derivative(f,x) $\left(=\dfrac{\partial f}{\partial x}\right)$ と定義し，クラスサブルーチン .doit() にて微分を実行する。

〔1〕 関数定義 f

入力 [56]

```
L1 x,a,b=sp.symbols("x a b")
L2 f = a*x**2+sp.sin(b*x)
L3 display(f)
```

・f はx の関数として下記のように定義
・$f(x) = ax^2 + \sin bx$

$ax^2 + \sin(bx)$

〔2〕 微分操作 $\partial f/\partial x$ → sp.diff(f,x)または sp.Derivative.doit()

入力 [57]

```
L1 display(sp.diff(f,x))
L2 display(sp.Derivative(f,x).doit())
```

・サブルーチン sp.diff(f,x)/sp.Derivative.doit() により，関数f の常微分を計算

$2ax + b\cos(bx)$
$2ax + b\cos(bx)$

・$f(x)$関数@入力[56]を微分すると df/dx=2ax+b cos(bx) 上記の微分コマンドいずれで計算しても同じ答えが得られる。

〔3〕 **不定積分** $\int f(x)\,dx$ → integrate(f, x)

入力 [58]

```
display(f)      # 原式
sp.integrate(f,x)
```

$ax^2 + \sin(bx)$

$\frac{ax^3}{3} + \begin{cases} -\frac{\cos(bx)}{b} & \text{for } b \neq 0 \\ 0 & \text{otherwise} \end{cases}$

・$f(x)$関数@入力[56]を積分すると
$\int f(x)dx$=a/3 x^3-1/b cos(bx)
上記の答えが確認される。

〔4〕 **定積分** $\int_a^b f(x)\,dx$ → integrate(f, (x の範囲))（図 2.4 参照）

入力 [59]

```
t,a,b,θ,r,R=sp.symbols("t a b θ r R")
a*sp.integrate(3*t**2+1,(t,0,1))+b*sp.integrate(r,(θ,0,2*sp.pi),(r,0,R))
```

$\pi R^2 b + 2a$

・下記の定積分が確認される。
第1式：$\int_0^1 (3t^2+1)dt = 2$
第2式：$\int_0^R \int_0^{2\pi} r d\theta dr = \pi R^2$
（円の面積，図2・4参照）

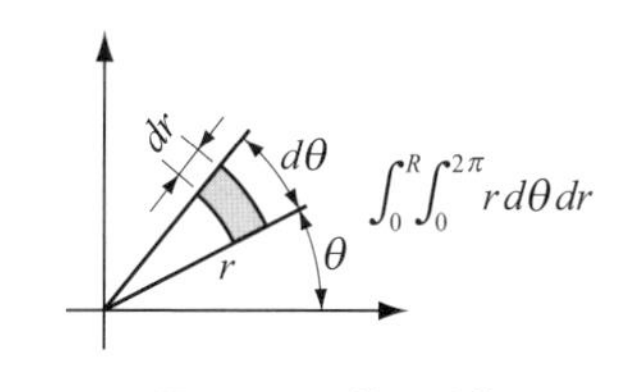

図 2・4　面積の計算

2・7　配列の階級（class）と配列要素の操作

・配列では list オブジェクトが生成され，その演算は数値ベースで大量高速処理を得意とする。

・配列とは np.array で展開する 1 次元配列や 2 次元配列などの数学処理を指す。

・行列とは sp.Matrix で定義される演算で，行列数学と類似の世界が再現され，Matrix オブジェクトが生成される。

・本節では，配列や行列の一般的定義および基礎的な使い方について学び，行列特有の演算・計算については次節に譲る。

2·7·1 配　　列

入力 [60]

```
L1 import sympy as sp            #メモ：改めてimportしたが，しなくてもよい。
L2 import numpy as np
```

〔1〕 1次元配列

入力 [61]

```
t3=[1,2,3]
t3a=np.array(t3)
t3m=sp.Matrix(t3)
print(t3,type(t3))
print(t3a,type(t3a))
print(t3m,type(t3m))
```

・t3 1次元の配列のclassがlist である。
・t3a　np.array(t3)とすると，classがndarray になる。
・t3m　sp.Matarix(t3)とすると，classが...Matrix になる。

・これらのclassを確認してみよう。
print(変数名,type(変数名))

```
[1, 2, 3] <class 'list'>
[1 2 3] <class 'numpy.ndarray'>
Matrix([[1], [2], [3]]) <class 'sympy.matrices.dense.MutableDenseM
atrix'>
```

〔2〕 2次元配列

入力 [62]

```
t23=[[1,2,3],[4,5,6]]
t23a=np.array(t23)
t23m=sp.Matrix(t23)
print(t23,type(t23))
print(t23a,type(t23a))
print(t23m,type(t23m))
```

2次元の配列(2行3列)についても同様に，
・list t23
・array t23a
・Matrix t23m

・これらのclassを確認してみよう。
print(変数名,type(変数名))

```
[[1, 2, 3], [4, 5, 6]] <class 'list'>
[[1 2 3]
 [4 5 6]] <class 'numpy.ndarray'>
Matrix([[1, 2, 3], [4, 5, 6]]) <class 'sympy.matrices.dense.Mutabl
eDenseMatrix'>
```

補遺：リストなどの配列の右カッコ '['と左カッコ']' のペアの数を取って階級という。
例えば t3 は階級 1，t23 は階級 2 である。
本書では階級（t3）= 1，階級（t23）= 2，階級（t23a）= 2 と書くことにしよう。

〔3〕 要素の抽出の仕方

入力 [63]

```
 #print(t23[0,0]) #NG
print(t3[0],t23[0],t23[0][0])
print(t3a[0],t23a[0],t23a[0][0],t23a[0,0])
print(t3m[0],t23m[0,0]) #print(t23m[0][0]) #NG
```

・1次元リスト n番目の要素　t3[n]

```
1 [1, 2, 3] 1
1 [1 2 3] 1 1
1 1
```

・2次元リスト n行m列番目の要素の抽出について：
・list の場合 t23[n,m]はNG　t23[n][m]はOK
・array の場合 t23a[n,m]はOK　t23[n][m]もOK
・Matrix の場合 t23m[n,m]はOK　t23m[n][m]はNG

〔4〕 配列の結合

入力 [64]

```
print(t3+t23)
print(t3a+t23a)
#print(t23m+t3m)  #不成立
```

・集合の結合「+」は list と array では可能
・Matrix ではNG

```
[1, 2, 3, [1, 2, 3], [4, 5, 6]]
[[2 4 6]
 [5 7 9]]
```

・行列に関する和積は定義自体が異なるので2.8節で別途詳解する

〔5〕 1 次元配列の積

入力 [65]　・list はnp.dot使い内積.　* はNG

```
print("list: ",t23[1],"  ",t3)
print(np.dot(t23[1],t3))
#print(t23[1]*t3) #NG
```

・計算例 np.dot(t23[1],t3)=内積([4 5 6],[1 2 3])
=4×1+5×2+6×3=32

```
list:  [4, 5, 6]    [1, 2, 3]
32
```

入力 [66]　・array はnp.dot使い内積.　* は要素同士の積

```
print("array: ",t23a[1],"  ",t3a)
print(np.dot(t23a[1],t3a))
print(t23a[1]*t3a)
```

```
array:  [4 5 6]    [1 2 3]
32
[ 4 10 18]
```

・計算例 np.dot(t23[1],t3)=内積([4 5 6],[1 2 3])
=4×1+5×2+6×3=32
・計算例 t23a[1] * t3a=要素掛け算[4 5 6]*[1 2 3]
=[4×1,5×2,6×3]=[4,10,18]

〔6〕 2 次元配列の積

入力 [67]　・list はnp.dotの行列演算.　* はNG

```
print(np.dot(t23,t3)) #OK
#print(t23*t3)        #NG
```

```
[14 32]
```

・計算例 [[1 2 3],[4 5 6]] * [1 2 3]
=> [[1 2 3] * [1 2 3],
[4 5 6] * [1 2 3]]
=> [14 32]

入力 [68]　・array はnp.dotの行列演算. ＊は要素同士の積の集合

```
print(np.dot(t23a,t3a)) #成立
print(t23a*t3a)
```

・計算例 [[1 2 3],[4 5 6]] * [1 2 3] => 同上 => [14 32]

```
[14 32]
[[ 1  4  9]
 [ 4 10 18]]
```

・計算例 [[1 2 3],[4 5 6]] * [1 2 3]
　=> [[1*1 2*2 3*3] , [4*1 5*2 6*3]]
　=> [[1 4 9] , [4, 10 16]]

入力 [69]

・配列のべき乗 t3**2 はNG
・array t3a のべき乗は要素のべき乗
　計算例 t3a**2 = [1 2 3]^2
　=> [1^2 2^2 3^2] => [1 4 9]

```
# print(t3**2) #NG
print(t3a,'to',t3a**2) #OK
```

```
[1 2 3] to [1 4 9]
```

〔7〕 配列の整形

入力 [70]　・list の結合 +

```
s6=[1,2,3,4,5,6]
print(t3+s6,type(t3+s6))
# print(s6.reshape([3,2])) #NG
```

・計算例 t3 リストにs6 リストが結合されている。
・reshape はNG

```
[1, 2, 3, 1, 2, 3, 4, 5, 6] <class 'list'>
```

入力 [71]　・array も結合や変形が行える　reshape()

```
s632a=np.array(s6).reshape([3,2]) # リストの次元変更
print(s632a,type(s632a))
print(s632a.reshape([6]),type(s632a.reshape([6])))
```

・s632a : 1次元配列 s6をarrayにして reshapeで3行2列に整形する。
・整形された s632a(3行2列)を 全要素数[6]で1次元化し s6を再確認

```
[[1 2]
 [3 4]
 [5 6]] <class 'numpy.ndarray'>
[1 2 3 4 5 6] <class 'numpy.ndarray'>
```

以上，見てきたように array 要素の配列は各種演算に適応していると考えられる。

入力 [72]　・reshapeは Matrixにも有効なので，ここで紹介する。

```
s632m=sp.Matrix(3,2,s6)
print(s632m,type(s632m))
print(s632m.reshape(1,6),type(s632m.reshape(1,6)))
print(sp.flatten(s632m),type(sp.flatten(s632m)))
```

・s632m : 1次元配列 s6を3行2列のMatrixで整形する。
・仕上がりのClassはMatrix

```
Matrix([[1, 2], [3, 4], [5, 6]]) <class 'sympy.matrices.dense.Muta
bleDenseMatrix'>
```

```
Matrix([[1, 2, 3, 4, 5, 6]]) <class 'sympy.matrices.dense.MutableDenseMatrix'>
[1, 2, 3, 4, 5, 6] <class 'list'>
```

・整形された s632m(3行2列)Matrixを1行6列のMatrixに変形する。
・仕上がりのClassはMatrix

・整形された s632m(3行2列)Matrixを flatten で1次元のリストに変形する。
・仕上がりのClassはlist

2·7·2　型 に つ い て

2·7·1 項のような配列を総称してコレクションという。全体としては

- ・tuple　タプル (a,b,c)
- ・list　リスト [a,b,c]
- ・dict　辞書 {a: 値 1, b: 値 2}
- ・set　セット {a,b,c}

などがある。

一口メモ
① 途中から要素の変更不可, read only
② 1Dリスト **[a,b,c]** → 階級=1
　2Dリスト **[[e1,e2],[f1,f2]]** → 階級=2
③ 使い方1
　p1={m:2,k:8}→ **sp.sqrt(k/m).subs(p1)**
④ setは関数でもあるので
　set([a,b,c]) → **{a,b,c}** とセット作成可
①+② 使い方2
　p2=[(m,3),(k,27)] → **sp.sqrt(k/m).subs(p2)**

〔1〕 タ　プ　ル

入力 *[73]*

```
scores=(50,51,65,80)
print(type(scores))
print(scores[0])
# scores[0]=100 # NG 要素の変更は不可
```

・要素の変更は不可
・本章*[41]* L2にてパラメータ設定に用いた。
　例 para=[(wn,1),(z,0.1)]

```
<class 'tuple'>
50
```

〔2〕 辞　　書

入力 *[74]*

```
m , k= sp. symbols ( 'm, k' )
para ={ m : 1, k: 4}
print ( type( para ) )
print ( np. sqrt ( para [ k] / para[ m ] ) ) ←①
print ( sp . sqrt ( k/ m ). subs( para ) )  ←②
```

辞書dict

```
<class 'dict'>   ① 2.0     ② 2
```

〔3〕 セ　ッ　ト

入力 [75]　・集合同士の演算

```
set1={1,2,3}
set2=set([2,3,5])
print(set1,set2)
print(type(set1))
print(set1 | set2) # or 和集合
print(set1 & set2) # and 積集合
print(set1 - set2) # 差集合
print(set1 ^ set2) # 排他的論理和
```

・集合（セット）の演算ができる。
（和集合，積集合，差集合，排他論理和）
・図2·5のベン図を参照

```
{1, 2, 3} {2, 3, 5} <class 'set'>
{1, 2, 3, 5}    ← (a)
{2, 3}          ← (b)
{1}             ← (c)
{1, 5}          ← (d)
```

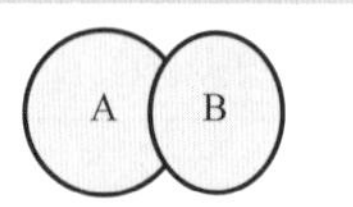

（a） 和集合

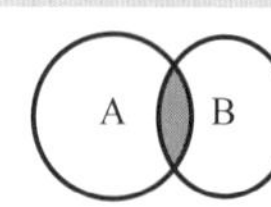

（b） 積集合

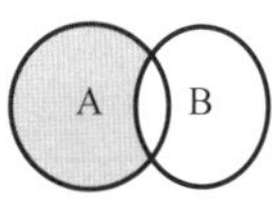

（c） 差集合

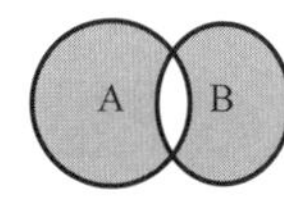

（d） 排他的論理和

図 2·5 集合のベン図

2·8 行　　列

2·8·1 行 列 の 記 述

入力 [76]

```
L1 x=sp.symbols("x1:5")
L2 mm1=sp.Matrix(x)
L3 print(x,type(x))
L4 print(mm1)
L5 display(mm1)
```

・x：スライス（連番）で連番変数を作成。タプル形式で出力される。
・計算例は x0～x4 のうち x1～x4 までが採用されている。
・sp.Matrix(x)の引数がタプル形式であっても作成可能
・mm1：列ベクトル（n 行 1 列）

```
(x1, x2, x3, x4) <class 'tuple'>
Matrix([[x1], [x2], [x3], [x4]])
```

☞ x=(x1,x2,x3,x4)=tuple
☞ mm1=[[x1],[x2],[x3],[x4]]=Matrix(4行1列)

$$\begin{bmatrix} x_1 \\ x_2 \\ x_3 \\ x_4 \end{bmatrix}$$

・計算例は sp.Matrix(x) のように xをそのまま指定すると列ベクトルになる。
・print, display では表示形式が異なる。
・printでは，各要素に[ ]が付くので [[x1],...,[x4]]の列ベクトル表示とみる。
・Matrix表示では，“] ” は行列の改行を意味する。

入力 [77]

```
aa=list(x)
print(aa,type(aa))
mm2=sp.Matrix([aa])
print(mm2)
display(mm2)
```

・1×nの2次元リストをsp.Matrix() に渡し，行ベクトル生成
・aa：タプル形式xをリスト型式に変換したもの
・mm2：リスト形式aaで 行ベクトル（1 行 n 列）を作成

```
[x1, x2, x3, x4] <class 'list'>
Matrix([[x1, x2, x3, x4]])
```

☞ aa=[x1,x2,x3,x4]=list

☞ mm2=[[x1,x2,x3,x4]]=Matrix(1行4列)

$$\begin{bmatrix} x_1 & x_2 & x_3 & x_4 \end{bmatrix}$$

・計算例は sp.Matrix([aa]) のように [aa]で指定し，行ベクトル生成
・printでは，[[x1,...,x4]]のように行ベクトル表示となる。

■行列（*m* 行 *n* 列）を作成 → sp.Matrix(m,n,[x1,...])

入力 [78]

```
x=sp.symbols("x11:15 x21:25 x31:35")
mm=sp.Matrix(3,4,x)
print(x);display(mm)
```

・行数m，列数nのm×n個の要素数を持つ1次元list または tuple のデータを準備する。

```
(x11, x12, x13, x14, x21, x22, x23, x24, x31, x32, x33, x34)
```

$$\begin{bmatrix} x_{11} & x_{12} & x_{13} & x_{14} \\ x_{21} & x_{22} & x_{23} & x_{24} \\ x_{31} & x_{32} & x_{33} & x_{34} \end{bmatrix}$$

☞ ・そのデータxをMatrix(m,n,x) に渡すとm行n列の行列が生成される。
・計算例 sp.Matrix(n,m,タプルxまたはリストx)

2·8·2　ベクトルの演算

〔1〕　ベクトル（1 次元配列）生成 → aa, bb

入力 [79]

```
a=sp.symbols("a1:4")
b=sp.symbols("b1:4")
aa=sp.Matrix(a)
print(aa)
bb=sp.Matrix(b)
print(bb)
```

a = (a1,a2,a3)
b = (b1,b2,b3)
のときsp.Matrixで行列定義する。

$$aa = \begin{bmatrix} a1 \\ a2 \\ a3 \end{bmatrix}, \quad bb = \begin{bmatrix} b1 \\ b2 \\ b3 \end{bmatrix}$$

```
Matrix([[a1], [a2], [a3]])
Matrix([[b1], [b2], [b3]])
```

〔2〕　ベクトルの和 aa＋bb → aa＋bb

入力 [80]　・ 各要素同士の和

```
aa+bb
```

$$\begin{bmatrix} a_1 + b_1 \\ a_2 + b_2 \\ a_3 + b_3 \end{bmatrix}$$

☞ $aa + bb = \begin{bmatrix} a1 \\ a2 \\ a3 \end{bmatrix} + \begin{bmatrix} b1 \\ b2 \\ b3 \end{bmatrix}$ の計算

〔3〕 ベクトルの積(アダマール積)aa∘bb → sp.matrix_multiply_elementwise(aa, bb)

入力 [81]　・各要素同士の積

```
mm=sp.matrix_multiply_elementwise(aa,bb)
print(mm)
```

Matrix([[a1*b1], [a2*b2], [a3*b3]])

☞ $aa \circ bb = \begin{bmatrix} a1 \\ a2 \\ a3 \end{bmatrix} \circ \begin{bmatrix} b1 \\ b2 \\ b3 \end{bmatrix} = \begin{bmatrix} a1 * b1 \\ a2 * b2 \\ a3 * b3 \end{bmatrix}$

〔4〕 ベクトルの内積 **aa.bb** → aa.dot(bb)

入力 [82]　・内積(ドット積)を求める。結果はスカラー

```
aa.dot(bb)
```

$a_1 b_1 + a_2 b_2 + a_3 b_3$

☞ aa.dot(bb)は $\begin{bmatrix} a1 \\ a2 \\ a3 \end{bmatrix}^T \begin{bmatrix} b1 \\ b2 \\ b3 \end{bmatrix}$ の結果を示す。

〔5〕 ベクトルの外積 **aa×bb** → aa.cross(bb)

入力 [83]　・外積(クロス積)を求める。結果はベクトル

```
aa.cross(bb)
```

$$\begin{bmatrix} a_2 b_3 - a_3 b_2 \\ -a_1 b_3 + a_3 b_1 \\ a_1 b_2 - a_2 b_1 \end{bmatrix}$$

☞ aa.cross(bb)は $\begin{vmatrix} i & j & k \\ a_1 & a_2 & a_3 \\ b_1 & b_2 & b_3 \end{vmatrix}$ の結果を示す。

2·8·3 行列の演算 sp.Matrix

〔1〕 行列(2 次元配列)生成　mm

入力 [84]

```
m1, m2, m3, m4, m5, m6=sp.symbols("m1 m2 m3 m4 m5 m6")
mm=sp.Matrix([[m1,m2,m3],[m4,m5,m6]])
print(mm)
display(mm)
```

・mm：行列定義, 2行3列

Matrix([[m1, m2, m3], [m4, m5, m6]])

$$\begin{bmatrix} m_1 & m_2 & m_3 \\ m_4 & m_5 & m_6 \end{bmatrix}$$

〔**2**〕 **単位行列 eye**

入力 [85]

```
e33=4*sp.eye(3)
print(e33)
```

・3次元単位行列の4倍を定義。
・コマンドは sp.eye()

```
Matrix([[4, 0, 0], [0, 4, 0], [0, 0, 4]])
```

〔**3**〕 **対角行列 mmd**

・3 次元対角行列を定義。

・np.diag で対角行列を定義してから，sp.Matrix で Sympy で扱えるように変換する

入力 [86]

```
1 mmd=sp.Matrix( np.diag([m1,m2,m3]) )
2 print(mmd)
```

```
Matrix([[m1, 0, 0], [0, m2, 0], [0, 0, m3]])
```

〔**4**〕 **行列の積 mm*e33**

・mm は 2 行 3 列で e33 は 3 行 3 列である。積の結果は行列 mm の 4 倍

入力 [87]

```
1 print(mm*e33)
2 # print(e33*mm) # NG
3 # print(e33+mm) # NG
```

```
Matrix([[4*m1, 4*m2, 4*m3],
        [4*m4, 4*m5, 4*m6]])
```

・mm*e33 は　(2×3) (3×3) = (2×3) OK
・e33*mm は　(3×3) (2×3) NG
・e33+mm は　(3×3) + (2×3) NG
・このように行と列の不整合でNGエラーが生じる。

2·8·4 行列と配列の操作

〔**1**〕 **配列要素の取り出し配列［位置］**

・ベクトル［i］，行列［i, j］にて取り出し

・mm.row(i)，mm.col(j)にてそれぞれ i 行目，j 列目を抽出

入力 [88]　・mmの再掲

```
1 print(mm)
2 display(mm)
```

```
Matrix([[m1, m2, m3], [m4, m5, m6]])
```

$$\begin{bmatrix} m_1 & m_2 & m_3 \\ m_4 & m_5 & m_6 \end{bmatrix}$$

注) display()は表示はわかりやすいが，構造(階級)が不明となるためあまりお勧めできない。print()に慣れたし。

・mm[0] → mm 行列を 1 次元配列としたときの 1 番目の要素

・mm[0,2] → mm の 1 行，3 列目の要素

・mm[1,:] → mm の 2 行目の全要素 ':' からなる行列が指定される

・mm[:,2] → mm の 3 列目の全要素 ':' からなる行列が指定される

入力 *[89]*

```
print(mm[0],mm[0,2],mm[1,:],mm[:,2])
```

```
m1   m3   Matrix([[m4, m5, m6]])   Matrix([[m3], [m6]])
```

〔2〕 配列の長さ測定

入力 *[90]*

```
print(len(aa))
print(mm.rows, mm.cols)
```

・リストの長さは len(リスト名) により測れる。
・行列.rows により行数，行列.cols により列数を測る。

```
3      ☞ aa(3)
2 3    ☞ mm(2,3)
```

〔3〕 部分行列の抽出

入力 *[91]*

・mm 行列の[0,0] と[1,1] の要素をコーナーとする四角部分の行列を抽出した例

```
L1 mm[0:2,0:2] #(0,0)番目から(2,2)個抽出と読む
```

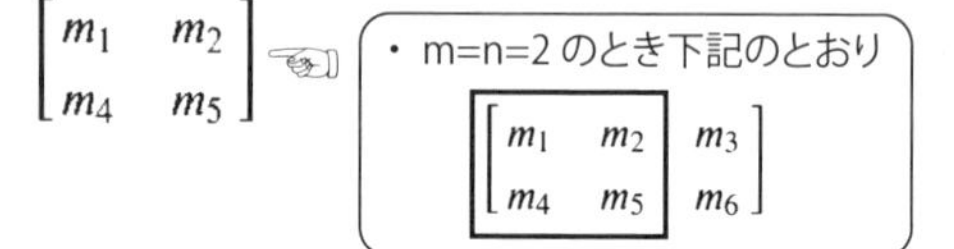

☞ ・mm[0:m,0:n]のとき範囲は
縦範囲0 行から(m-1)行
横範囲0 列から(n-1)列

〔4〕 行列の組立 BlockMatrix

入力 *[92]*

```
L1 sp.zeros(2,2)
```

・零行列→ sp.zeros(i,j)

$$\begin{bmatrix} 0 & 0 \\ 0 & 0 \end{bmatrix}$$

入力 *[93]*

```
L1 mm.T
```

・転置行列→ 行列.T

$$\begin{bmatrix} m_1 & m_4 \\ m_2 & m_5 \\ m_3 & m_6 \end{bmatrix}$$

入力 [94]

```
sp.BlockMatrix([[mm,sp.zeros(2)],[e33,mm.T]])
```

$$\left[\begin{matrix}\left[\begin{matrix}m_1 & m_2 & m_3\\ m_4 & m_5 & m_6\end{matrix}\right] & \left[\begin{matrix}0 & 0\\ 0 & 0\end{matrix}\right]\\ \left[\begin{matrix}4 & 0 & 0\\ 0 & 4 & 0\\ 0 & 0 & 4\end{matrix}\right] & \left[\begin{matrix}m_1 & m_4\\ m_2 & m_5\\ m_3 & m_6\end{matrix}\right]\end{matrix}\right]$$

・行列の組立の引数は階級=2の行列希望する形に組み立てる。

注）この段階ではまだ行列ではない。つぎの sp.Matrix で行列となる。

〔5〕 組立行列を行列に変換

入力 [95]

```
sp.Matrix(sp.BlockMatrix([[mm,sp.zeros(2)],[e33,mm.T]]))
```

$$\left[\begin{matrix}m_1 & m_2 & m_3 & 0 & 0\\ m_4 & m_5 & m_6 & 0 & 0\\ 4 & 0 & 0 & m_1 & m_4\\ 0 & 4 & 0 & m_2 & m_5\\ 0 & 0 & 4 & m_3 & m_6\end{matrix}\right]$$

・組立行列を行列に変換する場合は，Matrix() に引き渡す。

2·8·5 線形代数方程式　Ax=b → x=linsolve((A,b))

入力 [96]

```
maa=sp.Matrix([[5,-4],[-4,5]])
vbb=sp.Matrix([-3,6])
print(maa)
print(vbb)
```

```
Matrix([[5, -4], [-4, 5]])
Matrix([[-3], [6]])
```

・ここでは，次式を解く。

$$5x_1 - 4x_2 = -3$$
$$-4x_1 + 5x_2 = 6$$

答えは(1,2)となる。

入力 [97]

```
sp.linsolve((maa,vbb))
```

$\{(1,\ 2)\}$

補遺：2.7～2.8 節にて各 class の配列操作および演算を学んだ。その使い分けの私見は：

・class が `list` のものは，パラメータ設定など演算処理の円滑な情報処理に向いている。

・class が `np.array` のものは，配列全要素が数値の形で行列演算を駆使する場合に向いている。

・class が `sp.Matrix` のものは，配列要素の一部に伝達関数の s のようなシンボル変数を含む場合の解析的な行列演算に向いている。

2・9 グラフィックスの離散系 Plot 表現（matplotlib.pyplot.plot）

・2.4節では，【sympy】の plot 関数を用いた図式表現で，連続系の描画方法を学んだ。

・本節では，離散系データを【numpy】の array を用いて生成，matplotlib.pyplot の plot 関数を用いた図式表現で，離散系データの描画方法を学ぶ。

・Python の描画能力は強力なので，積極的にご活用願いたい

〔1〕【numpy】と matplotlib.pyplot ライブラリ読み込み

入力 *[98]*

```
import numpy as np
import matplotlib.pyplot as plt
```

・【numpy】ライブラリをnpとして，また，matplotlib.pyplot ライブラリをplt として読み込む。

〔2〕 1D ベクトルの作成

・配列関数 np.arange() により，1D ベクトル [n] for n=0 ～ 5

→ v1＝[0, 1, 2, 3, 4, 5] **2＝[0,1,4,9,16,25]）を作成。

・np.arange([始点] , 終点 , [刻み]) は等差数列を生成。

ただし，引数として指定した終点は数列の範囲に含まれない。

入力 *[99]*

```
v1=np.arange(0,6)**2
display(v1) #numpy.arrayオブジェクト
```

```
array([ 0,  1,  4,  9, 16, 25])
```

・始点と刻みの指定はオプション
・始点または刻みを指定しない場合のデフォルト値は，始点が0，刻みが1。

〔3〕 1D ベクトルの離散プロット

入力 *[100]*

```
plt.plot(v1,'o',markersize=7)
```

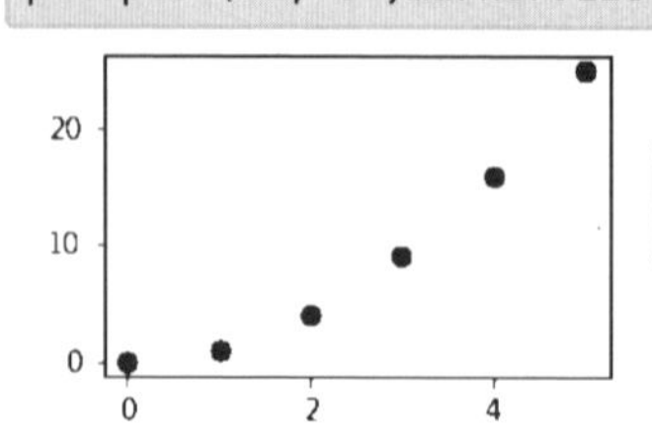

・横軸をベクトル要素番号として，v1の値を点でプロット
・点の大きさは引数オプションのmarkersize=値で指定。

〔4〕 2D 配列作成

・[$x, y = \sin(2\pi x)$ 正弦波] for $x = 0 \sim 1.25$，刻み 0.1 を配列関数 `np.arange()` で作成しよう。

入力 [101]

```
x=np.arange(0,1.25,0.1)
v2=np.array([x,np.sin(2*np.pi*x)])
display(v2)
```

・v2 = np.array(x ,sin($2\pi x$))だから
・x 配列 → v2の1行目 → x軸データ
・sin($2\pi x$) → v2の2行目 → y軸データ

```
array([[ 0.000e+00,  1.000e-01,  2.000e-01,…  1.200e+00],
       [ 0.000e+00,  5.877e-01,  9.510e-01,…   9.510e-01]])
```

〔5〕 2D 配列の離散プロット

入力 [102]

```
plt.plot(v2[0,:],v2[1,:])
```

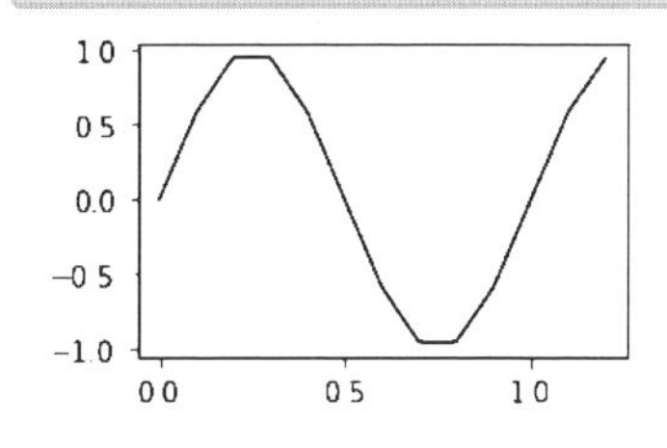

・データ点[x_i , y_i]のグラフを描く。
・x軸は v2の1行目 v2[0,:]
・y軸は v2の2行目 v2[1,:]
・全13点のデータを線で結ぶ。

注）plt.plot() コマンドは基本中の基本の描画コマンドでよく使われる。

〔6〕 3D データ配列の作成

・x 方向に 1 山，y 方向に 2 山の 3D 図を描くことにする。i 行 j 列の行列要素に山の高さ h を定義する。高さ：h(x, y) = $(1-\cos 2\pi x)(1-\cos 2\pi y)$

・x 方向は行ベクトルで指定

・y 方向は列ベクトルで指定

・デフォルトは行ベクトルだが，コマンドの後ろに［:,None］を指定することで列ベクトルで保存される。

入力 *[103]*

```
xx=np.arange(0,2.1,0.1)
display(xx)
yy=np.arange(0,1.1,0.1)[:,None]
display(yy)
h=(1-np.cos(2*np.pi*xx))*(1-np.cos(2*np.pi*yy))
display(h)
```

・x範囲 0 ～ 2.1 刻み0.1 → 21個 → 21列
・y範囲 0 ～1.1 刻み0.1 → 11個

```
array([0. , 0.1, 0.2, 0.3, ・・・ 2. ])

array([[0. ],[0.1],[0.2],[0.3], ・・・ [1.]])

array([[0.          , 0.        ・・・         , 0.]])
```

注：$h(x,y)$の計算では行ベクトルと列ベクトルの変数を使用することにより自動的に11行21列の行列を作る。

〔7〕 3D データの離散プロット

・行列に格納したデータを 3D で離散プロットする。

・matplotlib で 3D プロットする場合は mpl_toolkits.mplot3d ライブラリを読み込む。

入力 *[104]*

```
from mpl_toolkits.mplot3d import Axes3D
```

・ライブラリ読込み

入力 *[105]*

```
fig = plt.figure()
ax = Axes3D(fig)
X, Y = np.meshgrid(xx,yy)
surf = ax.plot_surface(X,Y,h,cmap="summer")
ax.set_xlabel('x');
ax.set_ylabel('y');
ax.set_zlabel('h');
```

・fig：plt.figure でグラフオブジェクトを作るおまじない
・ax：fig オブジェクトを3Dグラフィクスとして使用する準備

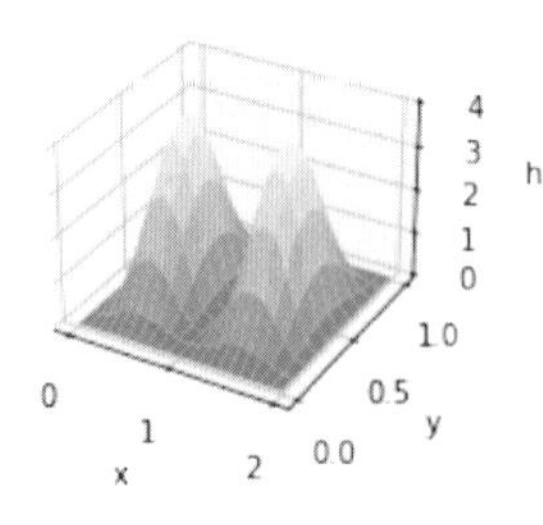

・X, Y：meshgrid でx座標とy座標のデータ(xx,yy)
・surf：plot_surface関数で3D描画
・x,y,z軸のラベル表示
・x方向に2山，y方向に1山の形で観察される。
・離散データが少ないため表面が粗い。

〔8〕 **3D データの連続プロット**

・【sympy】にて上記と同じ範囲の 3D で連続プロットを行う。

入力 [106]

```
x,y=sp.symbols("x y")
hxy=(1-sp.cos(2*sp.pi*x))*(1-sp.cos(2*sp.pi*y))
display(hxy)
```

$(1-\cos(2\pi x))(1-\cos(2\pi y))$

・x,y をシンボル変数に変更
・高さ関数定義：$h(x,y)=(1-\cos 2\pi x)(1-\cos 2\pi y)$

入力 [107]

```
1 p = sp.plotting.plot3d(hxy,(x,0,2),(y,0,1),xlabel="x",ylabel="y")
```

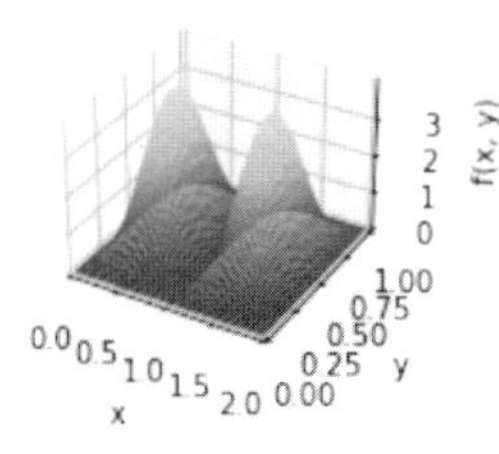

・sp.plotting.plot3dで描画する。
・範囲は関数中で(x,0,2),(y,0,1)のように引数指定する。
・今度は連続描画なので，
x方向に2山，y方向に1山が詳細に観察される。

2・10 データの入出力

・Excel のような 2 次元の表形式のデータを扱う場合，pandas ライブラリの DataFrame（データフレーム）というオブジェクトによる処理が大変便利である。

・pandas ライブラリには DataFrame 形式のデータをカンマ区切りテキスト（**CSV**），タブ区切りテキスト（**TSV**），Excel ファイル形式（**XLS**，**XLSX**）で読み込み・書き込みができる。

〔1〕 **pandas ライブラリ読み込み**

入力 [108]

```
1 import pandas as pd
```

・下記コマンドにより pandasライブラリを pd として読み込む。

〔2〕 **作業用フォルダの指定**

作業フォルダの場所のディレクトリを指定する場合：

・例 %cd "/Users/kiriki/Documents/PythonFolder" のようにフォルダ名は " " で囲む

・フォルダの区切りは"/"スラッシュのみ有効

・ただし，Python プログラムと同じフォルダに Excel データがあるときは，作業フォルダのディレクトリ指定は不要である。

〔3〕 現在のフォルダ

・現在のフォルダを確認してみよう。

・このディレクトリに Excel データを置いているとして以下を進める

― 例として，１月から３月までの温度を記録した Excel データ（**図 2·6**，`dat0.xlsx`）があるとする。

― それをタブ区切りテキストデータに変換した `dat0.txt`（**図 2·7**）を横に準備する。

	A	B	C
1	No	Month	Temperature
2	1	Jan.	10
3	2	Feb.	−5
4	3	March	15
5			

図 2·6　Excel データ（`dat0.xlsx`）

```
No tab Month tab Temperature 改行
1  tab Jan.  tab 10 改行
2  tab Feb.  tab -5 改行
3  tab Mar.  tab 15 改行
```

図 2·7　`dad0.txt`

入力 *[109]*

```
%pwd #今のdirectry表示（MacPC）
```

```
'/Users/matsushitaosami/Dropbox/R6_nb_Python_Excel_etc/R6J_1　松_P
ython/03 20230331 Python program'
```

〔4〕 テキストファイルの読み込み → pd.read_table ()

・ファイル名 `dat0.txt` なるタブ区切りテキストを読み込む。

・pandas で取り込み可能なファイル形式はカンマ区切りテキスト（**CSV**）またはタブ区切りテキスト（**TSV**）など，数多くのフォーマットがサポートされている。

入力 *[110]*

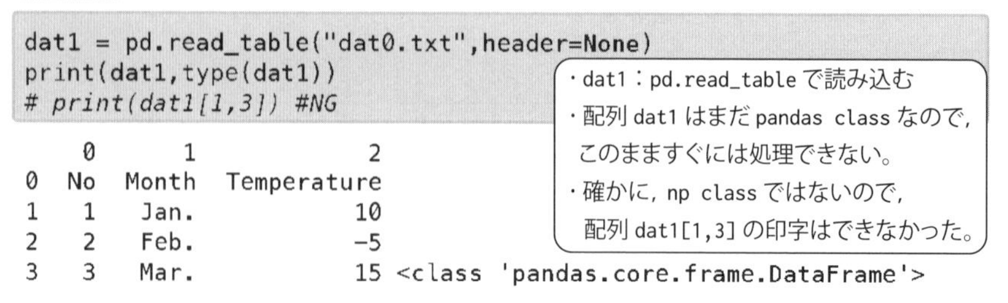

```
dat1 = pd.read_table("dat0.txt",header=None)
print(dat1,type(dat1))
# print(dat1[1,3]) #NG
```



```
   0      1            2
0  No  Month  Temperature
1  1    Jan.           10
2  2    Feb.           -5
3  3    Mar.           15 <class 'pandas.core.frame.DataFrame'>
```

〔5〕 ファイルの配列読み込み

入力 [111]

```
dat2=dat1.values
print(dat2,type(dat2))
```

・読み書き計算処理ができるように np classの配列dat2としてdat1を読み直す。
・コマンドは .values

```
[['No' 'Month' 'Temperature']
 ['1' 'Jan.' '10']
 ['2' 'Feb.' '-5']
 ['3' 'Mar.' '15']] <class 'numpy.ndarray'>
```

〔6〕 エリア確保

入力 [112]

```
1 tcf = np.zeros((3,2))
2 tcf
```

・ここでは3列目の摂氏温度を華氏温度に変更する作業を行う。
・tcf：(3 x 2)の演算作業用エリア (3列目の°Cと °F) を確保

```
array([[0., 0.],
       [0., 0.],
       [0., 0.]])
```

〔7〕 簡単な演算

・摂氏℃から華氏℉への計算式：℉ = 9/5 × ℃ + 32

入力 [113]

```
i=0
while i < 3:
    tcf[i,0]=float(dat2[i+1,2])
    tcf[i,1]=float(dat2[i+1,2])*9/5+32
    i+=1
tcf
```

```
array([[10., 50.],
       [-5., 23.],
       [15., 59.]])
```

・配列dat2の 3列目の温度をtcfの1列目に格納
・結果：tcfの1列目が摂氏
・配列dat2の 3列目の温度を華氏に変換しtcfの2列目に格納
・結果：tcfの2列目が華氏

入力 [114]

```
i=0
while i<3:
    dat2[i+1,2]=tcf[i,1]
    i+=1
dat2
```

・dat2の摂氏温度(3列目)をtcfの華氏温度(2列目)に置き換える

```
array([['No', 'Month', 'Temperature'],
       ['1', 'Jan.', 50.0],
       ['2', 'Feb.', 23.0],
       ['3', 'Mar.', 59.0]], dtype=object)
```

〔8〕 **配列出力 → pd.DataFrame ()**

入力 *[115]*

```
L1 dat3=pd.DataFrame(dat2)
L2 print(dat3,type(dat3))
```

・dat2 は np class なので pandas class の dat3 に変換する必要がある

```
    0      1            2
0  No  Month  Temperature
1   1   Jan.         50.0
2   2   Feb.         23.0
3   3   Mar.         59.0 <class 'pandas.core.frame.DataFrame'>
```

・pandas class データ dat3 をファイルに出力する。

・.to_csv() サブルーチンではカンマ区切りファイルで書き出すことができる。

・引数オプション sep='\t' によりタブ区切りファイルとして書き出すことができる。

入力 *[116]*

```
L1 dat3.to_csv('dat3.csv', index = False, header = False)
L2 dat3.to_csv('dat3.dat', index = False, header = False ,sep='\t')
```

・結果 dat3.csv と dat3.dat が出力されたのを確認した

・それを Excel で読み，**図 2・8** を作成

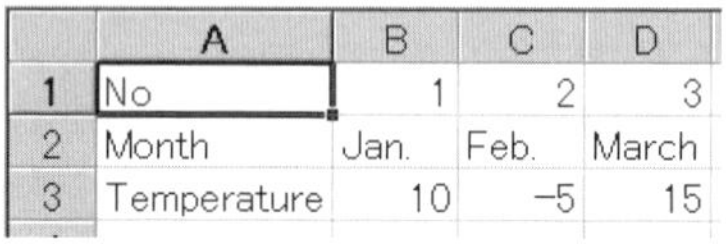

	A	B	C	D
1	No	1	2	3
2	Month	Jan.	Feb.	March
3	Temperature	10	−5	15

図 2・8　Excel で開く（dat3.dat）

❸ PADによるプログラミング技法

機械設計加工図面の描き方は製図の授業でしっかり学ぶ。しかし，ソフトウェアの設計に関しては，キー入力一辺倒で，ソフトウェア設計の図面化という教育理念はあまり見当たらない。ハードウェアと同じように，ソフトウェアも図面に従ってプログラムを作ろうというのが本章である。その一つの技法として**PAD**（Problem Analysis Diagram）を紹介する。これは計算過程の思考を整理し，間違いを避け，信頼性のあるプログラムを設計するための手段である。

キー入力しながらプログラムを考える悪弊はやめ，まず解き方をPADでしっかりと確認したうえでプログラムを作ることを強く奨める。急がば回れである。

3・1 PADとプログラム設計

3・1・1 構造化プログラム PAD

プログラミング設計図といえば流れ図（フローチャート）。これが今までの常識で，読者の多くが流れ図を作成した経験があると思われる。

ところが流れ図は処理の順番が矢印で示されるために，複雑になると流れ線が交錯し，「見にくい」，「わかりにくい」という欠点がある。また極端な場合，矢印が上下左右に展開できる自由度を有するために，思わぬところで無限ループに入ったりする。信頼あるプログラム設計にはまったく不向きである。

このような反省から，処理手順の自由度を，「横へ」「それが終わったら下へ」という2方向に表現を限定するプログラム設計が構造化プログラムである。この要請に応えるプログラム設計図の描き方の一つが**PAD**（問題分析図）である。PADでは，プログラム自体は**図3・1**に示す三つの基本処理よりなると考える。

① **連接**：Aを処理して，つぎにBを処理する

② **反復（リピート）**：Qが満足される範囲でHの処理を繰り返す。

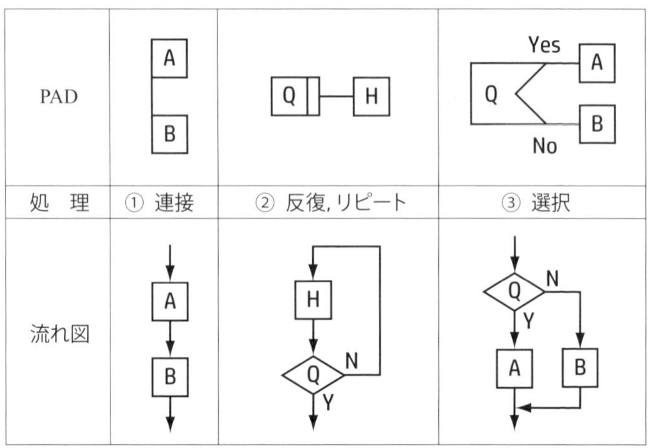

図 3·1　PAD と従来の流れ図

③　**選択**：IF 文で，Q が Yes のとき A を，No のとき B を処理する。

身近な例として，**図 3·2** に電話のかけ方例を PAD で示す。横に流れ図も併記する。少なくとも，処理の方向の自由度を拘束したことによる PAD の簡潔さが直感される

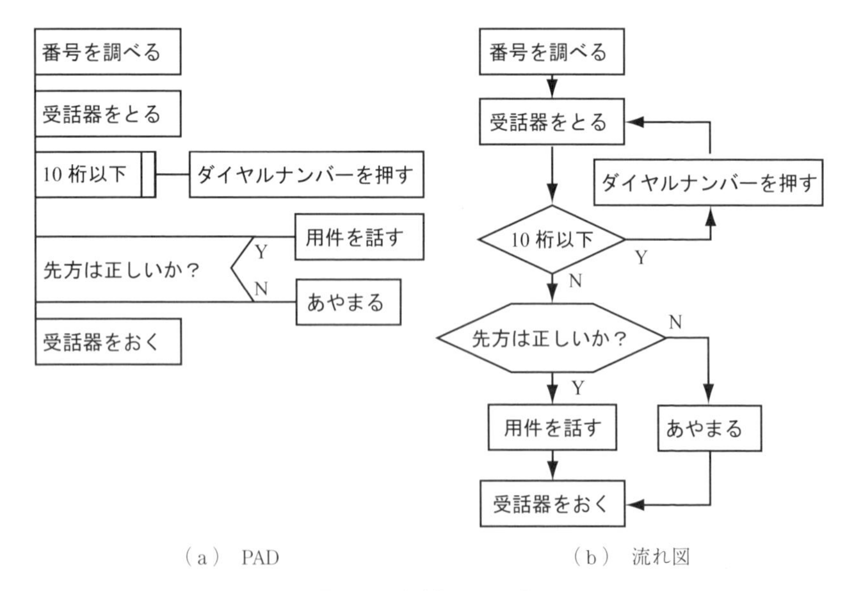

図 3·2　電話をかける手順

ものと思われる。複雑な問題になれば両者の差異は歴然とする。

3·1·2 プログラム設計例

例えば，つぎの問題のプログラムのPADを**図3·3**に従って説明する。

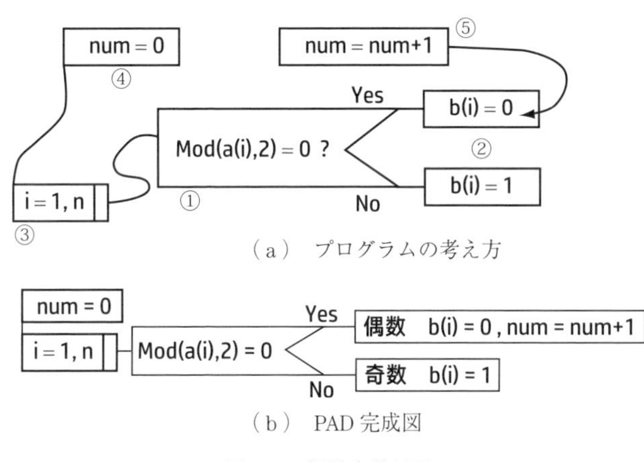

（a） プログラムの考え方

（b） PAD完成図

図3·3 偶数奇数判別

問　題：配列a(n)の各要素を見て，偶数のとき0，奇数のとき1とした配列bを作成せよ。このとき同時に，偶数要素の総数をカウントせよ。

考え方：数字を2で割って余りがなければ偶数，有れば奇数であるので，わり算の余り検出関数Mod(a(i),2) を利用する。

（1） まず，配列aのi番目要素a(i)を見て偶数，奇数を判別する部分を描くと，同図①のように，Mod(a(i),2)=0?を選択記号で囲む。

（2） 選択記号の上がYes（偶数）だから，同図②のように，b(i)=0を四角で囲みYesと線で結ぶ。同様に，選択記号の下のNo（奇数）をb(i)=1部と線で結ぶ。

（3） 選択操作をデータ個数のn回繰り返すので，同図③のように，リピート操作i=1,nを反復記号で囲み，かつ③から①に向かって線を結ぶ。

（4） つぎに総数カウントを考える。同図④のように，まずプログラムのはじめに総数num=0としておく。この準備の後にリピート③が開始されるので，④から③に向かって線を結ぶ。

（5） 総数は偶数でカウントアップ（num=num+1）されるので，同図⑤のようにこ

の一文を ② に挿入する。

このようにして作った原稿を清書した PAD 完成図が同図(b)である。簡潔にわかりやすくなっている様子が頷けるだろうか。

3・2　PAD とプログラミング

3・2・1　プログラミング

PAD の基本処理に対応するプログラミングは言語による。プログラミング例を**図 3・4** に示す。最上段では PAD による反復リピートと選択 if 文を示す。これに対して，Mathematica 言語，そして本書の主題である Python 言語でどのように書かれるかの典型例を示している。Mathematica 言語と Python 言語はサブルーティンのコマンド名などは非常によく似ている。

プログラム	連接・反復(反復リピート)	連接+選択(選択if文)
PAD	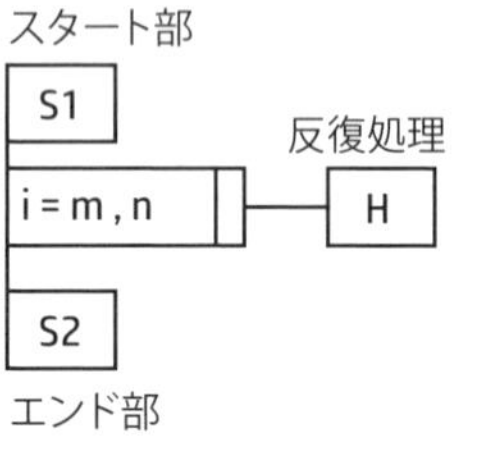 スタート部 S1 i = m , n ── H (反復処理) S2 エンド部	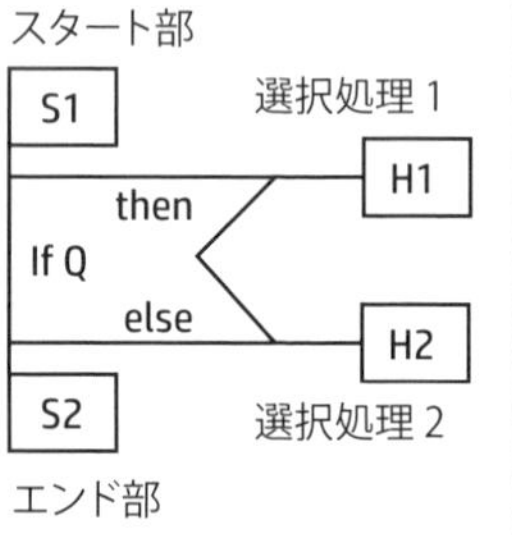 スタート部 S1 If Q then ── H1 (選択処理 1) If Q else ── H2 (選択処理 2) S2 エンド部
Mathematica	S1 Do[H , {i, m, n}] S2	S1 If [Q ,H1 ,H2] S2
Python	S1 i = 0 while i < n : 　H 　i + = 1 S2	S1 if Q : 　H1 else : 　H2 S2

図 3・4　PAD とプログラム

図3·4のアミかけ部分に示すように，PADの読み方はPython言語ではつぎのルールによる。

〔1〕 **反復リピート**　図に示すように`while`文を使いカウンターは`i=0`からスタートする。というのも，Python言語では配列を1から{1,2,3……}と数えるのではなく，0から{0,1,2……}と数えるので，`i=0`設定のほうが便利である。`i+=1`カウントアップ操作で，ちょうど`n`回で終了する。

〔2〕 **選択if文**　`if`と`else`のタブ位置を揃え，処理内容の`H1`と`H2`はそれより右側にバックしてタブ位置を揃えて書く。特に終了マークはなく，タブ位置で理解する。

これらの言語を用いて，プログラム設計図面であるPADから実際のプログラムを起こすためには，これらの基本処理を組み合わせて，ツリーウォーク（tree walk）に沿って書くことになる。

図3·5に例を示すように，ツリーウォークとは，「右へ進み，下に降りて，戻る」ように，各ブロックに沿って動くようすを矢印で描いたもので，矢印は各ブロックにへばりつくように動く。ブロックの上を通過中が往路で，往路で処理の開始および処理のコマンドを書く。ブロックの下を通って戻る復路では，コマンド終了に必要な後始末を行う。この往路，復路方式で各言語の該当文を記述する。ツリーウォークに従うとプログラミングは誰が書いても同じ機械的な作業となり，その自動化に向いている。

図3·5を例に，左側のPADのツリーウォークの動きと，右側のPythonプログラミ

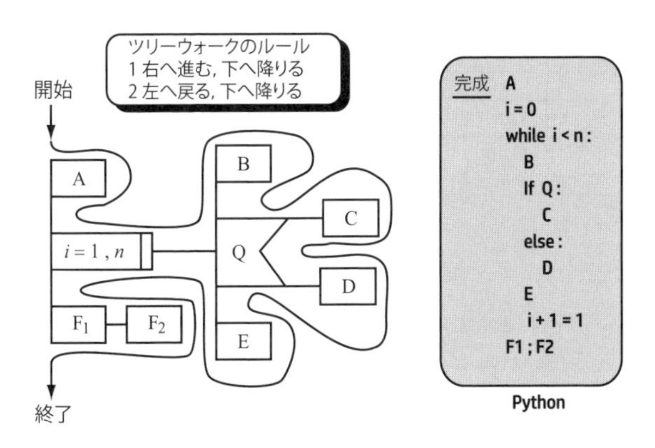

図3·5　ツリーウォークとプログラミング

ングのルールを解説しておく。ツリーウォークに従って進み，往路でリピート文が下に見えたとき，`i=0`，`while i<n:` と書き始め，リピートの内容を少しバックさせて書く。復路でリピート文が上に見えたら，`i+1=1` で閉じる。また，往路で `if` 文が下に見えたとき，`if` 条件 `Q: Yes C else: No Đ` という風にタブ位置に気をつけて書く。復路で `if` 文が上に見えても閉じる記述は不要である。

さっそく，PAD 設計から Python プログラミング作成を体験してみよう。

【例題 3･1】　さいころ `r=Random[Integer,{1,6}]` を `n=100` 回振って，各さいの目が出るイベント変数 `P`，ならびに偶数が出るイベント変数 `ne` をカウントし，求めた確率の**図 3･6** を検証せよ。その PAD（**図 3･7**）を参照しプログラミングせよ。

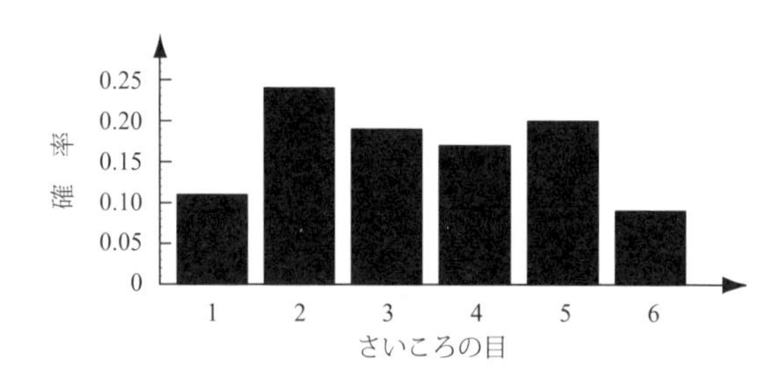

図 3･6　確率の BarChart

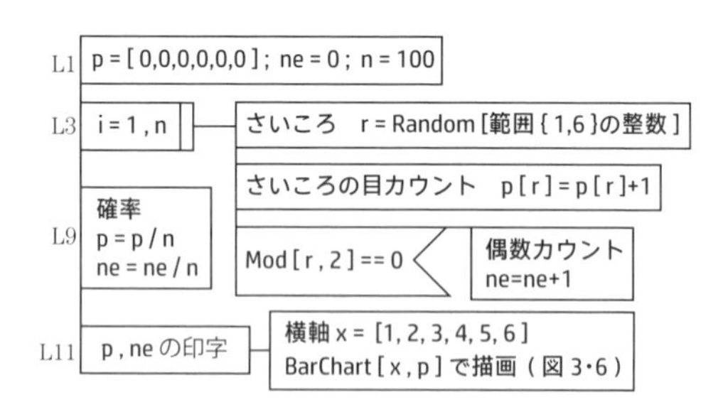

図 3･7　さいころの目の出る確率および偶数の確率

解：PAD（図 3･7）は，つぎのような考えで描いた。なお，行番号 L1 ～ L11 は，*Python [2]* の行番号を示している。

L1：6 次元配列のイベント変数 `P` を初期設定で内容を `0` とおく。偶数イベント変数 `ne` も `0` と初期設定。回数 `n=100` を設定。

L3：さいころを振るというリピート文。`r` がさいころを振って出た目。イベント変数 `P` の `r` 番目を 1 だけカウントアップ。つぎに，その目が偶数かを判定し，Yes なら偶数イベント変数 `ne` を 1 だけカウントアップ。

L9：総数nで割って確率に変換

L11：イベント変数Pの結果を棒グラフで印字

つぎに，このPADに従って以下に示すようにPython言語でプログラミングした。最初の*[1]*は関数定義の準備の「おまじない」で，*[2]*からがPADに対応する本文である。

Python [1]　**Ex 0301**　おまじない

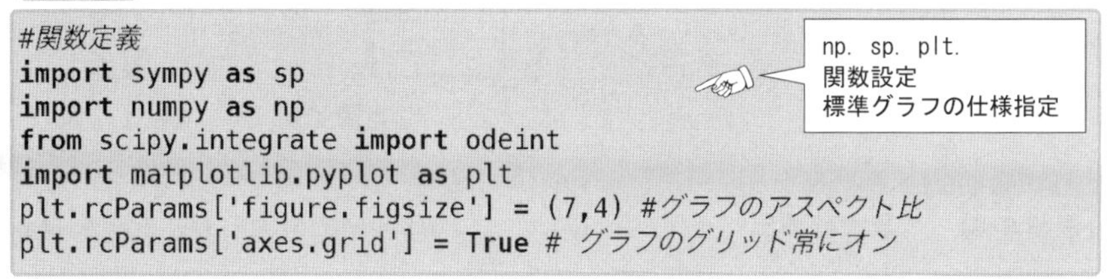

```
#関数定義
import sympy as sp
import numpy as np
from scipy.integrate import odeint
import matplotlib.pyplot as plt
plt.rcParams['figure.figsize'] = (7,4) #グラフのアスペクト比
plt.rcParams['axes.grid'] = True # グラフのグリッド常にオン
```


Python [2]　**Ex 0301**　さいころ

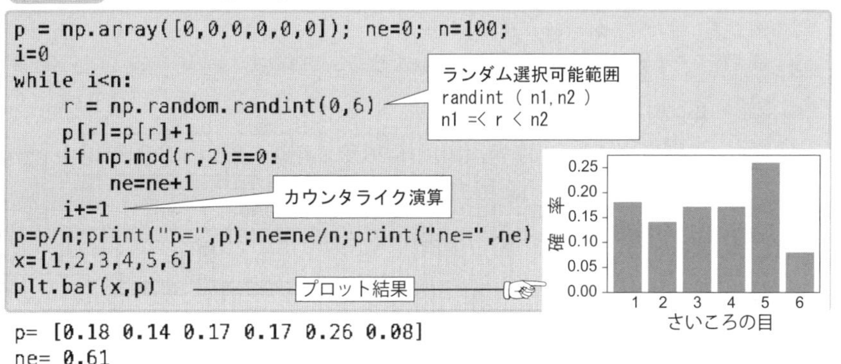

```
p = np.array([0,0,0,0,0,0]); ne=0; n=100;
i=0
while i<n:
    r = np.random.randint(0,6)
    p[r]=p[r]+1
    if np.mod(r,2)==0:
        ne=ne+1
    i+=1
p=p/n;print("p=",p);ne=ne/n;print("ne=",ne)
x=[1,2,3,4,5,6]
plt.bar(x,p)
```



```
p= [0.18 0.14 0.17 0.17 0.26 0.08]
ne= 0.61
```

注：右に示す棒グラフがこの場合の結果である。ランダム関数を用いているので，結果はプログラム実行のたびに異なる。

3･2･2　PADに基づくプログラミング演習

つぎの例題3･2～3･4のPADに従いPythonでプログラミングし，計算を行ってみよう。

【例題3･2】　階乗計算　n!を計算し，mに代入せよ。ただし，n=10とせよ。

解：*n*=10とし，PAD（**図3･8**）に従いプログラミングする。*m*=10!=3628800が答え。

反復文のスタートが，PADのi=2に対応してPythonではi=2-1=1なる。また，続く配列処理などにおいて，Pythonの配列は0番目からスタートすることに起因するPADとの相違に留意されたい。

Python [4]　**Ex 0302 PAD m=n!**　階乗計算

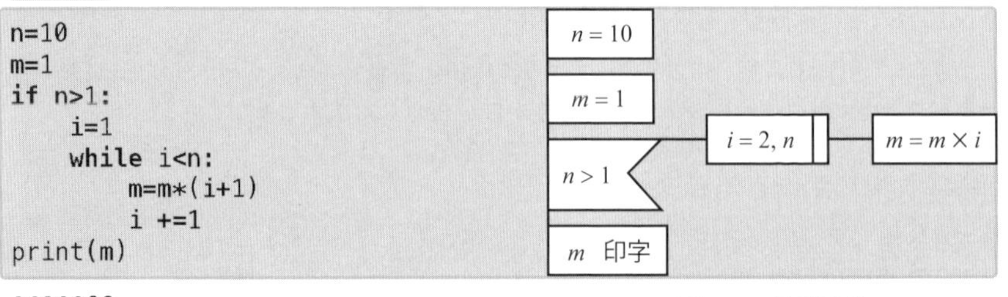


```
3628800
```

図 3·8　階乗計算

【例題 3·3】　最大値検出　$t(1)$, $t(2)$, …, $t(n)$ の中で最大のものを変数 tmax に代入せよ。

解：n=12 として，適当なテスト用ベクトル t を準備。PAD（**図 3·9**）に従いプログラミング。この例では，最大値 tmax=100 が検出される。

注：最大値サーチの Python 組込関数 np.max で検算している。

Python [5]　**Ex0303 PAD max search**　最大値検出

```
t=np.array([5,7,4,10,6,2,100,9,0,5,3,8])
n=len(t)
tmax=t[0]
i=0
while i<n:
    ti=t[i]
    if tmax<ti:
        tmax=ti
    i +=1
print("n=",n," tmax=",tmax)
```

t = {・・入力データ・・}をセット
長さ検出　n = len(t)
tmax = t(1)　ti = t(i)
i = 1, n　tmax < ti　tmax = ti
tmax 印字

```
n= 12  tmax= 100
```

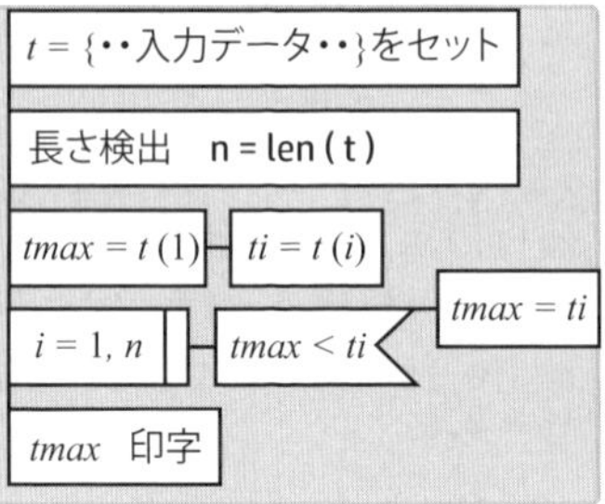

図 3·9　階乗計算

【例題 3·4】　巡回行列　**図 3·10** の PAD を参考にして，a_1, a_2, …, a_n を要素とした巡回行列 M を求めよ。巡回行列とは，n=4 を例にとると次式で定義される。

$$A = \{\, a_1\ a_2\ a_3\ a_4 \} \quad \longrightarrow \quad M = \begin{bmatrix} a_1 & a_2 & a_3 & a_4 \\ a_4 & a_1 & a_2 & a_3 \\ a_3 & a_4 & a_1 & a_2 \\ a_2 & a_3 & a_4 & a_1 \end{bmatrix}$$

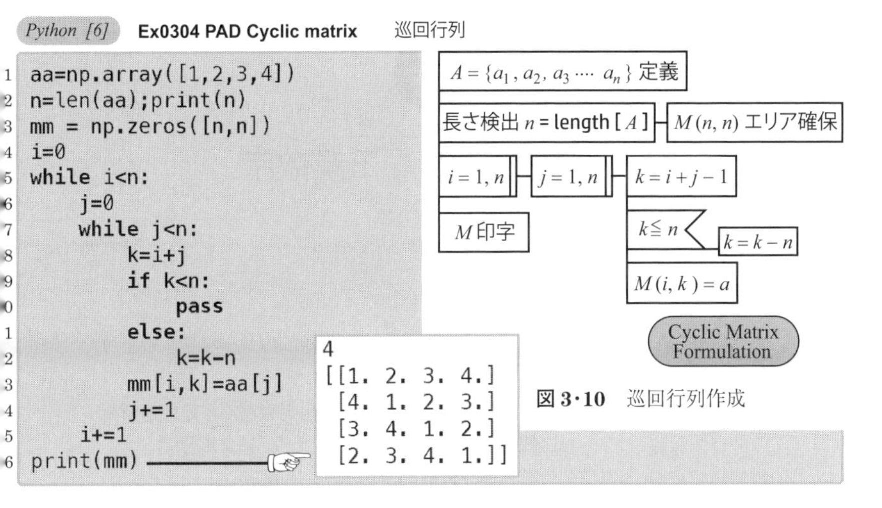

Python [6] **Ex0304 PAD Cyclic matrix** 巡回行列

```
aa=np.array([1,2,3,4])
n=len(aa);print(n)
mm = np.zeros([n,n])
i=0
while i<n:
    j=0
    while j<n:
        k=i+j
        if k<n:
            pass
        else:
            k=k-n
        mm[i,k]=aa[j]
        j+=1
    i+=1
print(mm)
```

```
4
[[1. 2. 3. 4.]
 [4. 1. 2. 3.]
 [3. 4. 1. 2.]
 [2. 3. 4. 1.]]
```


図 3·10 巡回行列作成

注：a_j は i 行において，何列目に置かれるべきかと考えたとき，通常の 1 スタートの配列では i+j-1 列目である。Python の場合は 0 スタートだから，上記プログラムのように `i+j` 列と書く。

3·2·3 PAD の利用効果

このように，PAD のツリーウォークに沿って各自の言語でどのように「読み書き」するかをいくつかパターン化しておけば，プログラミング作業は機械化できる。誰が書いても「ほぼ」同じプログラムができ上がるのが最大の特長である。その分だけ本来の思考すべき「上流側」の仕事であるプログラム設計により細心の注意を払うことができる。

プログラム生産およびメインテナンスの効率向上に寄与し，ソフトウェアの信頼性が上がる。機械図面のように緻密に標準化されている機械ハードウェアの設計製造検査の手法に，ソフトウェア生産を近づけようとする発想のもとに生まれた手法であり，プログラマーはもちろん，プログラミング現場の管理者やユーザにも好適である。

プログラムはメモではない。資産である。資産価値を高めよう。

4 Python で解く工業数学

本章では機械系振動制御の演習に役立つよう，以下の四つのテーマを取り上げた。

① 微分方程式 … 解析解，数値解，図式解を紹介

② 時刻歴応答解析 … ラプラス逆変換，数値積分，漸化式などによる応答解析

③ フーリエ級数 … フーリエ級数のアナログ展開およびディジタル展開

④ 固有値解析 … 固有値の性質と直交性を活用したモード展開

これらの理論説明と同時進行で解析計算例を Python で紹介する。そのために，下記コマンドにて sympy および numpy ならびに関連ライブラリ読み込む。計算開始前のおまじないの感である。

Python [1] 初期設定 *PAD [1]*

```
import sympy as sp
import numpy as np
import matplotlib.pyplot as plt
from IPython.display import Math
from scipy.integrate import solve_ivp
plt.rcParams['figure.figsize'] = (7*0.5,4.3*0.5)
plt.rcParams['axes.grid'] = True
```

numpy,sympy, matplotlib ライブラリの呼び出し, 時刻歴応答関数**ivp** の呼び出し

図の標準表示サイズ（横7、縦4.3）の50%で小ぶり表示，軸グリッド表示

4・1 微分方程式

自然界の現象解明とは，その現象を微分方程式でモデル化する歴史であったといっても過言ではない。それほど微分方程式は物理的理解に必須のツールである。従来は解析困難であった微分方程式も，現在では計算機によって解くことができ，現象がビジュアルに理解されるようになった。

1 変数の関数の微分方程式を常微分方程式という。Python ではその解き方として，つぎの方法が考えられる。

① 微分方程式を `sympy.dsolve` で解析的に解く，理想的な手法

② 微分方程式を `scipy.integrate.solve_ivp` で数値積分（数値シミュレーション）する方法

③ 半解析的に，ラプラス変換による方法

④ 位相面による方法

などがある。本節では，①，②，④ による方法を紹介し，③ は 4･2 節で説明する。

4･1･1　定係数の常微分方程式の解法

システマティックに解析が可能な常微分方程式は係数 a_i が一定なもので，その一般形を示す。

$$a_n \frac{d^n y(t)}{dt^n} + a_{n-1} \frac{d^{n-1} y(t)}{dt^{n-1}} + \cdots + a_0 y(t) = q(t) \tag{4･1}$$

上式のように，右辺が存在する場合を非同次微分方程式，$q(t)=0$ を同次微分方程式という。上式の一般解は同次微分方程式の基本解に，非同次微分方程式を満たすある解（特解）を加えたものとして表される。

右辺＝0 の同次微分方程式の解を

$$y(t) = e^{\lambda t} \tag{4･2}$$

と仮定する。この解を上式に代入すると，λ は次式を満足せねばならない。

$$a_n \lambda^n + a_{n-1} \lambda^{n-1} + \cdots + a_1 \lambda + a_0 = 0 \tag{4･3}$$

これを特性方程式，この根 λ を特性根と呼ぶ。

$$\lambda = \{\lambda_1, \lambda_2 \cdots \lambda_{n-1}, \lambda_n\} \tag{4･4}$$

よって，n 個の相異なる特性根のとき，同次微分方程式の基本解 y_h は n 個の解式（4･2）の線形結合で表される。

$$y_h(t) = C_1 e^{\lambda_1 t} + C_2 e^{\lambda_2 t} + \cdots + C_{n-1} e^{\lambda_{n-1} t} + C_n e^{\lambda_n t} \tag{4･5}$$

結合係数 C_i を積分定数という。この段階では未知である。

いま，特解 y_p が求まったとしよう。両者の和をとって一般解は

$$y(t) = y_h(t) + y_p(t) \tag{4･6}$$

ここで，初期値を代入して未知の積分定数を定め，解を確定する。それを特殊解という。

ところで，Python では微分方程式は下記の関数で求められる。

`sp.dsolve`（微分方程式） → 式（4·6）に示す積分定数付きの一般解

`sp.dsolve(微分方程式, ics={初期条件})` → 初期値から積分定数が確定された特殊解

【例題 4·1】　つぎの微分方程式を解け。

$$y'(t)+y(t)=17\sin 4t,\quad y(0)=50 \tag{a1}$$

解：特解として $y_p(t)=\sin 4t-4\cos 4t$ を採用。特性方程式 $\lambda+1=0$ から，特性根は $\lambda=-1$。よって，一般解は

$$y(t)=Ce^{\lambda t}+\sin 4t-4\cos 4t \tag{a2}$$

初期値を上式に代入して $y(0)=C-4=50$ → $C=54$ だから，特殊解は次式にて確定される。

$$y(t)=54e^{\lambda t}+\sin 4t-4\cos 4t \tag{a3}$$

この手順を Python にて確認してみよう。

Python [2]　微分方程式と求解 sp.dsolve( )

```
L1  t=sp.Symbol("t")
L2  y=sp.symbols("y",cls=sp.Function)
L3  eq_a1=sp.Eq(sp.diff(y(t),t)+y(t),17*sp.sin(4*t))
L4  display(eq_a1)
L5  eq_a2=sp.dsolve(eq_a1)
L6  display(sp.simplify(eq_a2))

L7  ansc=sp.solve([eq_a2.rhs.subs(t,0) -50])
L8  display(ansc)#dict形式で出力される
L9  eq_a3=sp.Eq(eq_a2.lhs,eq_a2.rhs.subs(ansc))
L10 display(eq_a3)
```

シンボル変数t, 関数y を定義

PAD [2]

L3：微分方程式(a1)の方程式 **Eq**（左辺、右辺）を定義

L5：式(a1)に **sp.dsolve** を適用、一般解(a2)を得る

L7：**eq_a2** 右辺から初期値 $y(0)=50$ を解いて **C1=54**

L9：式(a2)に代入し特殊解式(a3)に至る

Out [2]

eq_a1: 式(a1)　eq_a2: 式(a2)

$y(t)+\frac{d}{dt}y(t)=17\sin(4t)$　$y(t)=C_1e^{-t}+\sin(4t)-4\cos(4t)$

{C1: 54}　$y(t)=\sin(4t)-4\cos(4t)+54e^{-t}$　eq_a3：式(a3)

Python [3]　特殊解を直接求解 sp.dsolve( )

```
eq_a4=sp.dsolve(eq_a1,ics={y(t).subs(t,0):50})
sp.simplify(eq_a4)
```

→式(a3)

PAD [3]

式(a1)と初期値を **sp.dsolve** を適用、特殊解を直接得る

【例題 4·2】　**図 4·1** に対応する微分方程式は次式である。右辺 $q(t)=t$（ランプ入力）に対する解をつぎの手順で導け。

$$\ddot{y}+2\dot{y}+5y=5q(t)\qquad y(0)=0\qquad \dot{y}(0)=5 \tag{b1}$$

① 式（b1）の一般解を求めよ。

解：$y(t) = -2/5 + t + c_1 e^{-t}\sin 2t + c_2 e^{-t}\cos 2t$　(b2)

② 速度 $\dot{y}(t)$ を求めよ。

解：$\dot{y}(t) = 1 - (c_1 + 2c_2)e^{-t}\sin 2t + (2c_1 - c_2)e^{-t}\cos 2t$　(b3)

③ 式に併記の初期値を満たすように積分定数を決定せよ。

解：$c_1 = 11/5,\quad c_2 = 2/5$

④ 初期値を満たすように特殊解を特定せよ。

解：$y(t) = -2/5 + t + 11/5\, e^{-t}\sin 2t + 2/5\, e^{-t}\cos 2t$　(b4)

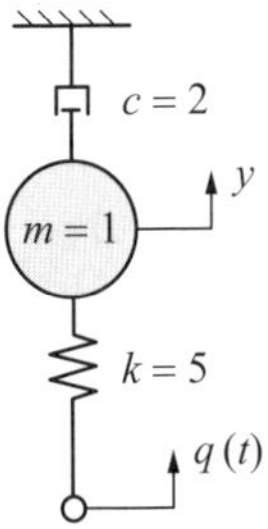

⑤ $y(t)$ をプロットし，**図 4·2**（次頁）中の（1）を確認せよ。

解：Python で確認しよう。

$c=2$, $m=1$, y, $k=5$, $q(t)$

図 4·1　振動系

Python [4]　微分方程式

シンボル変数t, 関数y を定義

```
t=sp.Symbol("t")
y=sp.symbols("y",cls=sp.Function)
w1=sp.diff(y(t),t,1)
w2=sp.diff(y(t),t,2)
eq_b1=sp.Eq(w2+2*w1+5*y(t),5*t)
display (eq_b1)
```

PAD [4]

w1＝$\dot{y}(t)$と置く

w2＝$\ddot{y}(t)$と置く

関数**Eq**(右辺、左辺)を用い、微分式(b1)を定義

結果：$5y(t) + 2\frac{d}{dt}y(t) + \frac{d^2}{dt^2}y(t) = 5t$　☞ 式 (b1)

Python [5]　一般解

```
eq_b2=sp.dsolve(eq_b1)
display(sp.simplify(eq_b2))
eq_b3=sp.Eq(eq_b2.lhs.diff(t),eq_b2.rhs.diff(t))
display(eq_b3)
```

PAD [5]

eq_b2←**dsolve** にて微分式を解く；一般解の変位

eq_b3←**diff** にて時間微分；一般解の速度導出

Out [5]

解 ① $y(t) = C_1 e^{-t}\sin(2t) + C_2 e^{-t}\cos(2t) + t - \frac{2}{5}$　☞ 式 (b2)

解 ② $\frac{d}{dt}y(t) = -(C_1\sin(2t) + C_2\cos(2t))e^{-t} + (2C_1\cos(2t) - 2C_2\sin(2t))e^{-t} + 1$　☞ 式 (b3)

Python [6]　積分定数決定→特殊解

```
w1=eq_b2.rhs.subs(t,0) #y(0)
w2=eq_b3.rhs.subs(t,0) #y'(0)
ansc=sp.solve([w1,w2-5])
display(ansc)#dict形式で出力される
eq_b4=sp.Eq(eq_b2.lhs,eq_b2.rhs.subs(ansc))
sp.simplify(eq_b4)
```

PAD [6]

w1＝初期変位$y(0)$と置く

w2＝初速度$\dot{y}(0)$と置く

ansc=初期値問題(**w1=0,w2-5=0**)となるc_i 答え③

eq_b4←一般解①に積分定数**ansc**を代入し特殊解④へ

Out [6]

解 ③ {C1: 11/5, C2: 2/5}

解 ④ $y(t) = \dfrac{\left((5t-2)\,e^{t} + 11\sin(2t) + 2\cos(2t)\right)e^{-t}}{5}$　☞ 式(b4)

Python [7]　特殊解と直接求解

```
eq_b5=sp.dsolve(eq_b1,ics={y(0):0,y(t).diff(t,1).subs(t,0):5})
sp.simplify(sp.expand(eq_b5))
```

PAD [7]

☞ 上式の解④

eq_b5←微分式(b1)に指定の初期値を与え、**dsolve**にて直接に特殊解を求めると、式(b4)を得る。

Out [7]

$$y(t) = \frac{\left((5t-2)\,e^{t} + 11\sin(2t) + 2\cos(2t)\right)e^{-t}}{5}$$

☞ 式(b4)

Python [8]　応答波形図4·2(1)

```
zu1=sp.plot(eq_b5.rhs,(t,0,5),show=False,line_color='b') ← 変位波形
zu10=sp.plot(t,(t,0,5),show=False,line_color='r') ← 入力波形
zu1.extend(zu10) ┐
zu1.show()       ┘ 入出力波形の観察
```

PAD [8]

zu1← **eq_b5** の変位波形を描く(非表示)

zu10(入力波形 **t**を描く(非表示)

zu1に**zu10**を重ねて描画

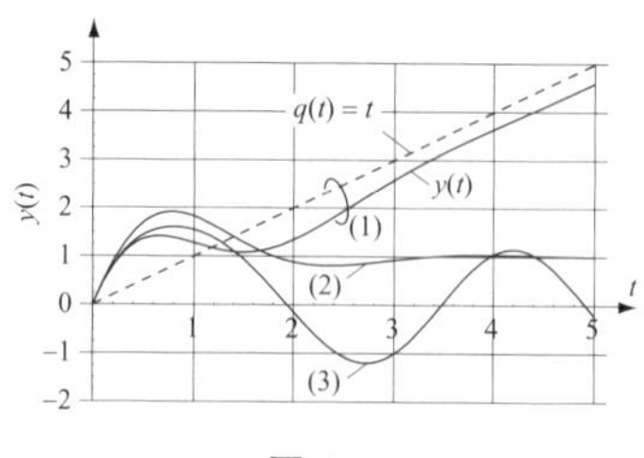

図 4·2

☞ 答えは図4·2（1）に示すように，ランプ入力にへばりつくような変位応答となる。

【例題 4·3】　先の例題4·2で式（b1）の右辺が下記の場合のそれぞれの応答を求めよ。

① $q_2(t) = 1$　（ステップ応答）　(c1)

② $q_3(t) = \sin \omega t$　（正弦波加振，$\omega = \sqrt{5}$）　(d1)

解：① ステップ応答 $y_2(t) = 1 + e^{-t}(2\sin 2t - \cos 2t)$　☞ 図4·2（2）

② 正弦波加振応答 $y_3(t) = 1 + e^{-t}\left(\dfrac{\sqrt{5}}{2}\cos 2t + \dfrac{10+\sqrt{5}}{4}\sin 2t\right) - \dfrac{\sqrt{5}}{2}\cos\sqrt{5}\,t$

☞ 図4·2（3）

Pythonプログラムで確認してみよう。 → 解答はWeb

4・1・2　変係数の常微分方程式の解法

係数が一定でない場合の常微分方程式の一般形を示す。

$$a_n(t)\frac{d^n y(t)}{dt^n}+a_{n-1}(t)\frac{d^{n-1}y(t)}{dt^{n-1}}+\cdots+a_0(t)y(t)=q(t) \tag{4・7}$$

この型の常微分方程式を機械的に解く定型はなく，勘が必要である。しかし，【sympy】の dsolve 関数を用いれば即座に答えが帰ってくる場合も多い。

【例題 4・4】　つぎの微分方程式を解け。**図 4・3** の解曲線を吟味せよ。

$$\dot{y}(x)=-2xy \qquad y(0)=1 \tag{e1}$$

解：右辺と左辺に変数を分離し，積分を行うと次式のように一般解を得る。

$$\frac{dy}{y}=-2xdx \;\rightarrow\; \ln|y|=-x^2+c_1 \;\rightarrow\; |y|=e^{-x^2+c_1} \;\rightarrow\; |y|=C_1e^{-x^2}$$

$y>0$ では $C_1=+C$ に，$y<0$ では $C_1=-C$ に選ぶとして，一般解を次式に書き改める。

$$|y|=Ce^{-x^2} \tag{e2}$$

初期値を適用して $C=1$ だから解は次式となる。

$$|y|=e^{-x^2} \tag{e3}$$

Python を用いて確認してみよう（解析的方法）。

Python [12]　微分方程式 (e1)

シンボル変数・関数定義

```
x=sp.Symbol("x")
y=sp.symbols("y",cls=sp.Function)
eq_e1=sp.Eq(sp.diff(y(x),x),-2*x*y(x))#微分方程式を定義
display(eq_e1)
```

PAD [12]

eq_e1←微分方程式(e1)を**Eq** にて立式

Out [12]

$$\frac{d}{dx}y(x)=-2xy(x)$$

Python [13]　一般解 (e2) → 特殊解 (e3)　*PAD [13]*

```
eq_e2=sp.dsolve(eq_e1)#微分方程式の一般解
display(eq_e2)
ans1=sp.solve([eq_e2.rhs.subs(x,0)-1])#初期
print(ans1)
eq_e3=sp.Eq(y(x),eq_e2.rhs.subs(ans1))#初期
display(eq_e3)
```

eq_e2←**eq_e1** を**dsolve** で解き一般解（e2）を得る

ans1←式(e2)に初期条件を満たす積分定数を求めるとC=1

eq_e3←**eq_e2** に積分定数**ans1**を代入し、解式（e3）を確定

Out [13]

eq_e2　$y(x)=C_1e^{-x^2}$

ans1　{C1: 1}

eq_e3　$y(x)=e^{-x^2}$

Python [14]　特殊解を直接求解

```
y1=sp.dsolve(eq_e1,ics={y(0):1})#初期条件付きの微分方程式の解
sp.simplify(sp.expand(y1))
```

PAD [14]

Y1←微分式に初期値を与え、**sp.dsolve**で特殊解を直接決定

Out [14]　$y(x) = e^{-x^2}$　☞ 式 (e3)

Python [15]　複数の解曲線：(初期条件 $y(0)$=1 と 8 の場合を描画)

```
y1=sp.dsolve(eq_e1,ics={y(0):1})
y8=sp.dsolve(eq_e1,ics={y(0):8})
zu1=sp.plot(y1.rhs,(x,-3,3),line_color='b',show=False)
zu8=sp.plot(y8.rhs,(x,-3,3),line_color='c',show=False)
zu1.extend(zu8)
zu44=zu1.show()
```

{ y2 , y4 etc }　←◉ 他のパラメータ計算挿入可（y8 の行）

←◉ 他のパラメータ計算挿入可（zu1.extend の行）　{ zu2 , zu4 etc. }

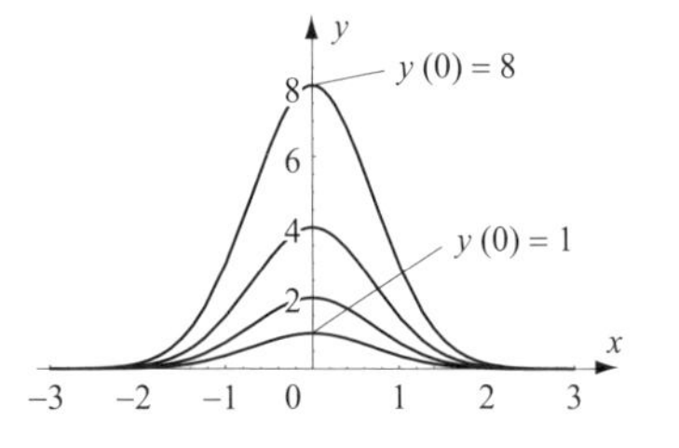

PAD [15]

y1/8←初期条件付き微分方程式を解く

zu1/8←解式**y1** と**y8** の挙動を**plot**

zu1.extend にて、**zu1** に**zu8** を重ねる。

zu44←重ね描きデータ**zu1** を**plot**

図 4·3　ベルに似た解曲線（上半面のみプロット）

注：上記 *Py [15]* において，←◉部分に y2=…y(0):2 })，zu2=…plot(y2…)，同様に y4=…y(0):4})，zu4=…plot(y4…) を増設すれば，図 4·3 のように，初期値の違いによる 4 本の解曲線が重ね描きされる。

【例題 4·5】　**図 4·4** のように，宇宙船を地球表面から初速度 v_0 で打ち上げる。地球の中心から宇宙船までの距離を r，地球の半径を R としたとき，宇宙船の加速度 a は次式で表される。

$$a \equiv \frac{dv}{dt} = \frac{dv}{dr}\frac{dr}{dt} = \frac{dv}{dr}v = -\frac{gR^2}{r^2} \tag{4·8}$$

地球　R　r　$a(r) = -\dfrac{gR^2}{r^2}$

図 4·4　宇宙船の座標

ただし，$v(R) = v_0$

宇宙船が地球に引き戻されることなく宇宙に脱出可能な初速度 v_0 を求めよ。

解：右辺と左辺に変数を分離し，積分を行うと一般解は

$$vdv = -\frac{gR^2}{r^2}dr \quad \rightarrow \quad \frac{v^2}{2} = \frac{gR^2}{r} + C \tag{4·9}$$

初期値 $v(R)=v_0$ を適用して $C=v_0{}^2/2-gR$ だから。解は次式である。

$$v^2=\frac{2gR^2}{r}+v_0{}^2-2gR \tag{4·10}$$

打ち上がって高度が高くなると，$r\rightarrow$ 大で右辺第1項は0に近づく。よって，つねに上昇速度 $v\geq0$ であるためには，初速度 v_0 は

$$v_0\geq\sqrt{2gR} \tag{4·11}$$

でなくてはならない。この下限を脱出速度という。

地球のパラメータ $R=6372$ km，$g=9.8\ \mathrm{m/s^2}$ を代入して，$v_0=\sqrt{2gR}=11.2$ km/s である。計算結果は**図 4·5** に示すように，$v_0=10$ km/s では $v<0$ となり地球に落ちるが，$v_0=11.2$ km/s ではつねに $v>0$ だから宇宙軌道に乗ることができる。

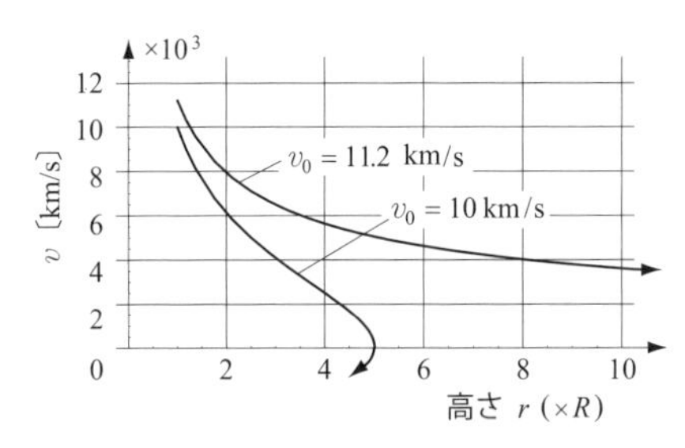

図 4·5 宇宙船の上昇速度

Python を用いて確認してみよう。 → 解答は Web

4·1·3 微分方程式の数値解

解析的ではなく，数値的に微分方程式を解く方法を紹介する。物理現象の変化する様を時々刻々追跡するので，数値シミュレーションあるいは時間応答と呼ばれる。どのように難しい微分方程式でも，とにかくシミュレーションは可能である。

Python では微分方程式の数値解は，**scipy ライブラリ**の関数 `integrate.solve_ivp` を用いる。

`solve_ivp`（時間微分係数，時間 t，時間の範囲，変数の初期値）

【例題 4·6】 **図 4·6** に示すタンクの水位 $h(t)$ がつぎの微分方程式で表されるとする。

$$\dot{h}(t)=-k\sqrt{h(t)}+q \tag{f1}$$

ただし，k = 流出係数，

q = 単位時間当りの流入量（水位換算）。

この系について下記の問に答えよ。

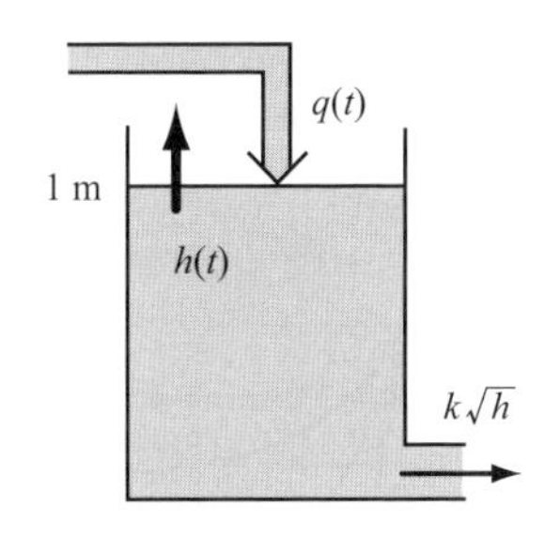

図 4·6 水位系

① 上式は `sympy.dsolve` 関数で解析的に解けないことを確認せよ。

② $k=0.1, h(0)=1$ m，流入ヘッド q〔mm〕をパラメータとして，水位をシミュレー

ションした**図 4･7** を求め，定常状態水位 $h(t)=(q/k)^2$〔mm〕を確認せよ。

解①：微分方程式の sympy.dsolve による解析解 → 不可

Python [21-22]　タンク水位シミュレーション

```
k,q,t,h0=sp.symbols("k q t h0")
h=sp.Function("h")
eq_d1=sp.diff(h(t),t)+k*sp.sqrt(h(t))-q
display(eq_d1)
ans=sp.dsolve(eq_d1,ics={h(0):h0})
display(ans)#時間要
```

シンボル変数・関数定義

非線形ゆえ、場合分けの多い解表現となる

PAD [21～22]

eq_d1←微分方程式を定義。

ans←式**eq_d1** を初期値$h(0)=h_0$のもと**dsolve** で解く

Out [21]　$k\sqrt{h(t)}-q+\frac{d}{dt}h(t)$

解②：微分方程式の solve_ivp **関数**（scipy.integrate **ライブラリ**）による数値時間積分

Python [25]　私設関数 dhdt(t,y) の定義

```
def dhdt(t,y): 入力
    k=0.1
    ht=y[0]   } 状態変数
    qt=y[1]
    dhdt=-k*np.sqrt(ht)+qt   } 微係数
    dqdt=0
    return np.array([dhdt,dqdt])
print(dhdt(0,[4,0.05]))   出力
```

PAD [25]

変数y は2 次元ベクトル$y(t)=[\,h(t)\,,\,q(t)\,]^t$とし、次式の微分方程式を考える。

$\dot{h}(t)=-k\sqrt{h(t)}+q(t)\quad h(0)=h_0=1\,,\ k=0.1$

$\dot{q}(t)=0\quad q(0)=q_0=0.05$

任意の時間における微係数を出力する関数

Out [25]　[−0.15　0.　] ← {k＝0.1, ht＝4;qt＝0.05,
dhdt＝−0.1*$\sqrt{4}$＋0.05＝−0.15, dqdt＝0}

Python [26]　関数 dhdt を用いた時刻歴応答

```
L1 ht050 = solve_ivp(dhdt,[0,100],[1,0.05]) #  inv(dhdt,時間窓、初期値、ゟ
L2 display(ht050)
L3 plt.plot(ht050.t,ht050.y[0],color=[0,0,1])# Y[n]多自由度が扱いやすい
L4 plt.plot(ht050.t,ht050.y[1],color=[0,1,0])
L5 zu46=plt.show()
```

PAD [26]

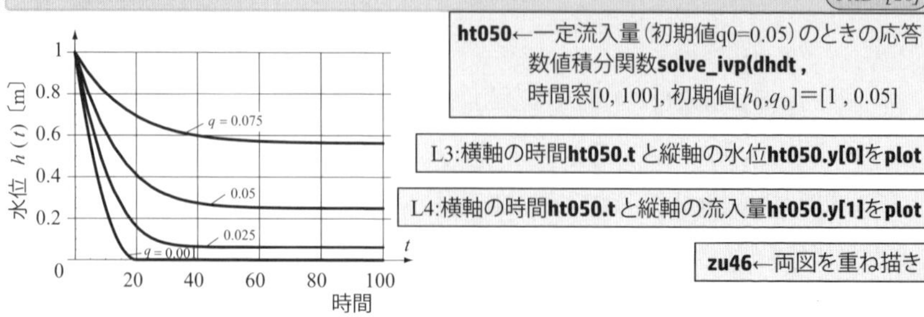

ht050←一定流入量（初期値q0=0.05）のときの応答　数値積分関数**solve_ivp(dhdt ,** 時間窓[0, 100], 初期値$[h_0,q_0]$＝[1 , 0.05]

L3:横軸の時間**ht050.t** と縦軸の水位**ht050.y[0]**を**plot**

L4:横軸の時間**ht050.t** と縦軸の流入量**ht050.y[1]**を**plot**

zu46←両図を重ね描き

図 4･7　水位のシュミレーション

この計算の結果は図 4·7 の $q=0.05$ に一致する。ここで，入力 q は一定だから本来は計算不要だが，ここではプログラミングの簡単化のために，時間関数 $q(t)$ として扱った。

4·1·4 1階微分方程式の図式解

解析でもなく，数値的でもなく，図式的に解曲線を推定する方法を紹介する。変数 x として，関数 $y(x)$ の1階微分方程式の一般形は次式で書かれる。

$$\frac{dy}{dx}=f(x,y)\equiv\frac{f_2(x,y)}{f_1(x,y)} \quad (4\cdot12)$$

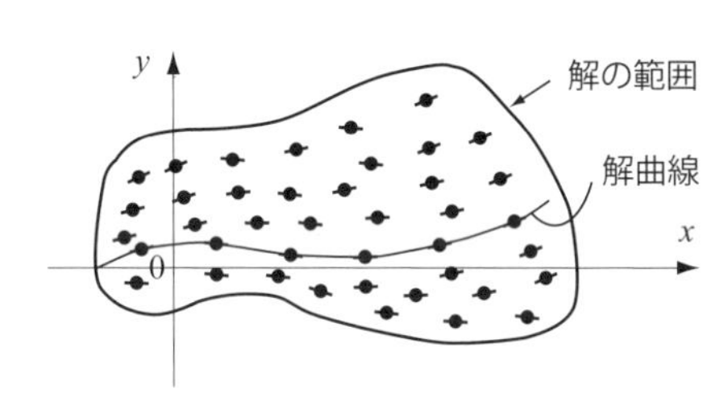

図 4·8 $y=f(x,y)$ の場合の x-y 平面

横軸を変数 x，縦軸を関数 y としたとき，平面 (x,y) における解曲線の傾きは $f(x,y)$ である。よって，この傾き方向ベクトルを**図 4·8** のように各点において矢印で表示すると，解曲線は矢印に沿った軌跡として得られる。数値的な精度不足は否めないが，解曲線を鳥瞰するうえで好都合な解法で，等傾斜法などと呼ばれる。この旧来法は，現在では，流線を描くソフトウェアによってより精密に描画されるようになった。

流線プロットは `matplotlib.pyplot` に属する下記コマンドを用いる。

```
streamplot(X, Y, 1, F, color=np.sqrt(1+F*F))
```

あるいは

```
streamplot(X, Y, F1, F2, color=np.sqrt(F1*F1+F2*F2))
```

ただし，`X, Y, F, F1, F2` はそれぞれ $x, y, f(x,y), f_1(x,y), f_2(x,y)$ のメッシュグリッドを表す。

【例題 4·7】 例題 4·4 の解曲線図 4·3 上に流線ベクトルを重ね描きしたものが**図 4·9** である。流線を描画せよ。

注 1：$dy/dx=-2xy$ だから，x 軸および y 軸にて傾きが 0 である。すなわち，y 軸を水平に通過。x 軸付近では x 軸に沿って水平に軌道が進む。軌道は左から右へ進み，第2象限では傾斜は右上がり，第1象限では右下がりであることなどに留意されたい。

解：Python で流線を描いてみよう。

Python [29]　$dy/dx = -2xy$ の流線　　PAD [29]

```
L1 xx = np.linspace(-3,3,15)
L2 yy = np.linspace(0,10,15)
L3 X, Y = np.meshgrid(xx,yy)
L4 U = np.ones((15,15))
L5 V = -2*X*Y
L6 zu47=plt.streamplot(X, Y, U, V, color=np.sqrt(U*U+V*V),linewidth=0.5)
```

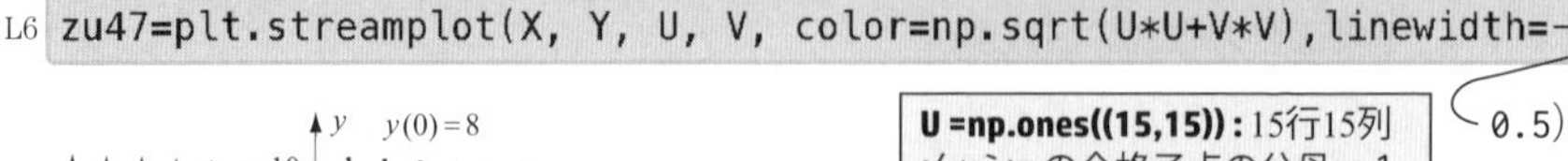

xx ←X 範囲の離散化（-3<x<3 を15 格子）

yy ←Y 範囲の離散化（3<y<10 を15 格子）

X, Y=np.meshgrid：XY のメッシュグリッド

U =np.ones((15,15))：15行15列メッシュの全格子点の分母＝1

V = -2*X*Y：全格子点の微係数

zu47=plt.streamplot 流線

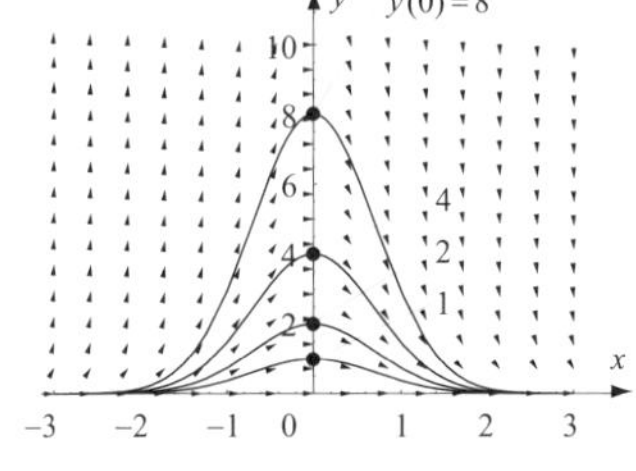

図 4・9　$y' = -2xy$

注 2　`streamplot` 用の属性：ここでは線幅 `linewidth` を指定。その他にも色などで見やすくする工夫がいろいろと指定可能である。

注 3　属性 `color＝np.sqrt(U*U＋V*V)`：流速 V の大きさによってグラデーションを付けるために入れた。もちろんなくても良い。筆者の好みである。

注 4　例題 4・4 の解析解である *Python [15]* と，前述の流線図 *Python [29]* とを，図 4・9 のように重ね描きすれば両者の比較を通じ物理的イメージを深めることができる。しかし，`sp.plot` と `plt.streamplot` の重ね合わせは至難のようで，紙面の制限でここではこれ以上触れない。仮に，解曲線と流線ライクな図表現を重ね描きする場合は，その例を第 5・5 節で述べるのでそちらを参考にされたい。そこでは筆者らの私設関数を用い，先の「至難」を回避している。

【例題 4・8】　例題 4・6 の解曲線（図 4・7）に対応する流線ベクトルを重ね書きしたものが**図 4・10** である。流線を観察せよ。

注 1：$y' = -k\sqrt{h} + q$ だから，水位変化が止まるのは傾き＝0 のときで，そのときの水位は $h = (q/k)^2 = (0.05/0.1)^2 = 0.25$。よって，高い水位や低水位など，いろいろな初期水位から出発した軌道は，平衡状態の水位 $h = 0.25$ の水平線に向かって収束する。

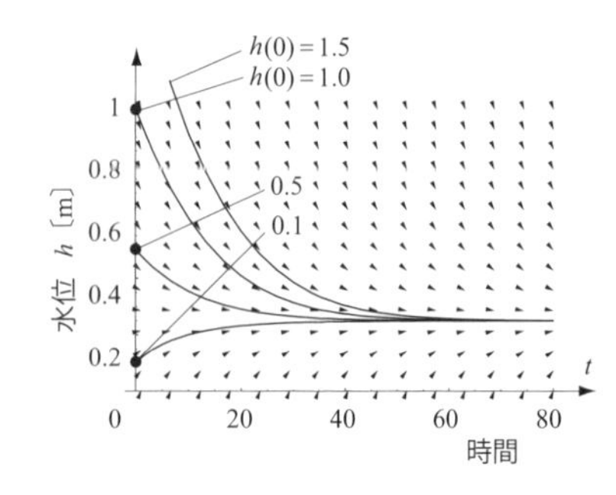

図 4・10　$q = 0.05$ の場合の流線

解：Python を用いて確認してみよう。　→ 解答は Web

4・1・5 2 階微分方程式の図式解

また，時間 t を変数とする関数 $x(t)$ に関する 2 階微分方程式で，その係数は時間 t を陽に含まない場合の一般形は

$$\frac{d^2y}{dt^2}=f\left[x(t),\frac{dx(t)}{dt}\right] \tag{4・13}$$

x を変位として横軸に，速度 $v=\dot{x}$ を縦軸にとると，上式は

$$\frac{dx}{dt}=v, \qquad \frac{dv}{dt}=f(x,v) \tag{4・14}$$

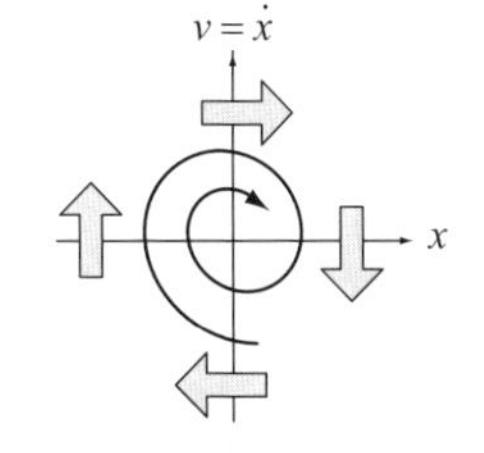

図 4・11 位相平面（$v=\dot{x},x$）

よって，v-x 平面における解曲線の傾きは次式である。

$$\frac{dv}{dx}=\frac{f(x,v)}{v} \tag{4・15}$$

この場合，方向ベクトルと同等の流線を表示するコマンドをつぎのように書く。

```
streamplot(X, V, V, F, color=np.sqrt(1+F*F))
```

ただし，X, V, F はそれぞれ $x, v, f(x,v)$ のメッシュグリッドを表す。

この結果，方向ベクトルは**図 4・11** のように表される。解曲線は，上半面では右方向へ，下半面では左方向へ進む。x 軸正側では上から下へ垂直に下り，x 軸負側では下から上へ垂直に上がる。このような，基本的な動きに留意して，流線に沿って解曲線を追跡することができる。この速度-変位を位相平面とした解析は非線形微分方程式などに有効である。

【例題 4・9】 例題 4・5 の解曲線（図 4・5）上に流線を重ね描きした**図 4・12** を検証せよ。r 軸正側で，第 1 象限から第 4 象限に突入しない条件，すなわち地球脱出速度を確認せよ。

解：式（4・8）の運動方程式を位相面の傾きの方程式に書き換える。

$$\frac{dv}{dr}=-\frac{gR^2}{r^2}\Big/v \tag{4・16}$$

Python [35]　地球脱出運動の位相面

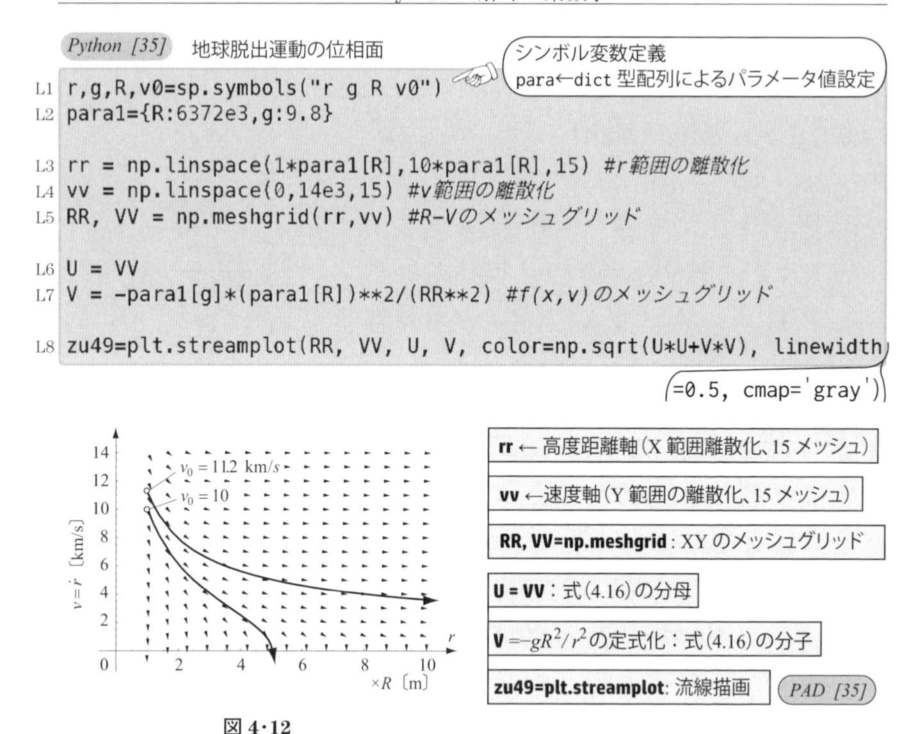

```
L1 r,g,R,v0=sp.symbols("r g R v0")
L2 para1={R:6372e3,g:9.8}

L3 rr = np.linspace(1*para1[R],10*para1[R],15) #r範囲の離散化
L4 vv = np.linspace(0,14e3,15) #v範囲の離散化
L5 RR, VV = np.meshgrid(rr,vv) #R-Vのメッシュグリッド

L6 U = VV
L7 V = -para1[g]*(para1[R])**2/(RR**2) #f(x,v)のメッシュグリッド

L8 zu49=plt.streamplot(RR, VV, U, V, color=np.sqrt(U*U+V*V), linewidth
=0.5, cmap='gray')
```


図 4·12

4·2　ラプラス変換

フランス士官学校教官ラプラス（Pierre-Simon Laplace, 1749 ～ 1827）が研究した置き換え法は，今日，ラプラス変換と呼ばれ，大学における基礎数学の必須学習テーマである。この方法で微分方程式を解くことを学ぶ。具体的には，実時間の現象をラプラス変換先の世界，s 領域で簡単に解析する手法である。

4·2·1　関数とラプラス変換

ラプラス変換で取り扱う時間関数 $f(t)$ とは

$$f(t) = 0 \quad (t<0), \qquad f(t) = f(t) \quad (t \geq 0) \tag{4·17}$$

静止状態から「突然，運動を開始する関数」を前提としていることに留意されたい。時間関数 $f(t)$ のラプラス変換は**表 4·1**（No. 0）のように定義される。また，この逆

表 4·1　ラプラス対関数表

No.	時間領域	➡ ラプラス変換$\mathcal{L}$ / ⬅ ラプラス逆変換$\mathcal{L}^{-1}$	ラプラス（s）領域
0	$f(t)=\dfrac{1}{2\pi j}\displaystyle\int_{a-j\infty}^{a+j\infty}F(s)e^{st}ds$		$F(s)=\displaystyle\int_0^{\infty}f(t)e^{-st}dt$
1	$f'(t)$		$sF(s)-f(+0)$
2	$f''(t)$		$s^2F(s)-sf(+0)-f'(+0)$
3	$\int_0^t f(\tau)d\tau$, $\int_0^t\int_0^t f(\tau)d\tau\, d\tau$		$s^{-1}F(s)$, $s^{-2}F(s)$
4	$e^{at}f(t)$		$F(s-a)$
5	$f(t-a)$	時間遅れ	$e^{-as}F(s)$
6	$\delta(t)$	インパルス関数，デルタ関数	1
7	$u(t)=1$	単位ステップ関数	$1/s$
8	t , t^2		$1/s^2$, $2/s^3$
9	e^{at}, te^{at}, $\cdots$, t^ne^{at}		$\dfrac{1}{s-a}$, $\dfrac{1}{(s-a)^2}$, $\cdots$, $\dfrac{n!}{(s-a)^{n+1}}$
10	$\sin\omega t$, $\cos\omega t$		$\dfrac{\omega}{s^2+\omega^2}$, $\dfrac{s}{s^2+\omega^2}$
11	$e^{-nt}\sin qt$, $e^{-nt}\cos qt$		$\dfrac{q}{(s+n)^2+q^2}$, $\dfrac{s+n}{(s+n)^2+q^2}$
12	$\lim_{t\to\infty} f(t)$	最終値の定理	$\lim_{s\to 0} sF(s)$

の操作，ラプラス逆変換は同横に併記の式で求まる。ラプラス変換の存在まで立ち入ると難解だが，存在するとして使い方はいたって簡単である。

ラプラス変換・逆変換は表 4·1 に示すように，時間領域〔時間関数$f(t)$ の集合〕と s 領域〔ラプラス変換した関数 $F(s)$ の集合〕間の写像であると考えられる。関数名として，前者は小文字で，後者を大文字で書いて区別する場合が多い。

同表を参照することによって容易にラプラス変換・逆変換を行うことができる。

Python では，以下の組込み関数を用いる。

正変換 `sp.laplace_transform (f(t),t,s)`

逆変換 `sp.inverse_laplace_transform (F(s),s,t)`

原理的には常時正逆変換可能であるが，この変換作業はソフトとしては至難のようで，実際には簡単な式しか適用できない印象である。しかし，表 4·1 に示す簡単な関数を用い，それらの「つなぎ合わせや組み合わせ」を工夫することによって不連続な非線形関数のラプラス変換も可能となる。工夫次第と言える。例えば，**図 4·13** に示す矩形波 $q_1(t)$ は，ステップ関数 $u(t)=1$ に対して，a だけ遅れて発生した delayed-ステップ関数 $u(t-a)$ を引くことによって得られる。

$$q_1(t)=u(t)-u(t-a) \tag{4·18}$$

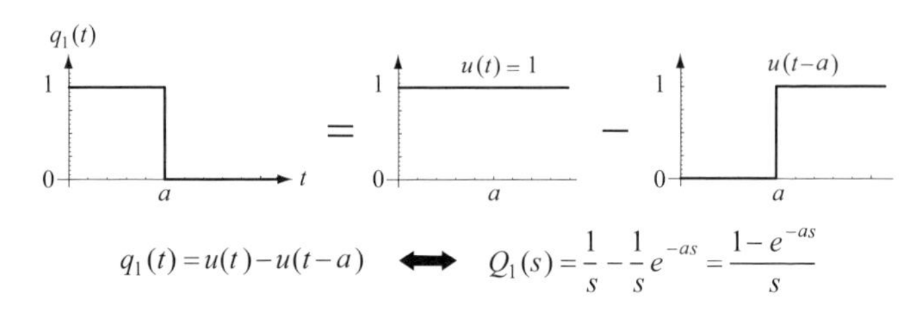

$$q_1(t)=u(t)-u(t-a) \Longleftrightarrow Q_1(s)=\frac{1}{s}-\frac{1}{s}e^{-as}=\frac{1-e^{-as}}{s}$$

図 4·13　矩形波のラプラス変換

よって，このラプラス変換は，表 4·1（No. 7 と No. 5）を適用して

$$Q_1(s)=\frac{1}{s}-\frac{1}{s}\times e^{-as} \tag{4·19}$$

補遺：ステップ関数 $u(t)$ は Python では `sp.Heaviside (t)` と書き，そのラプラス変換は 1/s。時間 a だけ遅れて発生するステップ関数 $u(t-a)$ は `sp.Heaviside (t-a )` と書き，そのラプラス変換は e^{-as}/s である。いくつかの関数について数学表示と Python 表示をまとめておく。

	時間関数	数式	Python	Laplace 変換
(1)	Step	$u(t)$	`sp.Heviside(t)`	$1/s$
(2)	Impulse	$\delta(t)$	`sp.ĐiracĐelta(t)`	1
(3)	Delayed step	$u(t-a)$	`sp.Heviside(t-a)`	$\exp(-as)/s$
(4)	Delayed impulse	$\delta(t-a)$	`sp.ĐiracĐelta(t-a)`	$\exp(-as)$

図 4·13 下段に，このラプラス正逆変換のコマンドとその結果が記載されている。ラプラス変換を Python に計算依頼する場合はつぎのように書く。

正変換 `ys=sp.laplace_transform (1- sp.Heaviside(t-1),t,s)`

逆変換 `sp.inverse_laplace_transform ( 1/s - sp.exp(-s)/s,s,t)`

【例題 4･10】 **図 4･14** に示す正弦半波のラプラス変換を求めよ。

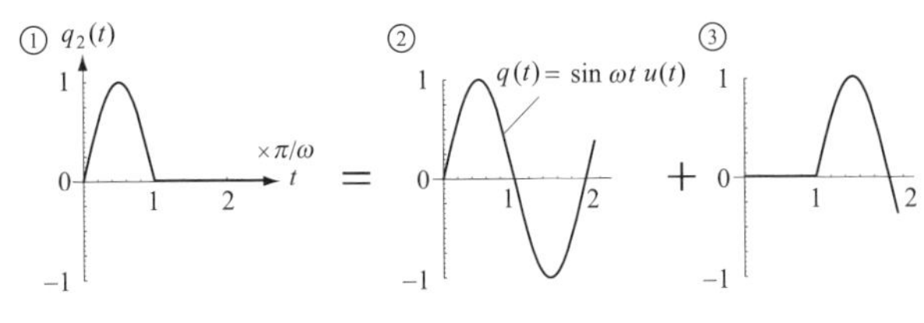

$$q_2(t) = q(t) + q\left(t - \frac{\pi}{\omega}\right)$$

$$= \sin \omega t + \sin \omega\left(t - \frac{\pi}{\omega}\right) u\left(t - \frac{\pi}{\omega}\right) \quad \Longleftrightarrow \quad Q_2(s) = \frac{\omega\left(1 + e^{-\frac{\pi}{\omega}s}\right)}{s^2 + \omega^2}$$

図 4･14　正弦半波のラプラス変換

解：Python で上図を確認してみよう。

Python [46]　正弦半波を時間域で直接創成

```
ytb1=1.0*sp.sin(w*t)
ytb2=1.0*sp.sin(w*(t-0.5))*sp.Heaviside(t-0.5)
sp.plot(ytb1+ytb2,(t,0,3)) #波形創成 ☞ 図4･14①
```

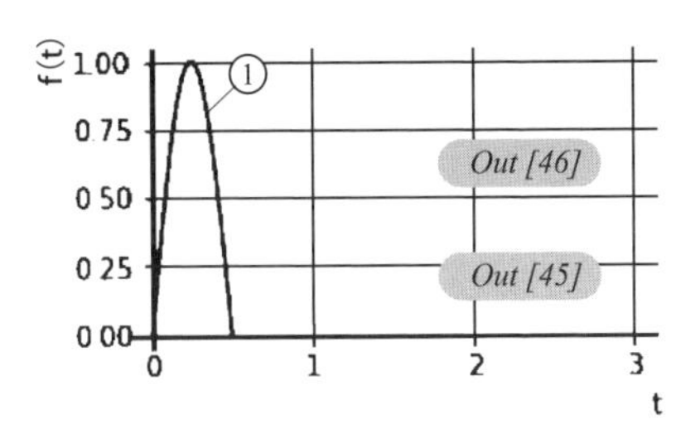

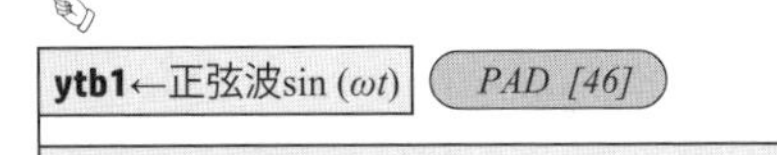

Plot(ytb1+ ytb2)←正弦半坡の描画 , 左図①

【例題 4･11】　**図 4･15** に示す三角波のラプラス変換を求めよ。

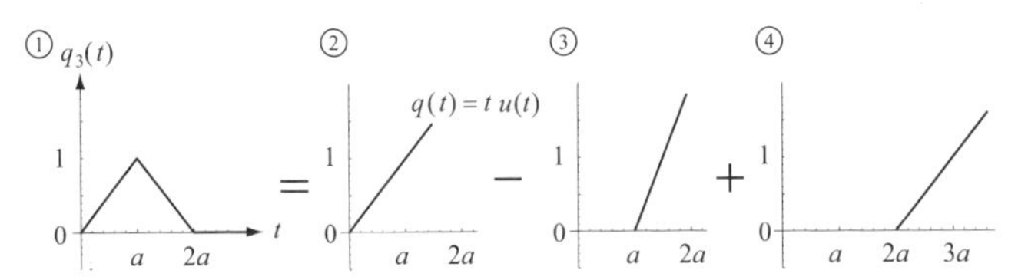

$$q_3(t) = q(t) - 2q(t-a) + q(t-2a) \quad \Longleftrightarrow \quad Q_3(s) = \frac{1}{s^2} - \frac{2e^{-as}}{s^2} + \frac{e^{-2as}}{s^2} = \frac{(1-e^{-as})^2}{s^2}$$

$$= t - 2(t-a)\,u(t-a) + (t-2a)\,u(t-2a)$$

図 4･15　三角波のラプラス変換

Python [49]　時間領域での三角波直接創成

```
yt0=t #波形創成
yt1=(t-1)*sp.Heaviside(t-1)
yt2=(t-2)*sp.Heaviside(t-2)
sp.plot(yt0-2*yt1+yt2,(t,0,3)) ☞ 図4·15①
```

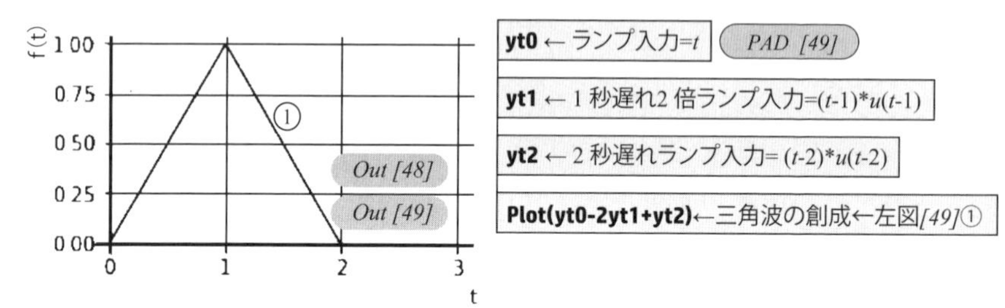

関連の演習問題として，時間遅れとステップ関数を組み合わせた波形の作成例を**図4·16**に示す。試みられたし。

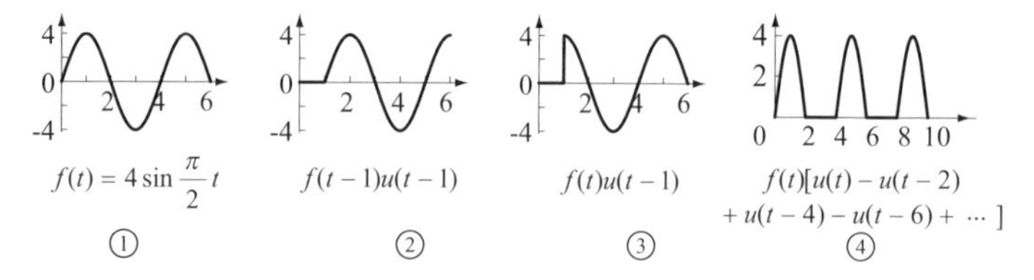

図4·16　関数$f(t)$の時間移動とオン·オフの例

4·2·2　微積分とラプラス変換

表4·1のNo.1に示すように，関数$f(t)$の微分は

$$\mathcal{L}(\dot{f}(t))=s\mathcal{L}(f(t))-f(0)=sF(s)-f(0) \qquad (4\cdot 20)$$

で与えられる。2階微分はこれを繰り返して

$$\mathcal{L}(\ddot{f}(t))=s\mathcal{L}(\dot{f}(t))-\dot{f}(0)=s^2F(s)-sf(0)-\dot{f}(0) \qquad (4\cdot 21)$$

よって，高階微分は

$$\mathcal{L}(f^{(n)}(t))=s^nF(s)-s^{n-1}f(0)-s^{n-2}f^{(1)}(0)-\cdots-f^{(n-1)}(0) \qquad (4\cdot 22)$$

ただし，関数$f(t)$は$t=-0$になる直前までは休止を前提にしている。その直後$t=+0$でも休止状態なら，$f(0)\equiv f(+0)=0$，$f'(0)\equiv f'(+0)=0\cdots$で，全初期条件$=0$だから，上式は次式のように簡潔な表現となる。

$$\mathcal{L}(\dot{f}(t))=sF(s),\quad \mathcal{L}(\ddot{f}(t))=s^2F(s),\quad \cdots,\quad \mathcal{L}(f^{(n)}(t))=s^nF(s) \qquad (4\cdot 23)$$

一方，積分は

$$\mathcal{L}\left(\int_0^t f(t)\,dt\right)=\frac{F(s)}{s} \tag{4·24}$$

で，n 階の積分は $F(s)/s^n$ と簡単に表される。

4·2·3 ラプラス変換による微分方程式の解法

非同次微分方程式（4·1）を一般的にブロック線図でその概念を表すと**図 4·17** である。非同次微分方程式の右辺 $q(t)$ が入力で，微分方程式の解が出力 $y(t)$ である。もちろん，出力には初期値 $y^{(n-1)}(0)$ も影響を及ぼす。

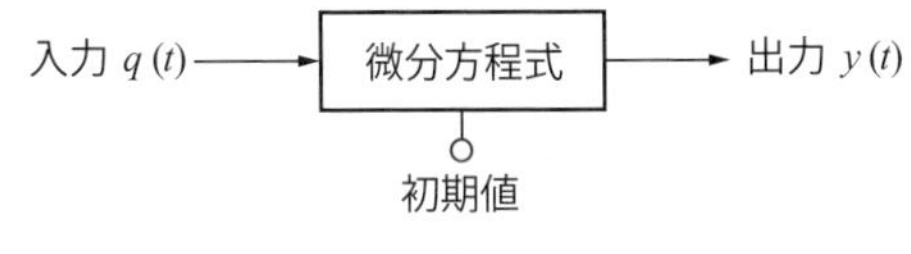

図 4·17 動的システム

式（4·1）の両辺をラプラス変換し，$Y(s)=\mathcal{L}[y(t)]$，$Q(s)=\mathcal{L}[q(t)]$ とおくと

$$a_n[s^nY(s)-s^{n-1}y(0)-s^{n-2}y^{(1)}(0)-\cdots-y^{(n-1)}(0)]+a_{n-1}[s^{n-1}Y(s)$$
$$-s^{n-2}y(0)-s^{n-3}y^{(1)}(0)-\cdots-y^{(n-2)}(0)]+\cdots\cdots+a_0Y(s)=Q(s) \tag{4·25}$$

上式から類推されるように，s 領域において出力 $Y(s)$ は，次式に示すように初期値に対する応答解 $Y_0(s)$ と入力に対する応答解 $Y_q(s)$ の和に整理される。

$$Y(s)=Y_0(s)+Y_q(s)\equiv G(s)Q_0(s)+G(s)Q(s) \tag{4·26}$$

ただし，$G(s)=1/(a_ns^n+a_{n-1}s^{n-1}+\cdots+a_1s+a_0)=$ 伝達関数

$$Q_0(s)=a_n[s^{n-1}y(0)+\cdots+s^0y^{(n-1)}(0)]+a_{n-1}[s^{n-2}y(0)+\cdots+s^0y^{(n-2)}(0)]+\cdots$$
$$+a_2[sy(0)+y^{(1)}(0)]+a_1y(0)$$

よって，s 領域のブロック線図で表すと**図 4·18** である。上段の解 $Y_q(s)$ は文字どおり入力に対する系の反応である。一方，下段の解 $Y_0(s)$ は静止状態にあった系が，突然ある初期値 $Q_0(s)$ に設定されたために生じる反応である。系が安定であれば，これは時間の経過とともに 0 に収束する。

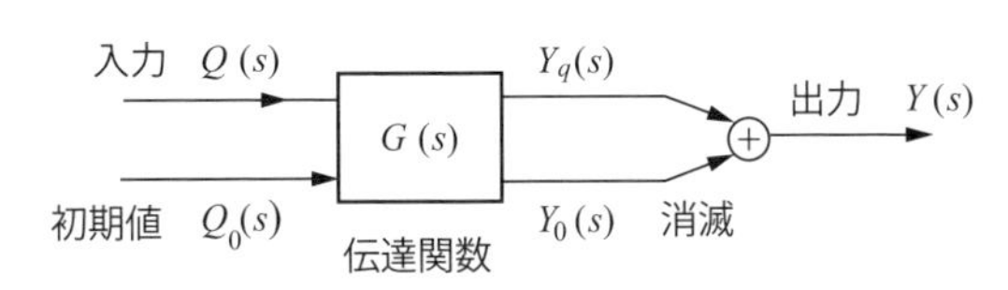

図 4·18 s 領域での動的システム

【例題 4·12】　つぎの微分方程式を解き，解のプロット**図 4·19** を検証せよ。

$$y''(t)+2y'(t)+y(t)=e^{-t} \qquad y(0)\equiv d_0=-1, \quad y'(0)\equiv v_0=1 \tag{g1}$$

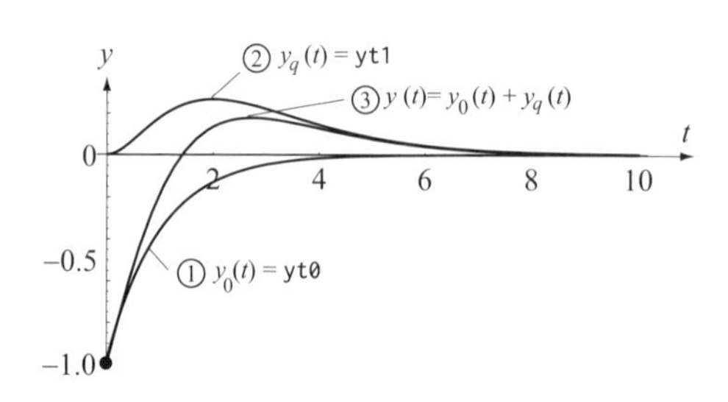

図 4·19　指数関数入力に対する応答

解：問題を s 領域に移す。$G(s)=1/(s^2+2s+1)$，$Q_0(s)=1(d_0s+v_0)+2d_0=-(s+1)$，$Q(s)=1/(s+1)$ だから

$$Y_0(s)\equiv Q_0(s)G(s)=-\frac{s+1}{s^2+2s+1}, \qquad Y_q(s)\equiv Q(s)G(s)=\frac{1}{(s^2+2s+1)(s+1)} \tag{g2}$$

$$Y(s)=Y_0(s)+Y_q(s)=-\frac{1}{s+1}+\frac{1}{(s+1)^3} \tag{g3}$$

得られた $Y(s)$ について表 4·1 を用い時間領域に戻す。

$$y(t)=y_0(t)+y_q(t)=-e^{-t}(1-t^2/2) \tag{g4}$$

変数を $y(t)$ = yt，$Y(s)$ = ys，$y_0(t)$ = yt0，$Y_0(s)$ = ys0，$y_q(t)$ = yt1，$Y_q(s)$ = ys1 などと対応させたプログラムを示す。

Python [50]　初期値振動 yt0　　*PAD [50]*

```
ggs=1/(s**2+2*s+1)
ys0=-(s+1)*ggs
yt0=sp.inverse_laplace_transform(ys0,s,t)
print(yt0)
```

ggs：システム伝達関数 $G(s)$
ys0：初期値 $-(s+1)$ 対応の応答 $Y_0(s)$
yt0：ラプラス逆変換 $L^{-1}[Y_0(s)]$　$y_0(t)=-e^{-t}$

結果：-exp(-t)*Heaviside(t)　☞ yt0

Python [51]　外力振動 yt1　　*PAD [51]*

```
ys1=ggs/(s+1)
yt1=sp.inverse_laplace_transform(ys1,s,t)
print(yt1)
```

ys1 ←外力 $Q(s)$ 対応の応答 $Y_q(s)$
yt1 ←ラプラス逆変換 $L^{-1}[Y_q(s)]$　$y_q(t)=t^2e^{-t}/2$

結果：t**2*exp(-t)*Heaviside(t)/2　☞ yt1

Python [52]　全応答 yt0+yt1

```
zu0=sp.plot(yt0,(t,0,10),line_color='b',show=False)
zu1=sp.plot(yt1,(t,0,10),line_color='g',show=False)
```

```
zua=sp.plot(yt0+yt1,(t,0,10),line_color='r',show=False)
zua.extend(zu0)
zua.extend(zu1)
zua.show()
```

PAD [52]

図 4・19 zu0/1/a ←yt0/yt1/yt0+yt1 のplot→同図①/②/③

zua にzu0/zu1 を重畳し、plot

【例題 4・13】 つぎの微分方程式

$$y''(t)+2y'(t)+5y(t)=5q_1(t) \tag{h1}$$

初期値: $y(0)\equiv d_0=0, \quad y'(0)\equiv v_0=-3$

矩形波入力: $q_1(t)=u(t)-u(t-a)$

において，$q_1(t)$ を入力，$y(t)$ を出力として，s 領域での応答は次式である。

$$Y(s)=Y_0(s)+Y_q(s) \tag{h2}$$

ただし

$$Y_0(s)\equiv Q_0(s)G(s)=[(d_0s+v_0)+2d_0]G(s)=-3G(s) \tag{h3}$$

$$Y_q(s)=G(s)\times 5Q(s)=G(s)\times 5/s(1-e^{-as}) \tag{h4}$$

$$G(s)=\frac{1}{s^2+2s+5} \tag{h5}$$

よって，初期値応答 $y_0(t)=\mathcal{L}^{-1}[Y_0(s)]$，矩形波 $q_1(t)$ に対する外力応答 $y_1(t)\equiv y_q(t)$，全応答 $y(t)=y_0(t)+y_q(t)$ を**図 4・20** に示す。Python で検証せよ。 → 解答は Web

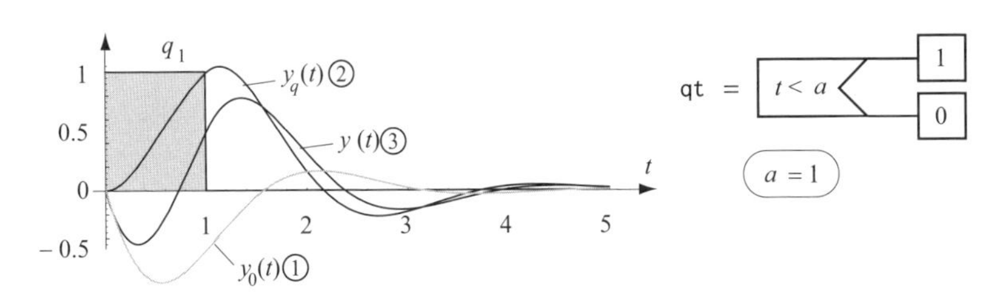

図 4・20 各種の入力に対する応答

注 1：$y_{q0}(t)=\mathcal{L}^{-1}[G(s)\times 5/s]$ のとき，$y_q(t)=y_{q0}(t)+y_{q0}(t-a)$ (h6)

注 2：全応答波形 ③ の出だし部では，初期値による応答 ① に近いが，時間の経過とともにそれは減衰し，外力応答波形 ② に近づくさまが観察されている。

【例題 4・14】 例題 4・13 において下記の入力

（a）正弦半波加振 $q_2(t)=\sin\omega t-\sin\omega(t-\mathrm{a})u(t-a)$ $(a=\pi/\omega, \omega=\pi=0.5\,\mathrm{Hz})$

（b）三角波加振 $q_3(t)=t-2(t-a)u(t-a)+(t-2a)u(t-2a)$ $(a=1)$

に対する外力応答 $y_q(t)$，一般解である全応答 $y(t)$ などを**図 4･21**（a）および（b）に示す。Python で検証せよ。

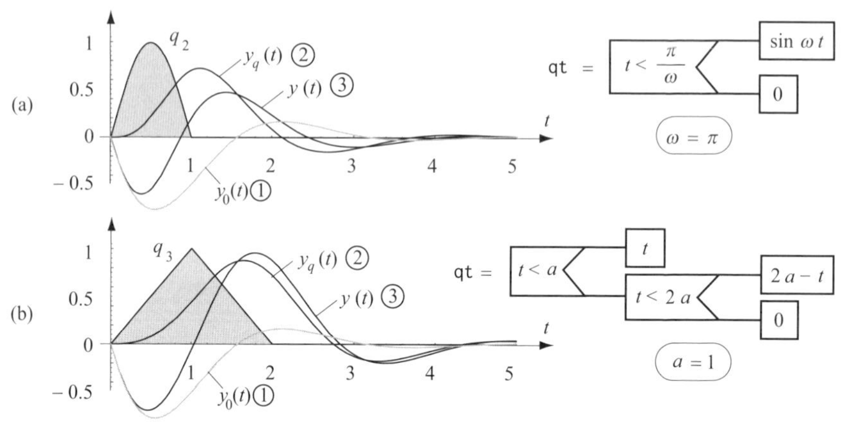

図 4･21　各種の入力に対する応答

解：Python を用いて確認してみよう。　→ 解答は Web

4･3　フーリエ級数展開の実際

ここでは，「連続」フーリエ級数展開（Continuous Fourier Series Expansion, CFE）と離散フーリエ級数展開（Discrete Fourier Series Expansion, DFE）および FFT アナライザを紹介しよう。

4･3･1　内在する cos/sin 波の検出

いま，ω を基本周波数とする調和関数とその高調波成分を重ね合わせた波を考える。例として，直流成分も含めて

$$\left.\begin{aligned}
&\text{直流成分}：f_0(t)=2\\
&\text{基本周波数成分}：f_1(t)=4\sin\omega t\\
&\text{2 倍高周波数成分}：f_2(t)=\cos 2\omega t\\
&\text{6 倍高周波数成分}：f_6(t)=2\sin(6\omega t+60^\circ)=\sqrt{3}\cos 6\omega t+\sin 6\omega t
\end{aligned}\right\}\quad(4\cdot27)$$

なる四つの関数を取り上げ，これらを重ね合わせた関数を $w(t)$ とする。

$$w(t) = f_0(t) + f_1(t) + f_2(t) + f_6(t) \tag{4·28}$$

ここで，基本周波数 $\omega = 2\pi$〔rad/s〕= 1 Hz としたとき，各成分関数 $f_i(t)$ は**図 4·22**（a），（b）のような波形で，それらの重畳関数 $w(t)$ の波形が同図（c）である。重畳波形 $w(t)$ は複雑な形をなすが，全体として基本周期 $T = 1$ s の周期関数である。

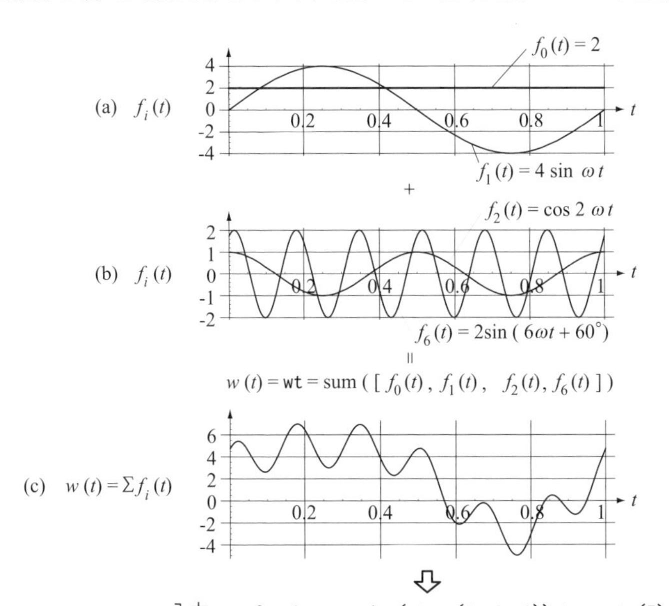

入力= `sp.fourier_series(wta, (t, 0 ,1)).truncate(7)`

出力= $2 + \cos(4\pi t) + \sqrt{3}\cos(12\pi t) + 4\sin(2\pi t) + \sin(12\pi t)$

図 4·22　内在する sin/cos 波の推定

つぎに，この重畳波形が与えられ，それを原波形としてその成分波形を逆推定する方法を考える。三角関数の公式を想起し，基本周期の時間平均値を取ると

$$\begin{cases} \cos^2\theta = (1 + \cos 2\theta)/2 \\ \sin^2\theta = (1 - \cos 2\theta)/2 \\ \cos\theta \times \sin\theta = \sin 2\theta/2 \end{cases} \rightarrow \begin{cases} \dfrac{1}{T}\displaystyle\int_0^T \cos^2 n\omega t\, dt = \dfrac{1}{2} \\ \dfrac{1}{T}\displaystyle\int_0^T \sin^2 n\omega t\, dt = \dfrac{1}{2} \\ \dfrac{1}{T}\displaystyle\int_0^T \sin n\omega t \times \cos n\omega t\, dt = 0 \end{cases} \tag{4·29}$$

よって，検出希望の調和関数振幅は，原波形 $w(t)$ に検出調和関数を掛け，その時間平均値を 2 倍したものである。例えば，6 倍周波数成分の cos/sin 波の各振幅は次

式で求まる。

$$\left.\begin{aligned}\frac{2}{T}\int_0^T w(t)\times\cos 6\omega t\,dt=\frac{2}{T}\int_0^T(2+\cdots+2\sin(6\omega t+60^\circ))\cos 6\omega t\,dt=\sqrt{3}\\ \frac{2}{T}\int_0^T w(t)\times\sin 6\omega t\,dt=\frac{2}{T}\int_0^T(2+\cdots+2\sin(6\omega t+60^\circ))\sin 6\omega t\,dt=1\end{aligned}\right\}\quad(4\cdot30)$$

すなわち，原波形には「振幅$\sqrt{3}$の cos 6ωt 波と振幅 1 の sin 6ωt 波が含まれている」ことを知る。他の基本波成分，2 倍周波数成分についても言い当てることができる。直流成分には重畳波形 $w(t)$ の時間平均値が対応する。

$$\frac{1}{T}\int_0^T w(t)\,dt=\frac{1}{T}\int_0^T(2+\cdots+2\sin(6\omega t+60^\circ))\,dt=2 \quad(4\cdot31)$$

4･3･2　フーリエ級数展開

基本周波数 ω の整数倍の調和関数成分をいろいろと重ね合わせた関数 $w(t)$ は，複雑な波形をなすが，基本周期 T の周期関数である。

$$w(t)=w(t+T) \quad(4\cdot32)$$

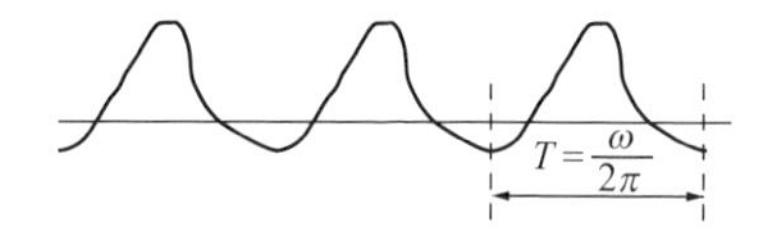

図 4･23　周期関数

ただし，$\omega=2\pi/T$〔rad/s〕$=1/T$〔Hz〕

よって先の経験からすると，**図 4･23** に示すように，すべての周期関数 $w(t)$ は直流成分，周期 T の基本周波数成分およびその n 倍音などの cos/sin 波を重ね合わせた $f(t)$ で再構成・近似可能である。

$$\begin{aligned}w(t)\approx f(t)&\equiv f_0+\sum_{n=1}^{\infty}(c_n\cos n\omega t+s_n\sin n\omega t)\\ &=f_0+\sum_{n=1}^{\infty}|f_n|\cos(n\omega t-\alpha_n)\end{aligned} \quad(4\cdot33)$$

ただし

$$f_0=\frac{1}{T}\int_0^T w(t)\,dt,\quad c_n=\frac{2}{T}\int_0^T w(t)\times\cos n\omega t\,dt,\quad s_n=\frac{2}{T}\int_0^T w(t)\times\sin n\omega t\,dt$$

$$f_n=c_n+js_n=\frac{2}{T}\int_0^T w(t)\times\exp(jn\omega t)\,dt,\qquad \alpha_n=\angle f_n=\tan^{-1}\frac{s_n}{c_n}$$

ここで，c_n，s_n をフーリエ係数，f_n を複素フーリエ係数という。これらフーリエ係数の関係を図式的に示したものが**図 4･24** である。フーリエ級数展開（Fourier Series Expansion, FSE）の特徴は

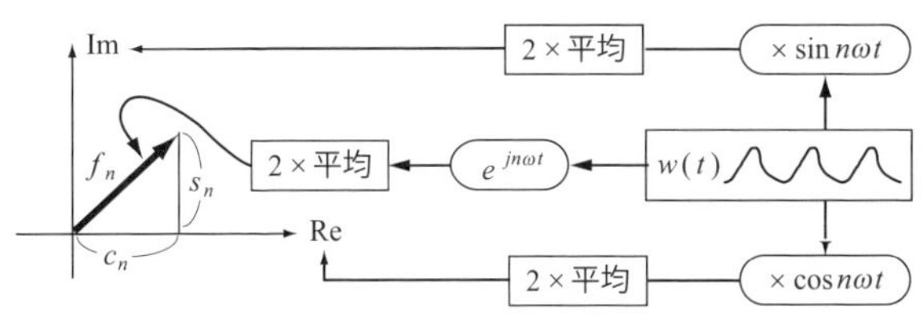

図 4·24

① 原関数が奇関数（原点対称）なら sin 波のみの展開となる。

② 原関数が偶関数（Y 軸対称）なら cos 波のみの展開となる。

③ 高周波成分の次数が増えるほど近似精度は向上する。

一般に，横軸に次数 n をとってフーリエ（振幅）スペクトル f_n の分布を棒グラフなどで表示する。スペクトルの大きいものほど，その次数に対応する倍音成分が大振幅で含まれていることを意味する。

Python ではフーリエ級数展開を下記の関数で求める。

sp.fourier_series（原関数 $w(t)$，窓時間（t, t_start, t_end)),
truncate（求めたい次数 n）

ただし，原関数 $w(t)$ は周期関数が前提であるので，例えば $-0.5<t<0.5$ なる時間区間として定義した場合，区間外はこの関数（周期 1 s，基本周波数 1 Hz）が繰り返されると考える。

この Python コマンドの使用例を図 4·22 下部の［入力］に載せている。以下，同図を Python で確認してみよう。

まず，3 正弦波の設定とその波形をチェックしてみよう。

Python [68]　3 正弦波要素　*PAD [68]*

シンボル変数

paraf ←[式 (4·27) の 4 関数定義]

```
t=sp.symbols("t")
paraf=[2,4*sp.sin(2*sp.pi*t),sp.cos(4*sp.pi*t),2*sp.sin(12*sp.pi*t+
60*sp.pi/180)]
print(paraf)
```

結果：[2, 4*sin(6.28*t), cos(12.56*t), 2*sin(37.6*t + 1.05)]

Python [69]　wta 要素の総和　*PAD [69]*

```
wta=sum(paraf)
print(wta)
```

wta ← リスト **paraf** の総和 ←式 (4·28)

結果：4*sin(6.28*t) + 2*sin(37.7*t + 1.047) + cos(12.57*t) + 2

Python [71]　総和の wta の波形

```
zua=sp.plot(wta,(t,0,1),line_color=[0,0,1])
```
☞ 図4·22(c) / *Out[71]@[75]*

つぎに，いま新たにこの合成波が計測されたとして，フーリエ級数展開を用い，直流も含め各要素関数の振幅成分を一括求めてみよう。求めるフーリエ級展開の打ち切り（truncate）次数は kth = 6 次に直流を加えて 7 とおく。

Python [75]　フーリエ級数展開 sp.fourier_series ( )

```
L1 print(wta)
L2 fse7=sp.fourier_series(wta,(t,-0.5,0.5)).truncate(7)
L3 print(fse7)
L4 zutr7=sp.plot(fse7+1,(t,0,1),line_color=[0,1,0],show=False)
L5 zua.extend(zutr7)
L6 zua.show()
```

☞ *too complicated*　　*a bit shifted*　　*Out[71]* に重ね描き　　60°

PAD [75]

fse ←**wta** のフーリエ級数展開

結果：この式は図4·22[出力]に記載の正解に一致

結果 : wta = 4*sin(2*pi*t) + 2*sin(12π*t + 1.04) + cos(4π*t) + 2

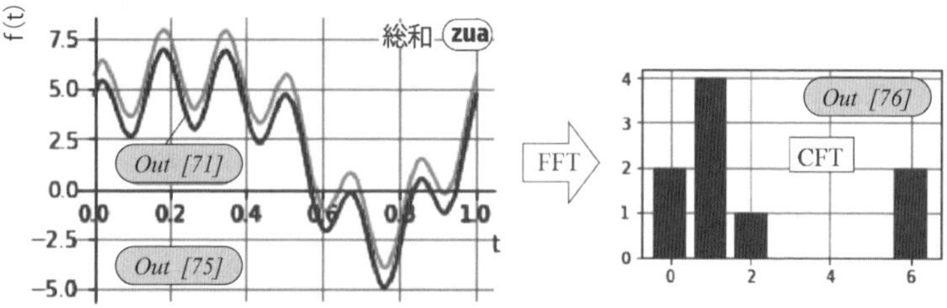

注：L3 の print(fse7) の実際の表示式は大変複雑で解読不能であった。多分，入力 wta と同じと考え，先の図 *Out [71]* に重ね描きし，同一解であることを確認した。ここでは多少上にシフト，完全な重なりを避けて図示した。

Python [76]　各次数の振幅スペクトル検出と描画

```
amp7 = np.array([2]); # 直流
i = 1
while i<=6:
    aac = sp.N(fse7.coeff(sp.cos(i*2*sp.pi*t)))
    aas = sp.N(fse7.coeff(sp.sin(i*2*sp.pi*t)))
    amp7=np.append(amp7,sp.sqrt(aac**2+aas**2))
    i+=1
kth7=np.arange(0,7,1)# 横軸_周波数
print('kth=',kth7,'amp=',amp7)
plt.bar(kth7,amp7,color="b")
```

Out[71] に重ね描き

PAD [76]

amp7←[直流 2]+[6 次まで振幅]の格納変数確保

while i=1,6
- **aac=i** 倍波の **cos** の係数を **fse7** 波形から抽出
- **aas=i** 倍波の **sin** の係数を **fse7** 波形から抽出
- **amp7** に **i** 倍波振幅 |**aac+j* aas**| を追加格納

⊛

Out [76]

```
kth= [0 1 2 3 4 5 6]
amp= [2, 4.0, 1.0, 0, 0, 0, 2.0]
```

amp7 の振幅スペクトルの棒グラフ表示

【例題 4･15】　**図 4･25** に示すように，のこぎり波 $w(t)=2+20t$ $(-0.5<t<0.5)$ のフーリエ級数展開を行い，

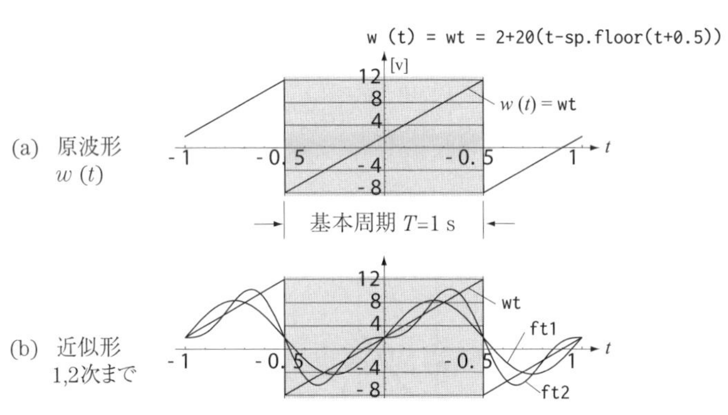


```
ft1 = sp.fourier_series(wt,(t,-0.5,0.5)).truncate(2)
ft2 = sp.fourier_series(wt,(t,-0.5,0.5)).truncate(3)
```

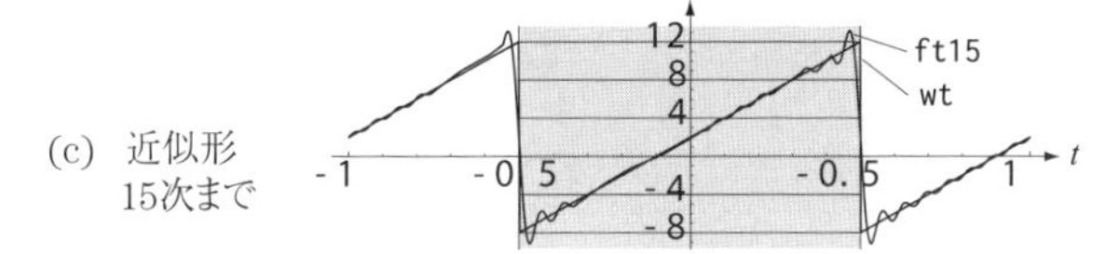


```
ft15 =  sp.fourier_series(wt,(t,-0.5,0.5)).truncate(16)
```

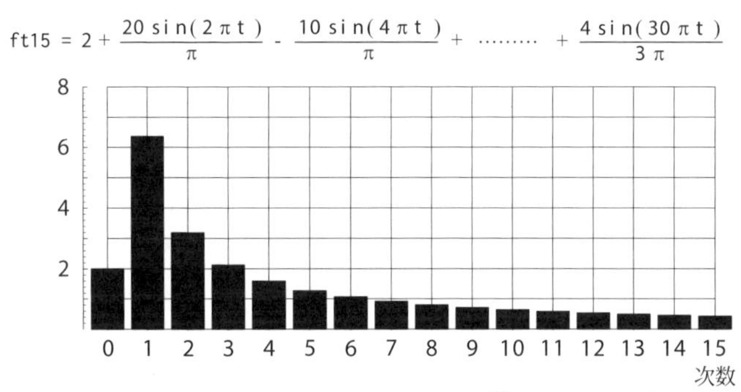

(d)　フーリエスペクトル分布　cfta = [2 , $\frac{20}{\pi}$, ……… , $\frac{4}{3\pi}$]

図 4･25　フーリエ級数展開

$$① \ w(t) \approx f(t) \equiv 2 + \frac{20}{\pi}\left(\sin \omega t - \frac{1}{2}\sin 2\omega t + \frac{1}{3}\sin 3\omega t - \frac{1}{4}\sin 4\omega t \cdots\right) \qquad (4\cdot34)$$

を求め，次数 n の増加に伴い，近似精度が向上することを確認せよ。

② フーリエ（振幅）スペクトル分布を示す棒グラフ同図（d）を求めよ。

解：図4·25をPythonで確認してみよう。

Python [77]　のこぎり波

```
t=sp.symbols("t")
wts=sp.Function('wt',real=True)#sawing teeth
wts=2+20*(t-sp.floor(t+0.5))#奇関数
zu0=sp.plot(wts,(t,-1,1))
```

（シンボル変数）

Out [77]

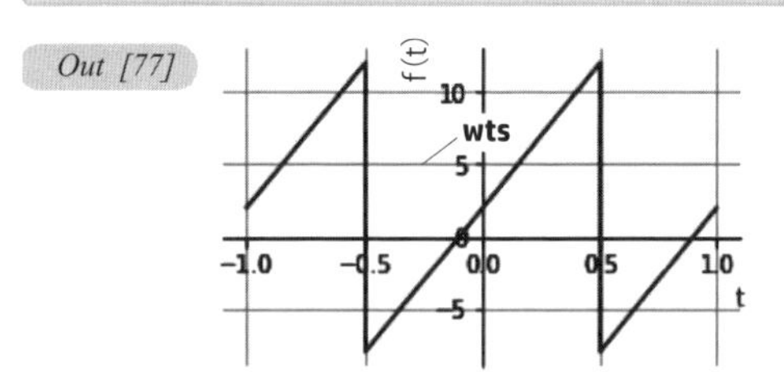

PAD [77]

wts ←のこぎり波の関数定義
floor は桁落ち関数 例:1.2→1

zu0 ←のこぎり波wts のplot←同図(a)
直流2v、鋸歯の振幅10

PAD [78]

nn=16 ←級数展開次数N=16

tt=1 ←時間窓 T〔s〕

df=1/tt ←基本周波数1/T〔Hz〕

Python [78]　FFT基本パラメータ

```
nn=16 #データ数
tt=1 # 窓時間
df=1/tt#基本周波数
```

図4·25に示すのこぎり波は奇関数だからフーリエ級数展開（FSE）はsinシリーズとなる。sinのみの少し簡単化した条件でFSEの原理を説明する。

Python [79]　CFTの振幅検出

```
t=sp.symbols("t")
cft=[2]
k=1
while k<nn:
  yskt=sp.sin(2*np.pi*k*t)
  w1=2*sp.integrate(t*yskt,(t,-0.5,0.5))
  cft.append(20*w1*1j)
  k +=1
print(cft,type(cft))
```

PAD [79]

cft=[2] ←連続フーリエ変換リスト
まず直流2v@0番目に格納

while k=1,nn
- yskt=k 次の正弦波
- w1=2×積分[t*yskt]
- cft に[20j*w1]継足し

Out [79]　cft

[2, 6.36*I, -3.18*I, ・・・・・, 0.424*I] <class 'list'>

Python [80] 振幅の棒グラフ表示

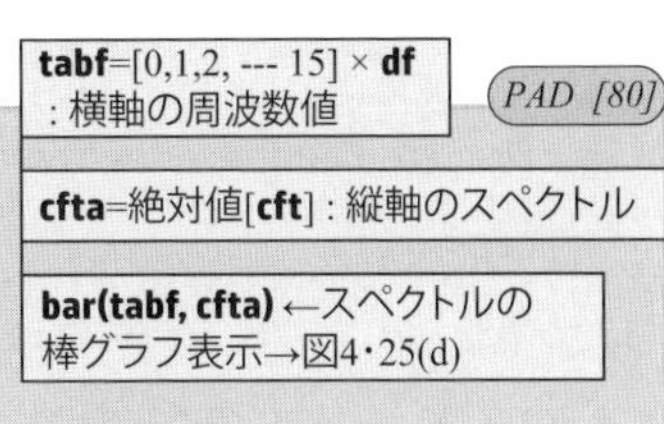


```
tabf=np.arange(0,df*nn,df)# 横軸_周波数
print(tabf)
cfta=np.abs(cft)# 縦軸_振幅
print(cfta)
plt.bar(tabf,cfta,color="r")
plt.grid()
plt.show()
```

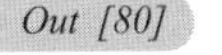

tabf

```
[0. 1. 2. 3. 4. 5. 6. 7. 8. 9. 10. 11. 12. 13. 14. 15.]
[2  6.36  3.18  2.12  1.59 1.27 1.06  0.9  0.79
0.7 0.63  0.57 0.53 0.48 0.45 0.42]
```

cfta→*Out [79]*の絶対値→図4·25(d)

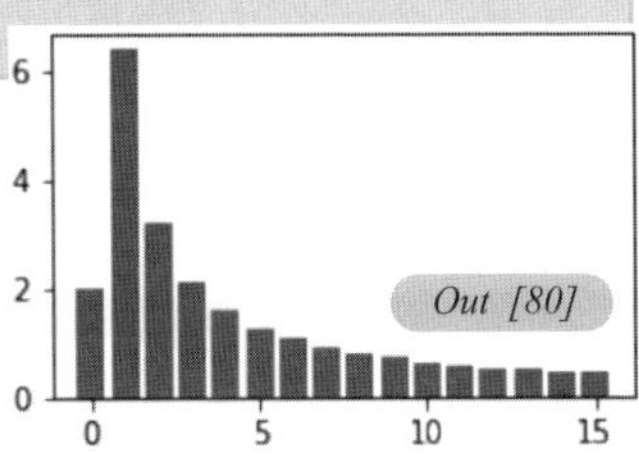

注：図4·25（a）に示すように wts は奇関数だから，sin 関数のみでフーリエ級数展開され，k 次スペクトルは 2* 積分値[wts×yskt]＝20*2* 積分値[t×yskt]＝20×w1 が cft の虚数部に格納される。このスペクトル分布 cft[1 ～ 15] は純虚数である。このようにして得られたスペクトル分布の計算値が cfta＝［2　6.37　3.18　2.12　…］であった。これは，式（4·34）に示す下記厳密値の絶対値のことだから，正確に計算されていることを知る。

$$\mathrm{FSE}=\left[2 \quad 0+j\frac{20}{\pi} \quad 0-j\frac{20}{2\pi} \quad 0+j\frac{20}{3\pi} \quad 0-j\frac{20}{4\pi} \quad \cdots\right]$$

つぎに，得られたフーリエ級数展開データから波を再構成して，生波形の再現精度を見てみよう。図4·25に記載の ft1，ft2，ft15 は FSE シリーズの 2，3，16 次までで近似したことを示す。それを図示したものが同図（b）（c）に見る多少波打つ波形である。指数が増すにつれて波形近似精度が上がることを知る。

以下，Python で確認してみよう。 → 解答は Web

4·3·3 離散フーリエ級数展開

原波形 $w(t)$ の周期 T を個数 N でサンプリングして離散データ dat を得たとする。

$$\mathtt{dat}=[w_0,\ w_1, w_2, w_3, \cdots,\ w_k=w(kT/N),\ \cdots,\ w_{N-1}] \tag{4·35}$$

このとき，式（4·33）に示すフーリエ係数を決める積分は，つぎの加算に置き換わる。

$$f_0=\frac{1}{N}\sum_{k=0}^{N-1} w_k \quad , \qquad f_n=\frac{2}{N}\sum_{k=0}^{N-1} w_k e^{j\frac{2\pi n}{N}k} \tag{4·36}$$

このように離散データからでもフーリエ係数は計算でき，これを離散フーリエ級数展開（Discrete Fourier series Transformation, DFT）といい，ここでは`dft`で表す。

$$\texttt{dft}=[f_0, f_1, f_2, f_3, \cdots, f_k, \cdots, f_{N-1}\} \tag{4·37}$$

この場合，入力の離散データがN個しかないので，出力であるフーリエ係数f_0, f_nも$n=0\sim N-1$のN個で自動的に打ち切られる。もちろん，近似精度はサンプリング数Nに依存し，サンプリング数Nが多くなるほど精度は向上する。この離散フーリエ係数を用いた近似波形$f(t)$は，次式から再現される。

$$f(t)=f_0+\mathrm{Re}\left(\sum_{n=0}^{N-1}\bar{f}_n e^{j\frac{2n\pi}{T}t}\right) \tag{4·38}$$

離散フーリエ係数の演算には，下記のようにFFT関数を定義する。

```
dft=np.fft.fft(dat)                                          (4·39)
```

ただし，`dat`は入力の離散（サンプリング数N，サンプル時間T〔s〕）データで，N個の実数値が並ぶ。`dft`は出力の離散フーリエ変換結果で，同数のN個の複素数値列である。通常の例で，$N=1024$個なら結果も1024個あるが，後述するように，$N_{max}=N/2.56=400$個のデータが有効である。その複素数の絶対値をとってFFT計測器では（振幅，パワー）スペクトルとして表示される。

`dft`列の［0］番目は直流成分の大きさ，［1］番目は基本周波数$1/T$〔Hz〕成分の振幅。以後，順にその倍音成分の振幅と解釈する。よって，この表示の横軸は周波数軸で，`tabf`＝周波数値［0, 1，2，3 …（N-1)］×（$1/T$)〔Hz〕を格納する。離散フーリエ係数`dft`の計算そのものは，サンプリング値のみが計算対象で，データ収集時の時間や周波数の情報とは無関係に実行されることに留意されたい。

【例題4·16】　のこぎり波のFFTによる基本理解

図4·26において，のこぎり波$w(t)=2+20t$（$-0.5<t<0.5$）に対し，サンプリング数$N=16$で離散フーリエ級数展開（DFT）を行い，以下の手順で振幅を求めよ。

① のこぎり波$w(t)$のサンプリングの様子を示す同図（a）を描け。

② パワースペクトルの全要素を棒グラフ表示した同図（b）を描き，次数$N/2$を境に左右対称となるミラー現象を確認せよ。

③ パワースペクトル有効範囲，$N/2=8$次までを棒グラフ表示した同図（c）を描け。

(a)　原波形と サンプリング　dat

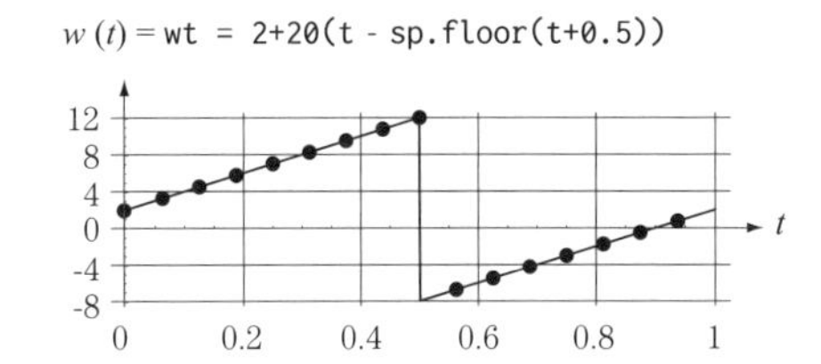

⇩

離散フーリエ　`dft0 = np.fft.fft(dat) ;  dft2 = 2*dft0/nn ; dft2[0]=dft2[0]/2`

⇩

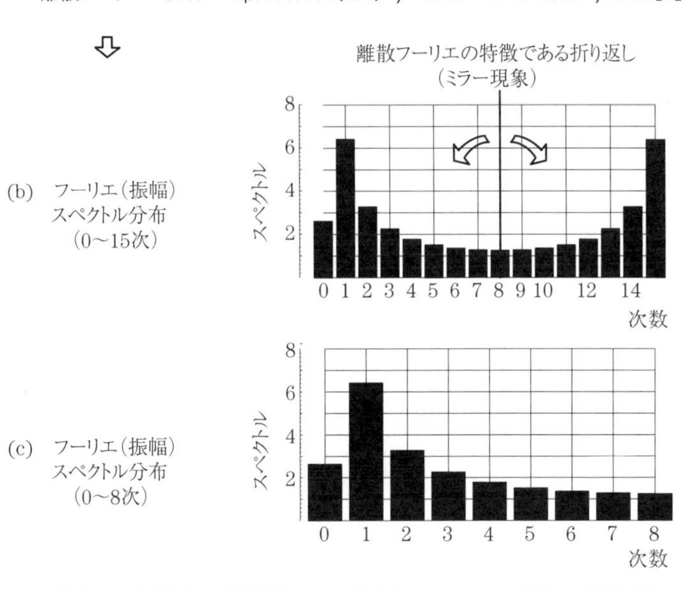

注意：スペクトルの高さが図4･25より多少大きいのは，N>8以上の高周波成分の折り返しで低周波成分側に加算されたため．実際では，N=8のLPF（アンチエリアシングフィルタ）をかけて離散フーリエを行う．

(d)　原形と波の再現

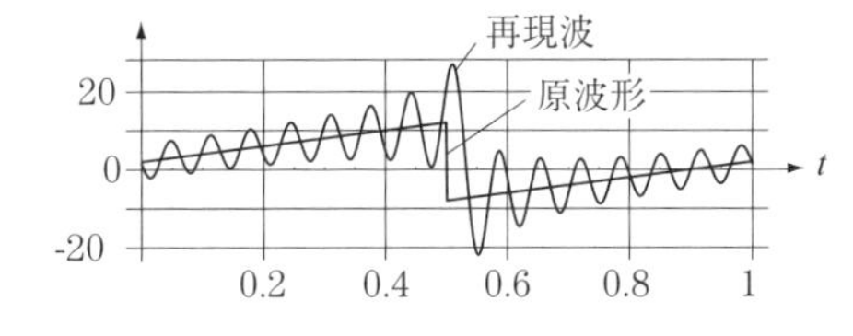

図 4･26　のこぎり波の離散フーリエ級数展開

④ 離散フーリエ結果から波を再現し，原波形を比較した同図（d）を描け。

解：以下，Python を駆使しながら上記の基本事項を理解しよう。

① のこぎり波の離散化

Python [84]　サンプリング $N=16$ による FFT　　PAD [84]

```
    nn=16 #データ数
L1  tt=1 # 窓時間
L2  df=1/tt#周波数刻み
L3  tabf=np.arange(0,df*nn,df)# 横軸_周波数
L4  print(tabf)
L5  tabt=np.arange(0,1,tt/(nn));
L6  dat=2+20*(tabt-np.round(tabt))
L7  print(dat)
L8  zu0d=plt.plot(tabt,dat,'o-')#Listplot
L9
```

L1-3：基本情報設定
N=16,T=1[s],**df**=1/T

tabf ←周波数列の設定
[0,1,2,..(n-1)]***df**[Hz]

tabt ←時間軸（0〜1）秒の離散化
1 秒間を16 分割

dat ←鋸波の離散化
時刻t=**tabt** の配列を鋸波関数に入力
→同数の配列にて波形値を出力

L9：(**tabt,dat**)を**plot** →図4·26(a)離散点

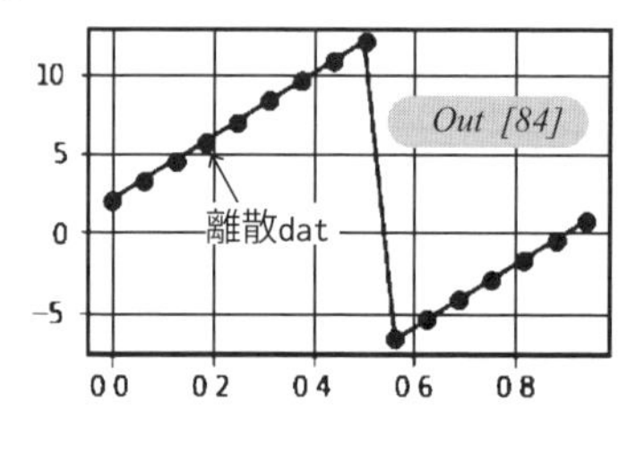

Out [84]
[0. 1. 2. 3. 4. 5. 6. 7. 8. 9. 10. 11. 12. 13. 14. 15.] ☜tabf
[2 3.25 4.5 5.75 7 8.25 9.5 10.75 12 -6.75 …] ☜dat

② FFT スペクトルを表示しミラー現象を見てみよう。

Python [85]　FFT とミラー現象　　PAD [85]

```
dft0=np.fft.fft(dat)# 縦軸_複素振幅ac+j*as
dfta=np.abs(dft0)# 縦軸_振幅
print(dfta)

plt.bar(tabf,dfta,color="g")
```

dft0＝**np.fft.fft(dat)**

dfta←**dft0** の振幅スペクトル

(**datf, dfta**)を棒グラフBar 表示
→下図*Out[85]*→棒グラフ高すぎ

Out [85]　☜dfta

[42. +0.j -10.-50.2j 10.+24.1j -10.-14.9j 10.+10.j -10. -6.68j
10. +4.14j -10. -1.98j 10. +0.j -10. +1.98j 10. -4.14j
-10. +6.68j 10.-10.j -10.+14.9j 10.-24.14j -10.+50.2j]

直流は別として，振幅スペクトルは中央の 8 を挟んで左右対称で，離散フーリエ特有のミラー現象が確認される。スペクトル計算結果は一見良さそうであるが値を見て欲しい。入力ののこぎりの歯の高さは 10 V であるにもかかわらず，同定された 1 次周波数の振幅 `dft1[1]` ≈ 50 V 近くあり，あまりに大きく，大きさが対応していない。実は，FFT の計算結果の表示についてはいろいろな流儀があり要注意である。よって，鵜呑みにせず，基準のテスト信号を流し，キャリブレーションすることを薦める。Python の場合，得られた `dft0` に対して，直流の `dft0[0]` を除いて，$2/N$ 倍の補正が必要である。FFT そのものは各種分野で活躍しており，そのためにいろいろな使われ方をしているため，その流儀も多様

と得心している。

早速，補正版を計算する。

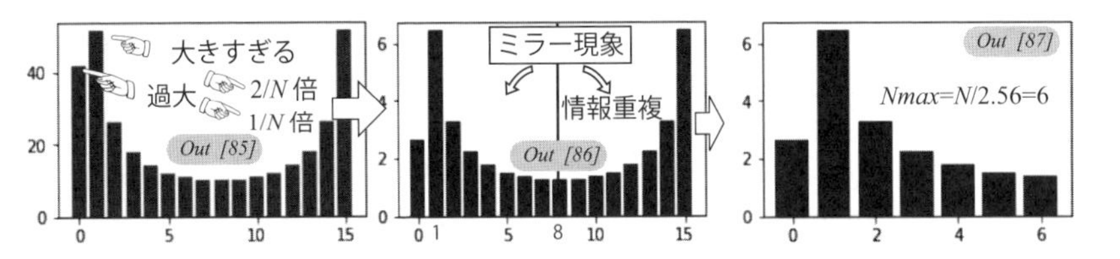

Python [86]　FFT 入出力波形の観察（出力値の調整）　PAD [86]

```
1 dft2=2*dft0/nn # nn/2で全部割る
2 dft2[0]=dft2[0]/2 #DC成分は1/2
3 dfta=np.abs(dft2)# 縦軸_振幅
4 print(dfta)
5 plt.bar(tabf,dfta,color="b")
```

L1-2：大きさの補正

dft2＝dft0*2/nn, dft2[0]＝dft2[0]/2

dfta←dft2 の振幅スペクトル

L5：(**tabf, dfta**)を棒グラフBar 表示 →
上図*Out[86]*→高さOK,ミラー有り

Out [86]　dfta

```
[ 2.63 6.41 3.27 2.25 1.77 1.51 1.35 1.27
 1.25  1.27 1.35 1.50 1.77 2.25 3.27 6.41 ]
```

補正後の上記スペクトル計算結果は，先に求めたCFTの計算結果（図4·25（d））の7次までとよく似ている。8次以降は，ミラー現象で誤情報である。これが実際のFFT測定器ならば，$N_{max}=N/2.56=16/2.56=6.25\approx 6$ 次までが表示される。ミラー部は表示対象外である。

③　$N_{max}=N/2.56=6$ 次までのスペクトル表示

Python [87]　FFT の正規のスペクトル表示　PAD [87]

```
nmax=np.floor(nn/2.56)
nmax1=np.int64(nmax+1)
print(nmax+1,'整数化',nmax1)
plt.bar(tabf[0:nmax1],dfta[0:nmax1],color="b")
plt.grid()
plt.show()
```

nmax＝floor(nn/2.56)=7.0 桁落ち関数(型：実数)

nmax1＝int64(nmax+1)=7 整数化(型：整数)

(**tabf, dfta**)の7 次までをbar 表示→ *Out[87]*

Out [87]　7.0 整数化 7

PAD [88]

print(dft2)：複素スペクトルの印字

Python [88]

```
print(dft2)# Re=0 Im only のはず?
```

サンプリング数不足による精度不良

```
[ 2.62+0.j -1.25 -6.28j    1.25 +3.01j-1.25 -1.87j    1.25 +1.25j -1.25 -0.83j   1.25 +0.51j -1.25 -0.24j
1.25 +0.j 0-1.25 +0.24j  1.25 -0.51j -1.25 +0.83j    1.25 -1.25j -1.25 +1.87j   1.25 -3.01j  -1.25 +6.28j]
```

注：のこぎり波は原点に対して奇対称波形だから，これをFSEした場合は図4･25に示すようにsinのみの級数展開となる。よって，DFTの結果もそれに対応して虚部のみとなるはずである。しかし，上記 *Python [78]* の印字結果に見られるように実部に1.25なる数字が散見される。サンプリング数が16と少ないための精度不足に起因している。一般的に使用されている $N=1024$ などとすると，実部が微小となり計算精度は向上する。

④　波の再構成 → 図4･26（d）　詳細はWeb

4･3･4　離散フーリエ級数展開のパラメータ

〔**1**〕　**時間領域**　　**図4･27**の時間波形で，時間0～$T=10$ sまでをフーリエ解析のサンプリング区間とする。この間を時間窓という。波形には高調波成分が含まれているので，時間軸を拡大して観察したものが同図②である。ここで，サンプリングに関するパラメータを整理する。

・時間窓＝基本周期 T〔s〕

・基本周波数 $f=1/T$〔Hz〕

・基本角振動数 $\omega=2\pi f$〔rad/s〕

・サンプリング個数 N（2のべき乗を推薦，市販FFT分析器では通常 $N=1024/2048$）

・サンプリング周期 $T_s=T/N$〔s〕，サンプリング周波数 $f_s=1/T_s$〔Hz〕

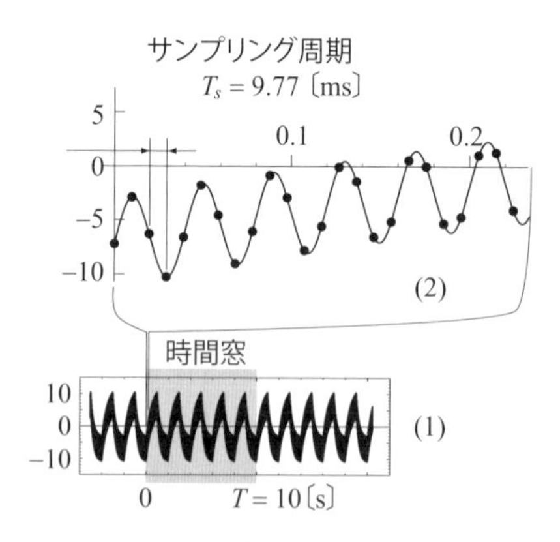

図4･27　時間波形（$N=1024$）

〔**2**〕　**周波数領域**　　上のサンプリングデータに対してFFTを行い，複素フーリエ係数のスペクトル分析の例を**図4･28**に示す。横軸は次数で，基本周波数の倍数だから周波数軸でもある。

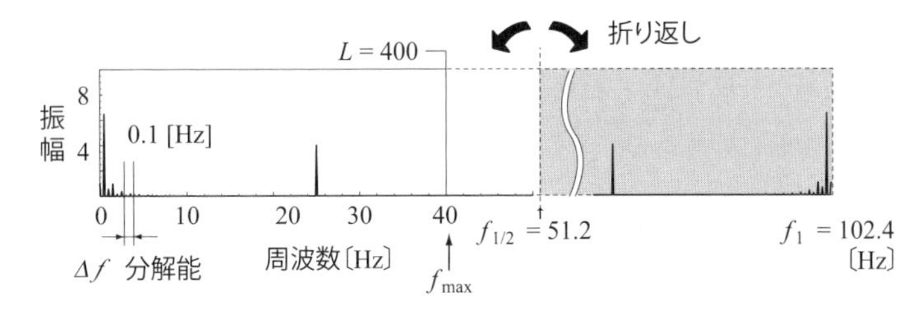

図 4･28　スペクトル解析（周波数解析）($N=1024, L=400$)

・周波数軸：分解能 Δf＝基本周波数 $f=1/T$〔Hz〕

右端 $f_1=N\Delta f$〔Hz〕

中間 $f_{1/2}=f_1/2$〔Hz〕＝Shanon の周波数（折り返し周波数）

・ライン数：$L=N_{\max}=N/2.56$（市販 FFT 分析器では通常 $L=400/800$）

・最大表示周波数：$f_{\max}=L\Delta f$〔Hz〕

N の半分の少し手前までのスペクトルが表示される。

【例題 4･17】　**図 4･29** は，$T=8$ s 間のインパルス振動波形（上段左）を FFT 分析したスペクトル表示（$f_{\max}=50$〔Hz〕）結果である。

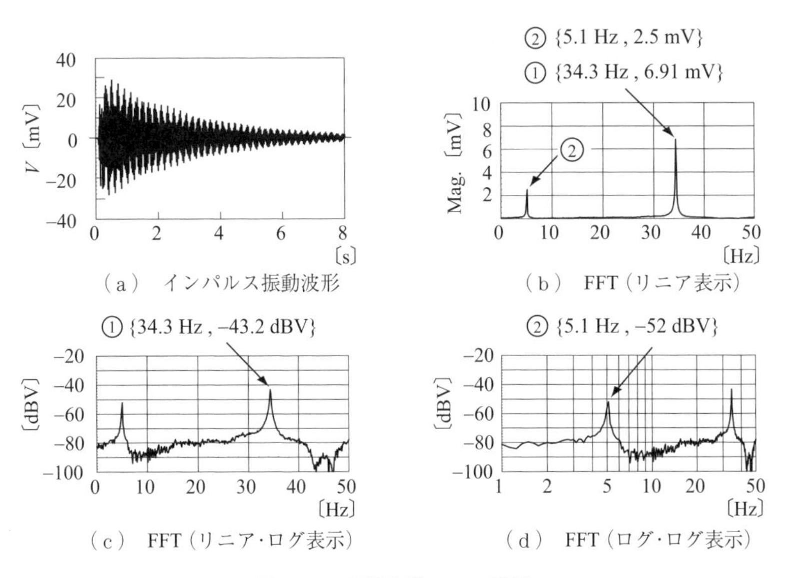

（a）　インパルス振動波形　　（b）　FFT（リニア表示）

（c）　FFT（リニア･ログ表示）　　（d）　FFT（ログ･ログ表示）

図 4･29　計測波形の FFT 解析

① $N=1024$ である。サンプリング周波数はいくらか。

② 基本周波数（分解能 Δf）はいくらか。

③ 表示ライン数はいくらか。

④ 何 Hz の振動が認められるか？　そのピーク値の mV と dBV＝20 log 10〔V〕の換算も確認せよ。

⑤ 時間窓を $T=20$ s に変更した。f_{max} はいくらに変わるか。

解：① $f_s=128$ Hz，② $\Delta f=0.125$ Hz，③ $L=400$，④ 34 Hz と 5 Hz，⑤ 20 Hz

図 4·29 のいくつかを Python でシミュレーションしてみよう。同図（a）の実験生波形データを設定することは紙面の関係で無理であるので，似たような波形として，秘密裏につぎの数式波形を設定するところから始める。

$$w(t)=w_1(t)+w_2(t)+w_3(t) \tag{i1}$$

ただし，$w_1(t)=a_1e^{-\zeta_1\omega_1 t}\sin\omega_1 t$，$w_2(t)=a_2e^{-\zeta_2\omega_2 t}\cos\omega_2 t$，$w_3(t)=a_3\sin(\omega_3 t+\theta)$。また，$a_{1\sim3}=\{7.25\quad 25.9125\quad 8\}$，$\omega_{1\sim3}=\{5.1\quad 31\quad 55\}$ Hz，$\zeta_{1\sim2}=\{0.01\quad 0.002\}$，$\theta=60°$

早速，Python を用いて図 4·29 を追跡しよう。

Python [98]　データサンプリング dat

```
L1  zw1=0.01*5.1*2*np.pi # 5.1Hz の減衰
L2  zw2=0.002*31.3*2*np.pi # 31Hz の減衰
L3  nn=1024
L4  tt=8
L5  tabt=np.linspace(0,tt,nn)
L6  dat1=np.exp(-zw1*tabt)*2.9*2.5*np.sin(tabt*5.1*2*np.pi)
L7  dat2=np.exp(-zw2*tabt)*3.75*6.91*np.cos(tabt*31.3*2*np.pi)
L8  dat3=8*np.cos(tabt*55*2*np.pi+np.pi/3) # 3次
L9  dat=dat1+dat2+dat3
L10 plt.plot(tabt,dat)
```

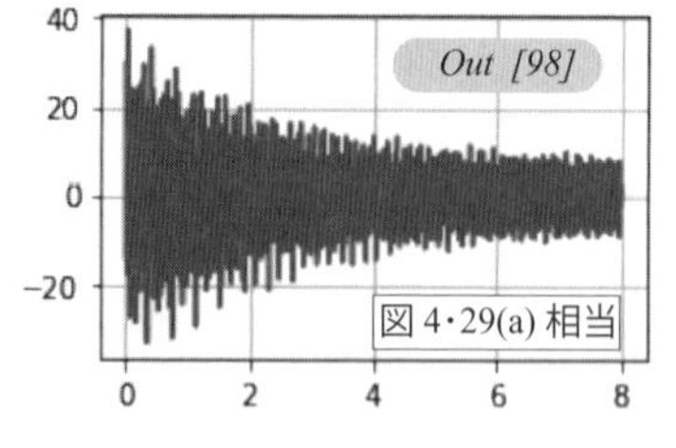

PAD [98]

zw1/zw2 ←積$\zeta_n\omega_n\{\zeta_1\omega_1, \zeta_2\omega_2\}$

L3-4：基本情報（N=1024,T=8[s]）設定

tabt ←時間軸（0〜8）秒間のN分割、離散化配列

dat1/2/3 ←上式(i1)の波形$w_1/w_2/w_3$関数の**tabt**時刻での個別離散化データ

dat ←計測されたとする$w(t)$の離散化データ

(tabt, dat)のデータ**plot**

ここでは，図 4·29（a）に似ているように入力の離散化波形データを設定した。これが実験で得られたとして以後の FFT 解析を行う。

Python [99]　FFT 解析（N=1024, T=8[s]）np･fft･fft( )　*PAD [99]*

```
dfta=2*np.abs(np.fft.fft(dat)/nn)
dfta[0]=dfta[0]/2
print(len(dfta))
print(dfta)
```

dfta ←データ **dat** のFFT 解析結果のスペクトル振幅補正あり（0 番目以外$2/N$倍）

結果：400←ライン数

結果：1024　☜サンプリング個数確認
　[0.044 0.087 0.088 ... 0.087] ← dfta

Python [100]　解析結果の表示 : 図 4.29(b) 相当　*PAD [100]*

```
tabf=np.arange(0,nn/tt,1/tt)# 横軸_周波
nmax=np.int64(nn/2.56)
print(nmax)
plt.plot(tabf[0:nmax],dfta[0:nmax])
```

tabf ←周波数列設定[0,1,2,..(N-1)]*1/T [Hz]

nmax ←N/2.56=1024/2.56=400 ライン設定

(**tabf, dfta**)にて **nmax** ラインのスペクトルを **plot**。ただし **fmax**=**nmax/tt**=50〔Hz〕

結果：400

Python [101]　スペクトルの dB 表示 : 図 4.29(c) 相当　*PAD [101]*

```
dftadB=20*np.log10(dfta)
plt.plot(tabf[0:nmax1],dftadB[0:nmax1])
```

dftadB ←スペクトルを dB= 20 $\text{Log}_{10}|z|$ 表示

(**tabf, dftadB**)にてスペクトル**plot**

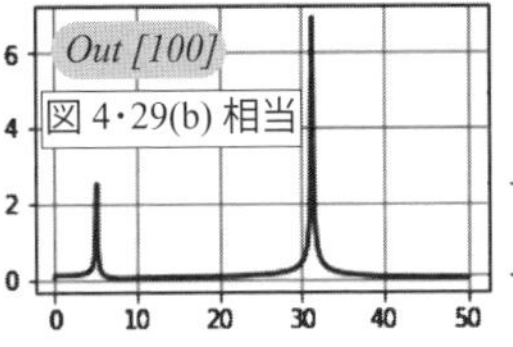

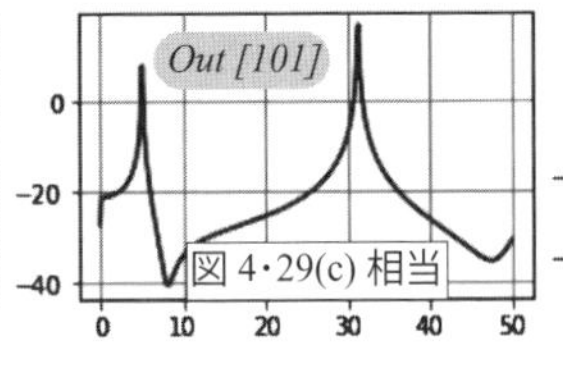

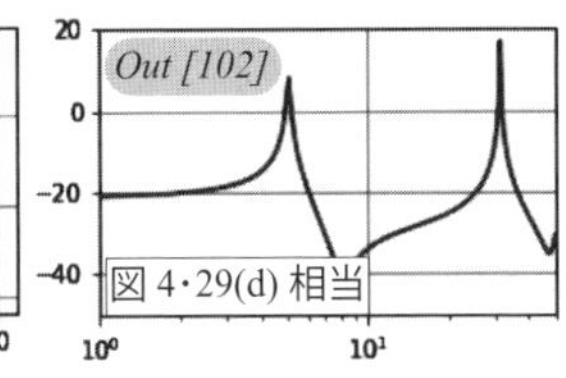

Python [102]　横軸の周波数を log 表示 : 図 4.29(d) 相当　*PAD [102]*

```
plt.plot(tabf[0:nmax1],dftadB[0:nmax1])
plt.xscale('log')
plt.xlim(1,50) #拡大表示
plt.ylim(-50,20)
```

☞図 4.29(d) 相当

(**tabf, dftadB**)にてスペクトル**plot**

横軸を属性**xscale**('**log**')にてlog に変更

4･4　固有値解析

固有値問題は

$$\lambda\phi = A\phi \tag{4･40}$$

と記述される。係数行列 $A(n \times n)$ を与えたとき，上式を満足する固有値 λ および固

有ベクトル ϕ が n 個求まる。

$$\lambda = [\lambda_1,\ \lambda_2,\ \lambda_3 \cdots] \qquad \Phi = [\phi_1,\ \phi_2,\ \phi_3 \cdots] \tag{4・41}$$

Python での解析コマンドは次式で，固有ペア（λ と ϕ）が同時に求まる。

$\lambda, \Phi =$ `np.linalg.eig(A)`

固有値問題は上記関数で簡単に解くことができるので，解き方自体には触れない。ここでは，微分方程式から対応する固有値問題を導くこと，および得られるべき固有値・固有ベクトルの性質について述べる。固有値解析を活用する立場からの必須の知見を紹介し，制御・機械力学で多用されるモード解析に備える。

4・4・1　微分方程式と固有値問題

定係数の微分方程式を次式で書く。

$$x^{(n)}(t) + a_n x^{(n-1)}(t) + \cdots + a_2 \dot{x}(t) + a_1 x(t) = u(t) \tag{4・42}$$

ここで，状態変数を

$$x_1 = x(t),\ x_2 = \dot{x}(t),\ x_3 = \ddot{x}(t),\ x_4 = x^{(3)}(t),\ \cdots,\ x_n = x^{(n-1)}(t) \tag{4・43}$$

としたとき，上式（4・43）は，つぎの1階連立微分方程式に移る。

$$\left.\begin{aligned} &\dot{x}_1(t) = x_2(t) \\ &\dot{x}_2(t) = x_3(t) \\ &\qquad \vdots \\ &\dot{x}_{n-1}(t) = x_n(t) \\ &\dot{x}_n(t) + a_n x_{n-1}(t) + \cdots + a_2 x_2(t) + a_1 x_1(t) = u(t) \end{aligned}\right\} \tag{4・44}$$

これを状態方程式という。状態方程式を行列で書くと次式となる。

$$\dot{X}(t) = A\,X(t) + B\,u(t) \tag{4・45}$$

ただし，$X = [x_1 \quad x_2 \quad \cdots \quad x_{n-1} \quad \mathrm{x}_n]^t$

$$A = \begin{bmatrix} 0 & 1 & 0 & \cdots & 0 & 0 \\ 0 & 0 & 1 & \cdots & 0 & 0 \\ 0 & 0 & 0 & \cdots & 0 & 0 \\ \vdots & & & & & \\ 0 & 0 & 0 & \cdots & 0 & 1 \\ -a_1 & -a_2 & -a_3 & \cdots & -a_{n-1} & -a_n \end{bmatrix} \qquad B = \begin{bmatrix} 0 \\ 0 \\ 0 \\ \vdots \\ 0 \\ 1 \end{bmatrix}$$

上式で $u(t)=0$ とした同次微分方程式は

$$\dot{X}(t)=A\,X(t) \tag{4·46}$$

と書け，その解を

$$X(t)=\phi\,e^{\lambda t} \tag{4·47}$$

とおけば，解を式（4·46）に代入して，つぎの固有値問題に移る。

$$\lambda\,\phi=A\,\phi \tag{4·48}$$

このように，定係数の線形微分方程式は固有値問題に置き換え得る。

また，解式（4·47）を式（4·2）と照合して，固有値とは微分方程式の特性根に対応していることを知る。

【例題 4·18】　つぎの微分方程式を状態方程式（4·45）に書き換え，係数行列 A を求めよ。

$$\ddot{y}+2\dot{y}+5y=0 \tag{i1}$$

解：　$A=\begin{bmatrix}0 & 1\\ -5 & -2\end{bmatrix}$　（例題 4·2 参照）

Python で具体的に固有値，固有ベクトルを求めてみよう。

Python [103]　係数行列と固有ペア　*PAD [103]*

```
aa=np.array([[0,1],[-5,-2]])
eig,vect=np.linalg.eig(aa)
display(aa)
print(eig)
display(vect)
```

aa ←係数行列 A の定義

eig, vect ←固有値解析 **linalg.eig**

eig：　固有値 [-1+2j　-1-2j]

vect: 固有ベクトル $\begin{bmatrix}-0.18\ -0.36j & -0.18+0.36j\\ 0.91 & 0.91\end{bmatrix}$

Out [103]

aa→array([[0, 1], [-5, -2]])　　eig→[-1.+2.j -1.-2.j]
vect→array([[-0.183　-0.365j, -0.183 + 0.365j],[0.913+0.j , 0.913+0.j]])

Python [104]　固有ベクトル V の規格化 $\bar{V}^t\cdot V=1$ の確認　*PAD [104]*

```
# memo    #vc^t*vで規格化
v1=(np.transpose(vect))[0]
seki=np.dot(np.conjugate(v1),v1)
print(v1,seki)
```

V1＝転置[**vect**]のI 行目[0]=[-0.18-0.36j , 0.91]

V1 同士の内積＝**np.dot**[共役[**V1**],**V1**]
→1：固有ベクトルの規格化

out [104]　v1　seki積

[-0.183-0.365j　0.913+0.j] (1.0000000000000004+0j)

固有ベクトルVは要素間の比を示すものである。Pythonでは内積=1，つまり$\bar{V}^t V=1$で規格化されている。

【例題4·19】*M–K* システム　つぎの微分方程式を固有値問題に書き換えよ。

$$M\ddot{Y}+KY=0$$

解：この解を$Y=\phi e^{j\omega_n t}$とおくと

$$\omega_n^2 M\phi=K\phi \rightarrow \omega_n^2\phi=M^{-1}K\phi \rightarrow \lambda\phi=A\ (\lambda=\omega_n^2,\ A=M^{-1}K)$$

4·4·2　係数行列と固有値

一般に固有値は複素数となる。しかし，**表4·2**に示すように，係数行列がある特別な場合には得られる固有値の性質を事前に知ることができる。例えば（1）では，係数行列が実数で対称行列の場合には，得られる固有値は実数であることを示している。この表と同じ意味を図式的に，固有値（特性根）位置を複素平面で示したものが**図4·30**である。

表4·2　係数行列Aと固有値との関係

A：実数行列	A：複素行列	λ：固有値
（1）対称行列 $A^t=A$	Hermitian matrix $\bar{A}^t=A$	実　数
（2）交代行列 $A^t=-A$	skew-Hermitian matrix $\bar{A}^t=-A$	純虚数
（3）直交行列 $A^t=A^{-1}$	unitary matrix $\bar{A}^t=A^{-1}$	$\|\lambda\|=1$

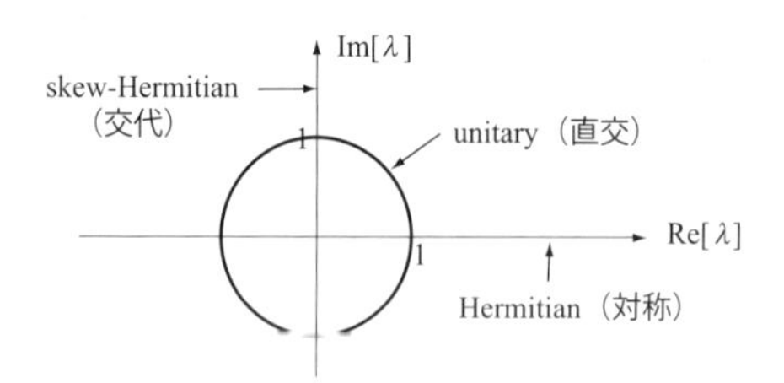

図4·30　係数行列と固有値

4·4·3　固有ベクトルの直交性

表4·2に示した特別な係数行列の場合には，固有ベクトルに関し，つぎの直交条件が成立する。

$$\bar{\phi}_i^t\phi_j=\delta_{ij}\quad（固有ベクトル同士は直交している）$$

$\bar{\phi}_i^{\,t} A\, \phi_j = \delta_{ij}$ （固有ベクトルは行列 A を介して直交しているという）

ただし，$\delta_{ij} = 0\,(i \neq j)$ $\delta_{ij} \neq 0\,(i = j)$

固有（列）ベクトル ϕ_i を横に並べて作った行列をモード行列 Φ という。

$$\Phi = [\phi_1,\ \phi_2,\ \phi_3 \cdots\cdots] \tag{4·49}$$

固有値がたがいに相異なるとき，固有ベクトル同士の直交条件が成立しているので，下記の対角化が可能である。

$$B_s \equiv \bar{\Phi}^t\, \Phi = \text{対角行列} \qquad A_s \equiv \bar{\Phi}^t A\, \Phi = \text{対角行列} \tag{4·50}$$

その対角要素同士の比は固有値を指す。

$$\lambda_i = A_s(i, i)/B_s(i, i) \quad \text{for } i = 1 \sim n \tag{4·51}$$

固有ベクトルの倍率は任意に選択できるので，内積が 1 となるように規格化したとき，上記対角化はつぎのように書き換えできる。

$$\left.\begin{aligned} &B_s \equiv \bar{\Phi}^t\, \Phi = E = \text{単位行列}^{\dagger 1} \\ &\Lambda \equiv \bar{\Phi}^t A\, \Phi = \text{固有値が対角に並ぶ対角行列} = \begin{bmatrix} \ddots & 0 & 0 \\ 0 & \lambda_i & 0 \\ 0 & 0 & \ddots \end{bmatrix} \end{aligned}\right\} \tag{4·52}$$

以上の説明は一般論で，係数行列が実対称行列の場合には，固有ベクトルは実数だから，上記左側の共役操作は不要である。

【例題 4·20】実対称行列 $A = A^t$ つぎの係数行列の固有値問題を解析し，対角化を行え。

$$A = \begin{bmatrix} 1 & -1 & 0 \\ -1 & 2 & -1 \\ 0 & -1 & 3 \end{bmatrix}$$

解：$\lambda = [2-\sqrt{3} \quad 2 \quad 2+\sqrt{3}\,)]$ $\Phi = \begin{bmatrix} 2+\sqrt{3} & -1 & 2-\sqrt{3} \\ 1+\sqrt{3} & 1 & 1-\sqrt{3} \\ 1 & 1 & 1 \end{bmatrix}$ （3 行目を 1 で規格化）[†2]

---

†1 Python で求めた固有ベクトルは式（4·52）の 1 式目のように，内積＝1 で自動的に規格化されている。

†2 Python 出力の固有ベクトル **vect** と解で示した Φ とは規格化が違うため，数値としては違って見える。規格化を揃えるように，例えば，Φ の 3 行目を **vect** の 3 行目に合わせるため，Φ の 1 列目を -0.21 倍，2 列目を -0.58 倍，3 列目を 0.79 倍すると両者は完全に一致する。

Python [105]　実対称行列 A^t と固有ペア

```
aa=np.array([[1,-1,0],[-1,2,-1],[0,-1,3]])
eig,vect=np.linalg.eig(aa)
display(aa)
print(eig)
print(vect)
```

PAD [105]

aa ←係数行列 A の定義

eig, vect ←固有値解析 linalg.eig

結果：eig→[0.28　2.　3.73]

vect→[[-0.79　0.58　0.21] [-0.58　-0.58　-0.58] [-0.21　-0.58　0.79]]

Python [106]　直交性の式 (4·50) を確認

```
vectt=np.transpose(vect)
print(np.dot(vectt,np.dot(aa,vect)))
```

PAD [106]

vectt＝転置[vect](実数行列故、共役不要)

vectt.vect →単位行列（規格化故）

vectt.aa.vect →固有値が並ぶ対角行列

結果：

V^tV=dia [1　1　1], V^tAV=dia [0.268　2　3.73]

【例題 4·21】　交代行列 $A=-\bar{A}^t$　　つぎの係数行列の固有値問題を解析し，対角化を行え。

$$A=\begin{bmatrix}4 & 9 & -12\\ -9 & 4 & 20\\ 12 & -20 & 4\end{bmatrix}$$

解：$\lambda=[4\quad 4-25j\quad 4+25j]$　$\Phi=\begin{bmatrix}20 & -45-75j & -45+75j\\ 12 & -27+125j & -27-125j\\ 9 & 136 & 136\end{bmatrix}$

Python [107]　交代行列 $A=-\bar{A}^t$ と固有ペア

```
aa=np.array([[4,9,-12],[-9,4,20],[12,-20,4]])
eig,vect=np.linalg.eig(aa)
display(aa)
print(eig)
print(vect)
```

PAD [107]

aa ←係数行列 A の定義

eig, vect ←固有値解析 linalg.eig

注：固有ベクトルvect と上式のΦとは規格化が違う。前問のように規格化を揃えると両者は一致する。

Out [107]

eig→[4　4+25 j　4-25 j]

vect→[[-0.8 0.22 - 0.36j　0.22+0.36j][-0.48 0.13+0.61j　0.13 - 0.61j] [-0.36　0.66　-0.66]]

Python [108] 直交性の式 (4·50) を確認 *PAD [108]*

```
vecttc=np.conjugate(np.transpose(vect))
print(np.dot(vecttc,vect))
print(np.dot(vecttc,np.dot(aa,vect)))
```

vecttc＝共役(転置(vect))

vecttc.vect →単位行列（規格化されている故）

vecttc.aa.vect →固有値が並ぶ対角行列

結果：$\bar{V}^t V$ =dia [1 1 1]

$\bar{V}^t A V$ =dia [4 4+25j 4-25j]

【例題 4·22】 直交行列 $A^{-1} = \bar{A}^t$ つぎの係数行列の固有値問題を解析し，対角化を行え。

$$A = \frac{1}{3}\begin{bmatrix} 2 & 1 & 2 \\ -2 & 2 & 1 \\ 1 & 2 & -2 \end{bmatrix}$$

解：$\lambda = \begin{bmatrix} -1 & \dfrac{5 - j\sqrt{11}}{6} & \dfrac{5 + j\sqrt{11}}{6} \end{bmatrix} \quad \Phi = \begin{bmatrix} \dfrac{-1}{3} & 4 + \dfrac{-5 + j\sqrt{11}}{2} & 4 + \dfrac{-5 - j\sqrt{11}}{2} \\ \dfrac{-1}{3} & -1 + \dfrac{5 + j\sqrt{11}}{2} & -1 + \dfrac{5 + j\sqrt{11}}{2} \\ 1 & 1 & 1 \end{bmatrix}$

Python で確認しよう。 → 詳細は Web

表 4·2 に示した特別な場合以外，一般の係数行列を対象とする対角化には 2 通りの方法が使われている。一つは下記のように相似変換を用いる方法である。

$$B_s \equiv \Phi^{-1}\Phi = \text{単位行列} \qquad \Lambda \equiv \Phi^{-1} A\,\Phi = \text{固有値対角行列} = \begin{bmatrix} \ddots & 0 & 0 \\ 0 & \lambda_i & 0 \\ 0 & 0 & \ddots \end{bmatrix} \tag{4·53}$$

大規模行列の逆行列操作には誤差が入りやすいので，本方法は制御系などの小規模行列に向いている。言い換えると，相似変換ではモード行列の逆行列を必要とするのが難点である。

他の方法は，係数行列の転置をとった固有値問題

$$\lambda\,\psi = A^t\,\psi \quad \text{（転置をとっても固有値は同じ）} \tag{4·54}$$

からなるモード行列 Ψ を用意する。この ψ_j を左固有ベクトルという。

$$\Psi \equiv [\psi_1 \quad \psi_2 \quad \psi_3 \quad \cdots] \tag{4·55}$$

この準備のもと下記の合同変換を施すと対角化が可能である。

$$\Psi^t\Phi = \text{対角行列} \qquad \Psi^t A\Phi = \text{対角行列} \tag{4·56}$$

固有モード行列の逆行列操作を必要としないので大規模行列向きである。

【例題4·23】 一般の行列　つぎの係数行列の固有値問題を解析し，対角化を行え。

$$A=\begin{bmatrix} 16 & 0 & 0 \\ 48 & -8 & 0 \\ 84 & -24 & 4 \end{bmatrix}$$

解 ①：相似変換による対角化　$\lambda=[-8 \quad 4 \quad 16]$　$\Phi=\begin{bmatrix} 0 & 0 & 1 \\ 1 & 0 & 2 \\ 2 & 1 & 3 \end{bmatrix}$

Python [112]　一般の行列

```
aa=np.array([[16,0,0],[48,-8,0],[84,-24,4]])
print(aa)
```

PAD [112]　**aa**←係数行列Aの定義

結果：$\begin{bmatrix} 16 & 0 & 0 \\ 48 & -8 & 0 \\ 84 & -24 & 4 \end{bmatrix}$

Python [113]　固有ペア

```
eig,vect=np.linalg.eig(aa)

print(eig)
print(vect)
```

PAD [113]　**eig, vect**←固有値解析 **linalg.eig**

結果：eig=[4, -8, 16] vect=$\begin{bmatrix} 0 & 0 & 0.26 \\ 0 & 0.447 & 0.534 \\ 1 & 0.894 & 0.801 \end{bmatrix}$

Python [114]　逆行列→相似変換　$V^{-1}AV$による対角化確認

```
vect_inv=np.linalg.inv(vect)
print(np.dot(vect_inv,np.dot(aa,vect)))
```

PAD [114]　**vect_inv**＝逆行列**{vect}**

結果：dia=[4, -8, 16]

vect_inv.aa.vect→固有値が並ぶ対角行列

このように，一般の行列は相似変換によって対角化が可能で，固有値が対角に並ぶ。

解 ②：左右固有ベクトルによる合同変換による対角化

$$\lambda=[-8 \quad 4 \quad 16] \quad \Psi=\begin{bmatrix} -2 & 1 & 1 \\ 1 & -2 & 0 \\ 0 & 1 & 0 \end{bmatrix}$$

Pythonで確認しよう。　→ 詳細はWeb

5 機　械　力　学

振動解析の基本は単振動系にあり，固有振動数，減衰比，そして共振現象（Q 値）を理解することが重要である。振幅・位相の理解度の目安として，ロータバランス問題が好適であるので本書で詳しく説明する，続いて，変数名のままに解析可能なシンボリック数学の応用としてラグランジュの方程式を取り上げる。また，行列形式の多自由度系をとりあげ，固有ペアの直交性を利用するモード解析を学ぶ。

5・1 1自由度系の振動

5・1・1 自　由　振　動

質量 m，ばね定数 k，粘性減衰定数 c よりなる単振動系（**図 5・1**）の自由振動の運動方程式は次式で表される。質量 m で除した形が標準形である。

$$m\ddot{x}+c\dot{x}+kx=0 \;\rightarrow\; \ddot{x}+2\zeta\omega_n\dot{x}+\omega_n{}^2x=0 \tag{5・1}$$

ここで，$\omega_n{}^2=k/m \;\rightarrow\; \omega_n=\sqrt{k/m}$：固有角（または円）振動数〔rad/s〕

$\rightarrow f_n=\omega_n/(2\pi)$ 固有振動数〔Hz〕

$2\zeta\omega_n=c/m \;\rightarrow\; \zeta=c/(2\sqrt{mk})$：減衰比〔－〕→ Q 値：共振感度〔－〕

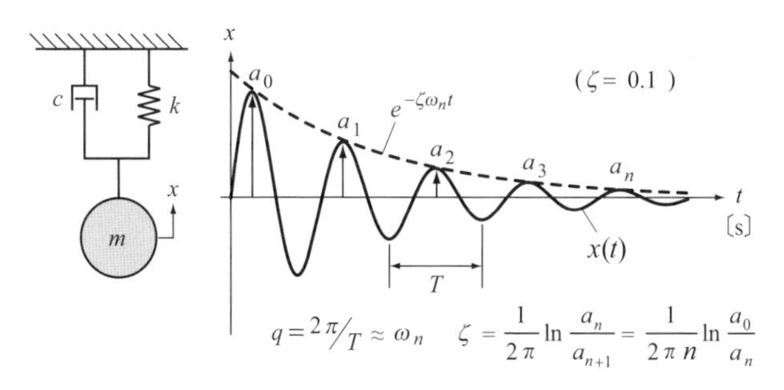

図 5・1　自由振動波形

通常は，$0<\zeta<1$ で振動的に安定，$1<\zeta$ なら過減衰という。

一方，式（5･1）の特性根 λ は $0<\zeta<1$ のとき

$$\lambda^2+2\zeta\omega_n\lambda+{\omega_n}^2=0 \quad \rightarrow \quad \lambda=-\zeta\omega_n\pm j\omega_n\sqrt{1-\zeta^2}\equiv-\zeta\omega_n\pm jq \qquad (5\cdot2)$$

である。よって，固有値解析で複素固有値 λ が求まったとき，固有振動数 ω_n と減衰比 ζ を次式で換算する。

$$\omega_n=|\lambda| \quad \text{and} \quad \zeta=-\mathrm{Re}(\lambda)/|\lambda| \qquad (5\cdot3)$$

その自由振動波形は実数 c_1，c_2 を，あるいは振幅 a，位相 ϕ を積分定数として次式で表される。

$$x(t)=e^{-\zeta\omega_n t}(c_1\cos qt+c_2\sin qt)=e^{-\zeta\omega_n t}\cos(qt+\phi) \qquad (5\cdot4)$$

その波形の一例が図5･1に描かれている。波形の周期 T〔s〕を読みとり，かつ実際の減衰比 ζ は微小でと考えると，固有振動数 f_n は次式で近似される。

$$f_n=\frac{1}{T}\ \text{〔Hz〕} \quad \rightarrow \quad \omega_n=2\pi f_n=\frac{2\pi}{T}\ \text{〔rad/s〕} \qquad (5\cdot5)$$

また波形の振幅包絡線は指数関数にて減衰する。よって，1サイクルごとに振幅を計り，その比は一定だから，減衰比は次式で推定される。

$$\frac{a_1}{a_2}=\frac{a_2}{a_3}=\cdots\cdots\frac{a_n}{a_{n+1}}=e^{-\zeta\omega_n T}=e^{-2\pi\zeta} \rightarrow \zeta=\frac{1}{2\pi}\ln\left(\frac{a_n}{a_{n+1}}\right) \qquad (5\cdot6)$$

【例題5･1】　**図5･2** に併記の初期条件（$x(0)=1, \dot{x}(0)=1$）にて減衰波形を求めよ。波形から固有振動数および減衰比を読み取れ。

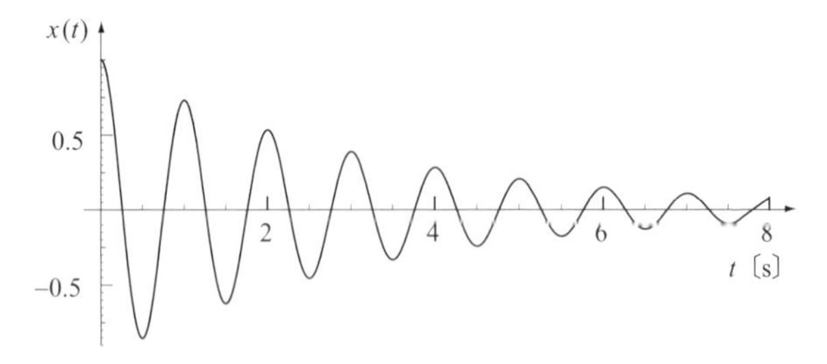

図5･2　減衰自由振動波形

解：Python プログラミングの初期設定として下記ライブラリなどを宣言する。

Python [1]　プログラミング初期設定　　*PAD [1]*

```
import sympy as sp #ライブラリ読み込#
import numpy as np
```

numpy,sympy, matplotlib ライブラリの呼び出し時刻歴応答関数**ivp** の呼び出し

```
from scipy.integrate import odeint
from scipy.integrate import solve_ivp
import matplotlib.pyplot as plt
plt.rcParams['figure.figsize'] =(7*0.5,4.3*0.5)
plt.rcParams['axes.grid'] = True
import datetime
```

図の表示サイズ（横7、縦4.3）の50%で小ぶり表示，軸グリッド表示

続いて，本章で使用する下記の My 関数（subroutine）を第 7 章よりコピーのうえ走らせる。

1. my_dB　2. my_dg　3. my_fxplot　4. my_logplot　6. my_parametricplot
7. my_show_plus　8. my_dBpl　9. my_p10_circle　10. my_p10_tabxy
12. my_p10_freq　13. my_p10_tick　15. my_dBpolarplot　16. my_gs2gtplot

以上の準備のもと，図 5·2 を Python プログラムで描く。

Python [16]　微分方程式の求解

```
sp.var('t,wn,zn')
para51=[(wn,2*sp.pi*1),(zn,0.05)]
y=sp.Function('y')
siki=sp.diff(y(t),t,2)+2*zn*wn*sp.diff(y(t),t,1)+wn**2*y(t)
display(siki)
eq51=sp.Eq(siki.subs(para51),0)
ans51=sp.dsolve(eq51,ics={y(0):1,y(t).diff(t,1).subs(t,0):0})
display(ans51)
```

定義：変数 $\{t,\omega\ .\zeta\}$+関数定義 $y(t)$
para51設定(ω_n= 1 Hz ζ = 0.05)

PAD [16-17]

$$wn^2 y(t) + 2wnzn\frac{d}{dt}y(t) + \frac{d^2}{dt^2}y(t)$$

$y(t)$ = (0.05 sin (2π) + 1.0 cos (2πt)

siki=微分式(5.1)の定義
→ **eq51**=微分式にパラメータ値代入

icsにて初期値設定し、**dsolve**にて求解
ans51=解式の右辺を図示→結果は図5.2

Python [17]　波形表示

```
sp.plot(ans51.rhs,(t,0,8))
```

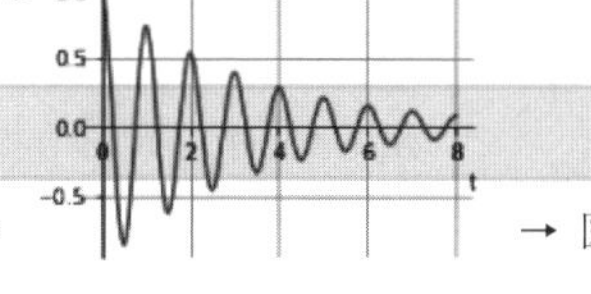

#y(t)の右辺描画 →　→ 図 5·2 に一致

5·1·2　力加振時の強制振動

1 自由度系に調和加振力が作用する場合

$$m\ddot{x}+c\dot{x}+kx=f\cos\omega t \rightarrow \ddot{x}+2\zeta\omega_n\dot{x}+\omega_n^2 x=\delta\omega_n^2\mathrm{Re}[e^{j\omega t}] \qquad (5\cdot7)$$

ただし，f = 加振力　$\delta = f/k$ = 静たわみ

なる運動方程式に対して，加振周波数に同期した定常振動応答（特解，強制振動）を次式で表す。

$$x(t) = \mathrm{Re}[ae^{j\phi}e^{j\omega t}] = \mathrm{Re}[a\,e^{j(\omega t+\phi)}] = a\cos(\omega t+\phi) \tag{5·8}$$

ただし，$A = ae^{j\phi}$：複素振幅や振動応答ベクトルなどと呼ばれる。

図 5·3 に示す伝達関数 $G(s)$ を用い，複素振幅 A = 振幅 $a\angle$位相差 ϕ を次式で得る。

$$A = a\,e^{j\phi} = G(j\omega) \equiv \left[\frac{\delta\omega_n{}^2}{s^2+2\zeta\omega_n s+\omega_n{}^2}\right]_{s=j\omega} = \frac{\delta\omega_n{}^2}{\omega_n{}^2-\omega^2+j2\zeta\omega_n\omega} \tag{5·9}$$

$\cos\omega t$ → $G(s) = \dfrac{\delta\,\omega_n{}^2}{s^2+2\zeta\omega_n s+\omega_n{}^2}$ → $x(t) = a\cos(\omega t+\phi)$

図 5·3　力加振の場合の伝達関数

減衰比 ζ をパラメータに振幅・位相を Python で計算した例を**図 5·4** に示す。共振は $\omega \approx \omega_n$ で発生し，共振振幅は $a_{peak} = \delta Q = \delta/(2\zeta)$ である。振幅は δ から出発し，大振幅の共振を通過した後は 0 に向かって小さくなる。

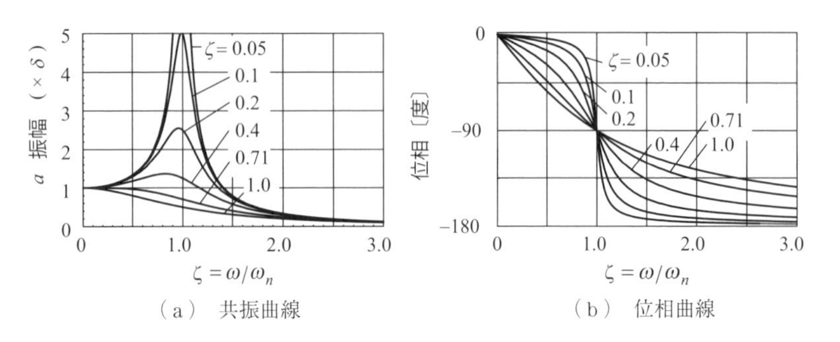

図 5·4　力加振の場合の共振曲線

この図 5·4 を Python プログラムで描く。

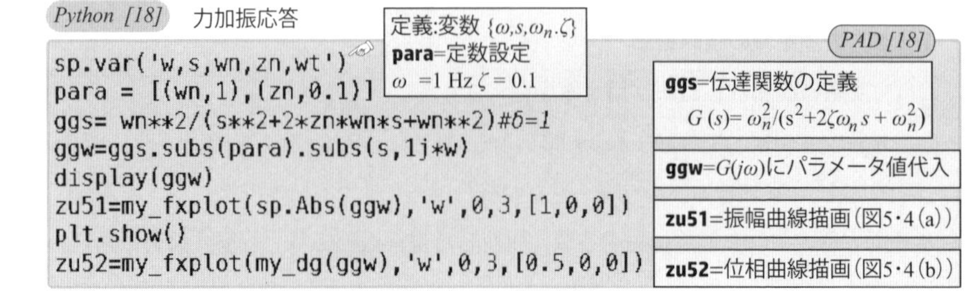


```
sp.var('w,s,wn,zn,wt')
para = [(wn,1),(zn,0.1)]
ggs= wn**2/(s**2+2*zn*wn*s+wn**2)#δ=1
ggw=ggs.subs(para).subs(s,1j*w)
display(ggw)
zu51=my_fxplot(sp.Abs(ggw),'w',0,3,[1,0,0])
plt.show()
zu52=my_fxplot(my_dg(ggw),'w',0,3,[0.5,0,0])
```

5·1·3　不つり合い振動

図5·5に示すロータ軸芯Sの動きを静止座標系XYで計り，その変位を$z=x+jy$なる複素変位で考える。ロータ円板に回転座標系X_1Y_1を設け，その回転座標系からみてθ方向に不つり合い偏心εがあるとする。回転角速度ωとして運動方程式は次式である。

$$m\ddot{z}+c\dot{z}+kz=m\varepsilon e^{j\theta}\omega^2 e^{j\omega t}\ \rightarrow\ \ddot{z}+2\zeta\omega_n\dot{z}+\omega_n{}^2 z=\varepsilon e^{j\theta}\omega^2 e^{j\omega t}=\varepsilon\omega^2 e^{j(\omega t+\theta)}\quad(5\cdot10)$$

ただし，$U=m\varepsilon e^{j\theta}$：不つり合いベクトル

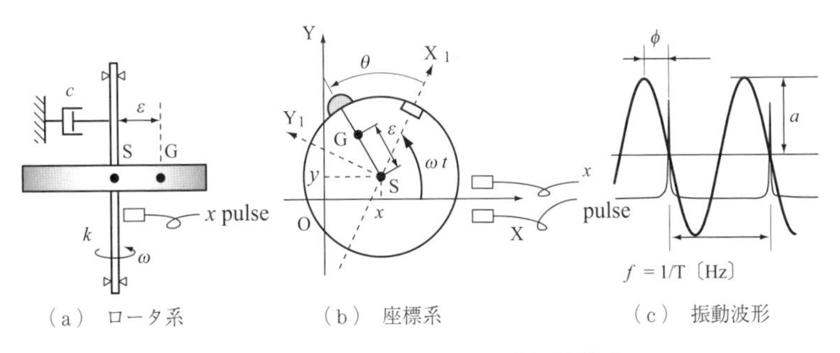

図5·5　ロータの不つり合いと振動計測

これを伝達関数に描いたものが**図5·6**であり，複素振幅（振動ベクトルA）が求まる。

$$A=a\,e^{j\phi}=G(j\omega)\equiv\left[\frac{\varepsilon e^{j\theta}\omega^2}{s^2+2\zeta\omega_n s+\omega_n{}^2}\right]_{s=j\omega}=\frac{e^{j\theta}\omega^2}{\omega_n{}^2-\omega^2+j2\zeta\omega_n\omega}\qquad(5\cdot11)$$

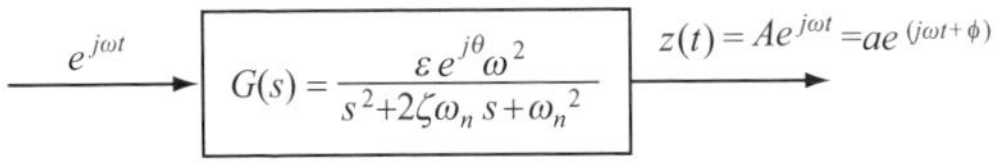

$$e^{j\omega t}\ \rightarrow\ \boxed{G(s)=\frac{\varepsilon\,e^{j\theta}\omega^2}{s^2+2\zeta\omega_n s+\omega_n{}^2}}\ \rightarrow\ z(t)=Ae^{j\omega t}=ae^{(j\omega t+\phi)}$$

図5·6　不つり合い振動の伝達関数

減衰比ζをパラメータに振幅・位相を計算した例を**図5·7**に示す。共振は$\omega\approx\omega_n$で発生し，共振振幅は$a_{peak}=\varepsilon Q=\delta/(2\zeta)$である。振幅は0から出発し，大振幅の共振を通過した後はεに向かって小さくなる。

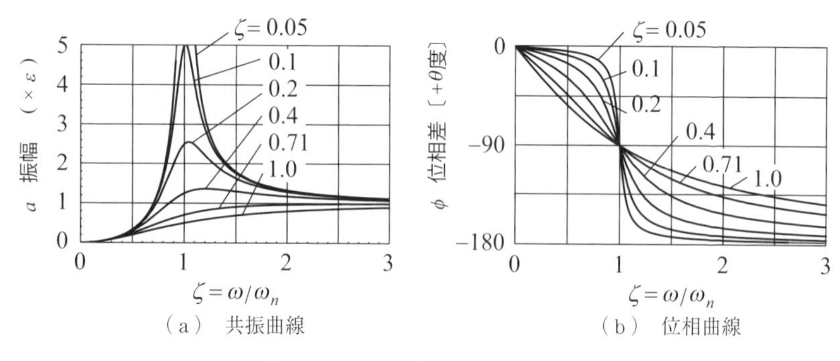

（a） 共振曲線　　　　（b） 位相曲線

図 5·7 不つり合い振動共振曲線

この図 5·7 を Python プログラムで描く。

Python [19]　不つり合い共振曲線

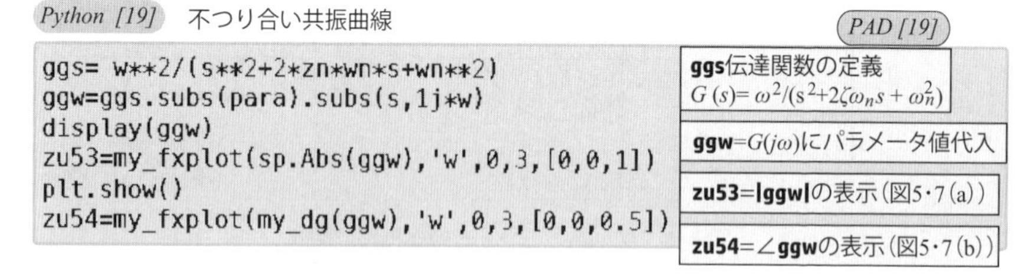

```
ggs= w**2/(s**2+2*zn*wn*s+wn**2)
ggw=ggs.subs(para).subs(s,1j*w)
display(ggw)
zu53=my_fxplot(sp.Abs(ggw),'w',0,3,[0,0,1])
plt.show()
zu54=my_fxplot(my_dg(ggw),'w',0,3,[0,0,0.5])
```


【例題 5·2】　いま，**図 5·8** に示すように

① ロータ側：パルスの切り欠きを X_1 軸に取り，不釣合い $U=\Delta mr$ が回転座標系において $\theta=45°$ にあると仮定する。

② 静止側：XY 軸において，振動変位計（極性は X 軸のセンサ側に動くと＋電圧，逆に離れると－電圧）およびパルスセンサを X 軸側に同相設置する。

③ ロータを回転（自転）させたとき，不つり合い振動（旋回円運動）が発生する。低速回転時，共振中，高速回転時において，ロータとの X_1Y_1 軸と静止側の XY 軸との関係を示すストロボ図，およびパルス波形と X 方向振動波形を示すシンクロスコープ図を示す。同図に記載の位相差 ϕ を検証せよ。

解：図 5·8 において，$\theta=45°$ だから

$\phi=+45°$（低速回転時），$\phi=-45°$（共振中），$\phi=-135°$（超高速回転時）

シンクロスコープ図を Python で作成し，回転速度 ω によって位相差が変わることを確認してみよう。

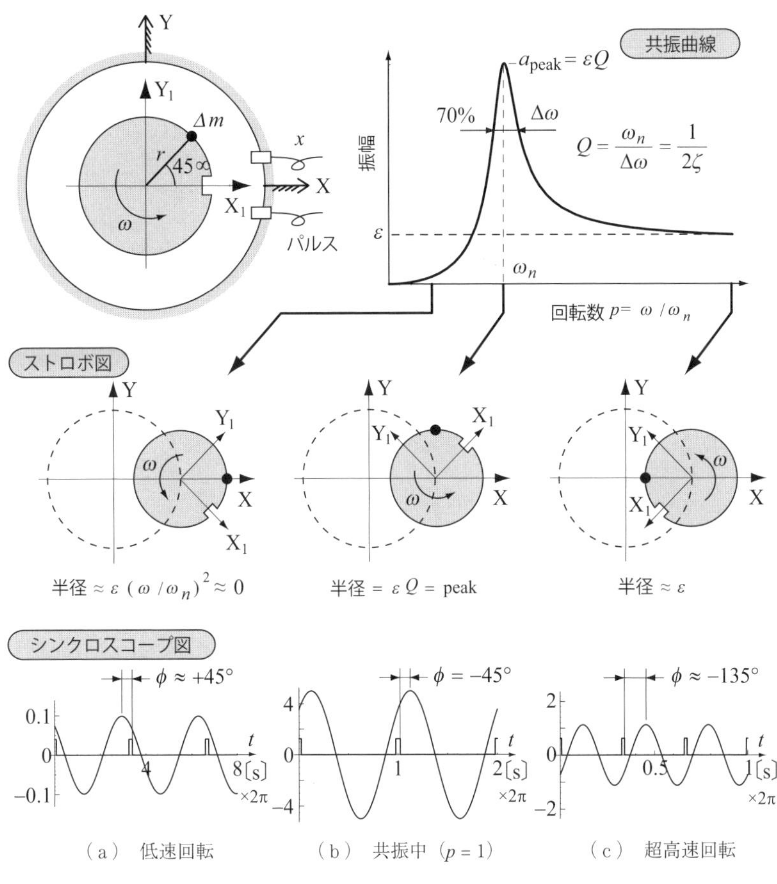

図5·8　不つり合い振動のロータふれまわり位置と波形観察

Python [22]　波形（振動とパルス）

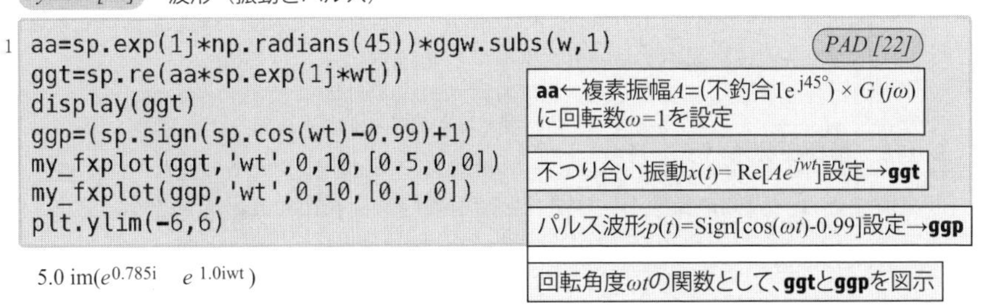

```
aa=sp.exp(1j*np.radians(45))*ggw.subs(w,1)
ggt=sp.re(aa*sp.exp(1j*wt))
display(ggt)
ggp=(sp.sign(sp.cos(wt)-0.99)+1)
my_fxplot(ggt,'wt',0,10,[0.5,0,0])
my_fxplot(ggp,'wt',0,10,[0,1,0])
plt.ylim(-6,6)
```


5.0 im($e^{0.785i}$　$e^{1.0iwt}$)

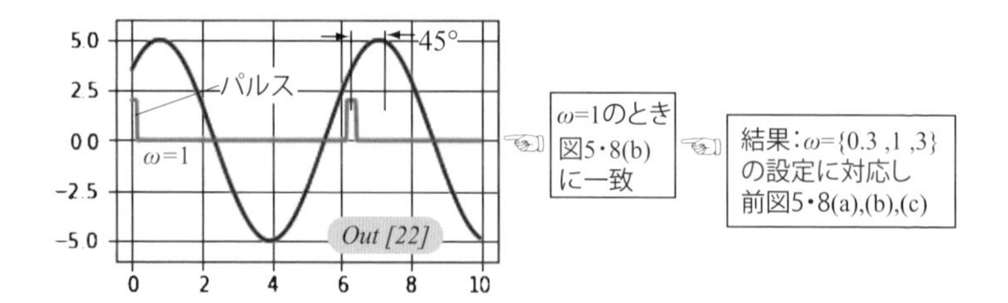

5・1・4　入出力の線形関係

以上の説明ではパルスセンサとX軸方向変位計が同じ位相に設定されている場合である。実際には，変位計取り付け位相やその極性はまちまちである。しかし，どのような状況でも言えることは，不つり合いベクトルと振動応答ベクトルは線形関係にあるということである。すなわち

④　不つり合いの大きさが n 倍になれば，振動応答も n 倍になる。

⑤　ロータ上の不つり合いが回転方向（正方向）に θ〔°〕だけ変化すれば，図5・8の振動波形は左側（正方向）に θ〔°〕だけシフトする。不つり合いが反回転方向（負方向）に θ〔°〕だけ変化すれば，図5・8の振動波形は右側（負方向）に θ〔°〕だけシフトする。すなわち，不つり合いという「ハンドル」を θ〔°〕（正/負）に回転させれば，振動波形も連動して左/右（正/負）に θ〔°〕だけシフトする。

【例題5・3】　先の例題5・2において，不釣合い Δmr が0°（X_1 軸上）にあると仮定した場合，図5・8を描き直せ。

解：ストロボ図：切り欠き付きのロータ断面図を反時計方向に45°回す。
シンクロスコープ図：パルス波形のみを45°だけ左にシフトする。
Python [22] で（不釣合 $1e^{j45^\circ}$）→（不釣合 $1e^{j0^\circ}$）とすることで波形として確認できる。
（L1にて，`np.radians` の45→0に変更して再実行せよ）

5・1・5　影響係数法バランス

バランスとは，未知の偏重心（大きさ ε と位相 θ）を検出して，その部分を削る，あるいは反対位相に修正重りをつける，などの機械的に修正する作業である。この作業には先に説明した線形関係なる数学概念のみを活用するもので，ロータ力学などの専門的な予備知識は必要としない。

図 5･9（a）に示すように振動測定は，パルスと振動波形を見比べて振動振幅 a と位相差 ϕ を回転数ごとに検出する。得られたベクトル（振幅 $a\angle$位相 ϕ）を図（b）のように円グラフ上にプロットする。これをポーラ円図，あるいはナイキスト線図という。同図に示すように位相遅れを反時計方向に取るのが現場測定の通例であるので，共振を通過するベクトル軌跡は反時計方向に 180° 回る。振幅が最も大きい回転数が共振点で，危険速度という。

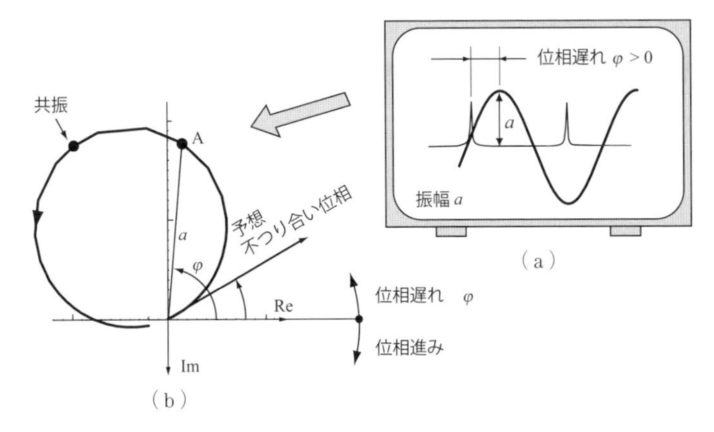

図 5･9　不つり合い振動ポーラ線図（ナイキスト線図）

バランスとはこの円を小さくする作業で，**図 5･10** に示すように，つぎの 3 回の回転試験で行う。

① 初期振動：現状のままできるだけ高い回転数まで回転させ，同図（b）ポーラ円曲線①の「初期」振動を計測する。

② 試し運転：不つり合いのある位相を予想し，同図（b）に示すように，良かれと思われる位相に試し重り m_t を付け，同様に回転させ，ポーラ円曲線②の「試し」振動を計測する。ポーラ円上で同じ回転数の点，ここでは回転数 $p=\omega/\omega_n=0.95$ に注目して，試し重り（原因）を付けた影響で A 点が B 点に動いた（結果）と考える。折角なら，A 点から原点 O に動かしたいので，そのためには「原因」と「結果」が線形関係にあることを想起して，付けるべき修正重りの大きさ $m_c=m_t\dfrac{|AO|}{|AB|}$，その位相は試し重りの位相からさらに∠OAB だけ回転方向に進める。

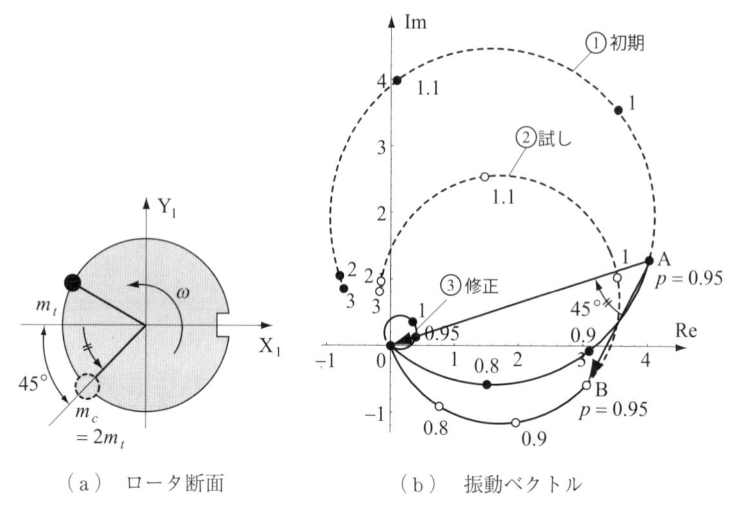

（a）　ロータ断面　　　　（b）　振動ベクトル

図 5･10　バランス作業

これを数式で書いて

$$修正重り=試し重り\times h_i \quad ただし h_i=\frac{\overrightarrow{AO}}{\overrightarrow{AB}}=-\frac{OA}{OB-OA} \qquad (5\cdot12)$$

上式の分母にある AB を効果ベクトルといい，それが点 A から原点に向かうような操作をバランスという。この例では，修正重りの大きさは試し重りの 2 倍，位相はさらに＋45°回した方向だから，同図（a）となる。

③　バランス修正確認運転：試し重り m_t を外し，同図（b）に示すように，指定の修正重り m_c を付け，バランス後の回転試験を行い，同図振動曲線 ③ のように小さい円でまわる低振動化達成を確認する。

この 3 回目のバランス回転試験において**図 5･11** のように，最終的に小振幅の共振曲線が測定されるだろう。もし，バランスが不十分な場合には先の ① ② ③ の手順を繰り返す。

【例題 5･4】　つぎの Python プログラムでは，バランス前 ①，および試し重り 0.5 g ∠180° 付加時 ② のパルス波形と振動波形を示す。修正重りを求め，波形にてバランス効果を確認せよ。

解：はじめにバランス前の共振曲線を描く。

Python [23]　バランス前共振曲線

```
ggu=w**2/(s**2+2*zn*wn*s+wn**2).subs(para).subs(s,1j*w)
u0=1*sp.exp(1j*np.radians(45))
gw0=ggu*u0 #初期振動
zu530=my_fxplot(np.abs(gw0),'w',0,3,[1,0,0])
```

☞ 図5·11①

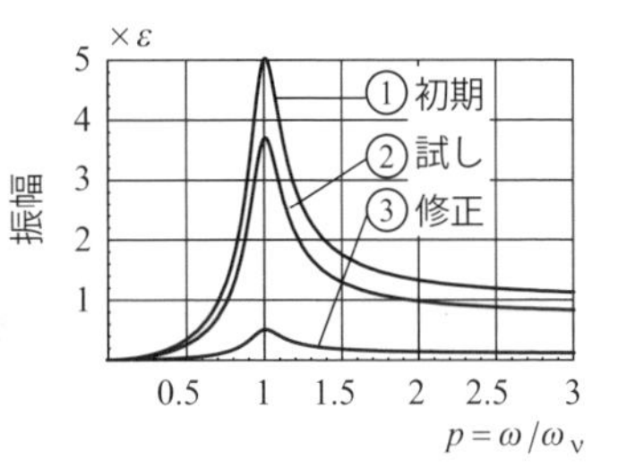

PAD [23]

ggu：不つり合い伝達関数$G(j\omega)$定義し、パラメータ**para**=$\{\omega_n=1, \zeta=0.1\}$代入

shot0：未知不つり合い **u0**=$1e^{j45°}$定義

初期不つり合い伝達関数：**gw0=u0*ggu**

zu530=|gw0|の表示→ 図5·11①

図5·11　バランス時の共振曲線

つぎに，バランス前の shot 0 における回転数 `w`=0.95 時の不つり合い振動波形とパルス波形を描く。

Python [24]　初期振動波形

```
gt0=sp.re((gw0*sp.exp(1j*w*t)).subs(w,0.95))
gp=(sp.sign(sp.cos(0.95*t)-0.99)+1)
zu531=my_fxplot(gt0,'t',0,10,[1,0,0])
zu532=my_fxplot(gp,'t',0,10,[0.5,0,0])
plt.ylim(-6,6);
```

結果；`Out [25]` に重ね描き

PAD [24]

波形定義$x(t)$=Re[**gw0***$e^{j\omega t}$]で回転数比ω=0.95に設定→**gt0**

パルス波形$p(t)$=Sign[cos(ωt)-0.99]で回転数比ω=0.95に設定→**gp**

回転角度ωtの関数として、**gt0**と**gp**を表示→初期振動A_0=4.2∠-25°を計測

つぎが shot 1 で，試し重り 0.5 g を角度 180° に付けたときの同じ回転数における振動波形とパルス波形を描く。

Python [25]　試し運転

```
u1=0.5*sp.exp(1j*np.radians(180))
gw1=ggu*(u0+u1) #試し運転
gt1=sp.re((gw1*sp.exp(1j*w*t)).subs(w,0.95))
my_show_plus(zu531+zu532+my_fxplot(gt1,'t',0,10,[0,0,1]))
plt.ylim(-5,5); #shot1=3<5deg
```

PAD [25]

Shot1：試し重り**u1**= $0.5e^{j180°}$定義

伝達関数：**gw1=(u0+u1)*ggu**

波形定義$x(t)$=Re[**gw1***$e^{j\omega t}$]で回転数比ω=0.95に設定→**gt1**

回転角度ωtの関数として**gt1**を図示
my_show_plusで*[24]*の図と重ね描き→左図の青印A_1=3∠+5°

このようにして同じ回転数で計測したときの，shot0 における読み値 $A_0 = 4.2\angle -25°$ および shot1 における読み値 $A_1 = 3.0\angle 5°$ を**図 5·12** に併記する。試し重りを付けたために A 点は B 点に動いた。であるならば，せっかくだから A 点から O なる原点に動くようにつり合わせ重りを付ければよい。そのためには試しの重りの値を下記のように修正すればよい。物差し，分度器で図式的に求めた解が図中右に示す修正比 1.8 倍$\angle +45°$ である。

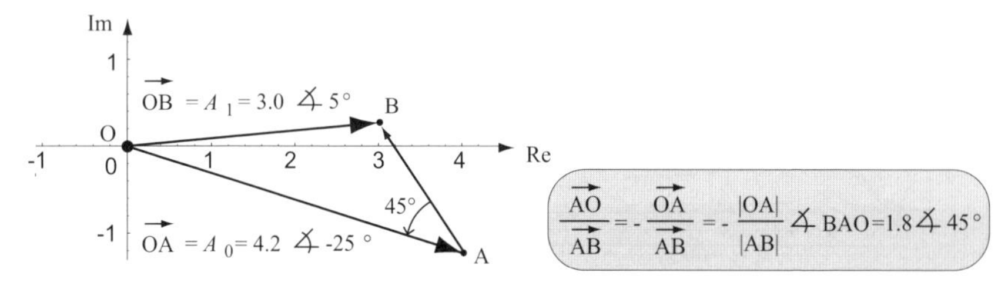

図 5·12　効果ベクトルの図式計算

この図式解法に代わって，数値的に計算するなら

$$\text{修正比計算}\quad h_i = \frac{\overrightarrow{AO}}{\overrightarrow{AB}} = -\frac{A_0}{A_1 - A_0} = 1.9\text{倍}\angle 43° \rightarrow \text{修正重り}\, W_c = W_t \times h_i \qquad (5\cdot 12\text{a})$$

である。図式解が妥当であることを知る。上式を Python で追計算してみよう。

PAD [26]

Python [26]　修正重り計算

```
ac0=4.2*np.exp(1j*np.radians(-25))
ac1=3*np.exp(1j*np.radians(5))
hi=-ac0/(ac1-ac0)#修正重り計算
print(np.abs(hi),"∠",my_dg(hi))
```

1.91 ∠ 43°

ac0←A_0=4.2∠-25°=4.2exp(j(-25°))を設定

ac1←A_1=3.0∠5°=3.0exp(j(+5°))を設定

hi←比の計算 -A_0/(A_1−A_0)

比**hi**の表示 1.9∠43°→先の図式解に一致

引き続き，以下の計算でバランス効果を確認しよう。図式解から修正重り 0.5 g∠180°×1.9∠45° = 0.95 g∠−135° を計算し，最終的に shot 2 としてバランス効果の確認運転を行う。

Python [27]　バランス修正確認運転

```
u2=u1*1.9*sp.exp(1j*np.radians(+45))
gw2=ggu*(u0+u2)#バランス修正確認運転
gt2=sp.re((gw2*sp.exp(1j*w*t)).subs(w,0.95))
my_show_plus(zu531+zu532+my_fxplot(gt2,'t',0,10,[0,1,0]));
```

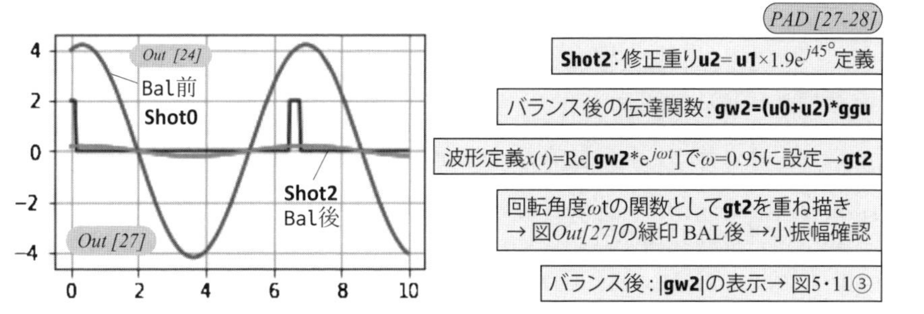

共振曲線にて確認すると，下図青の共振曲線で良好なバランスを確認。

Python [28]　バランス前後共振曲線の比較

```
my_show_plus(zu530+my_fxplot(np.abs(sp.N(gw2)),'w',0,3,[0,0,1]));
```

5・1・6　3点法バランス（4 run balance）

パルス波形がなく，振動レベルのみが計測可能なときのフィールドバランスを紹介する。仔細は拙著『回転機械の振動―実用的振動解析の基本―』コロナ社（2009）p.128を参照していただくとして，手順は**図5・13**に示すように

（0）　まず，バランス前の初期振動振幅 a_0 を計測する。

（1）　試し重りUをロータ0°位相①に付けて振動振幅 a_1 を計測する。

（2）　同じ試し重りを＋120°位相②に取付けて振動振幅 a_2 を計測する。

（3）　同じ試し重りを－120°位相③に取付けて振動振幅 a_3 を計測する。

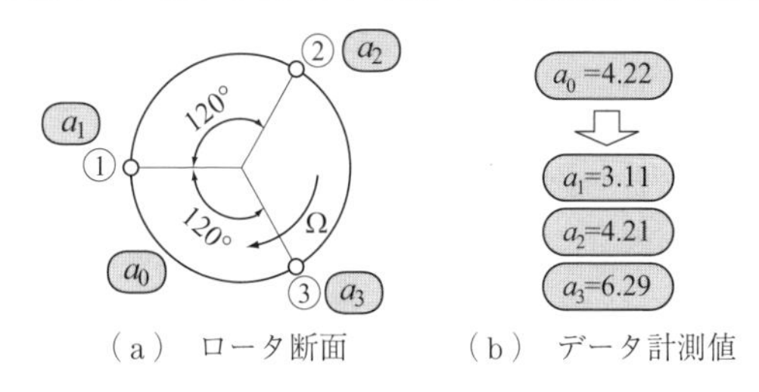

（a）　ロータ断面　　　（b）　データ計測値

図5・13　3点バランス

このようにパルス信号がない状態で，振動の大きさのみの情報からバランス修正重りを決定してみよう。

早速Pythonで振動を回転数 w＝0.95 にて計測する。

Python [30] 3点のデータ取得 下記の*PAD[30]*参照

```
aa30=np.abs(gw0.subs(w,0.95))#配列 U1*exp(1j*{0,120,-120})
display(aa30)#3点バランス
ten3=np.exp(1j*np.radians(np.array([0,120,-120])))
L4 aa31=np.abs(sp.N((gw0+ggu*u1*ten3[0]).subs(w,0.95)))
L5 aa32=np.abs(sp.N((gw0+ggu*u1*ten3[1]).subs(w,0.95)))
L6 aa33=np.abs(sp.N((gw0+ggu*u1*ten3[2]).subs(w,0.95)))
print([aa31,aa32,aa33])
```

結果：aa30=4.22 aa31=3.11 aa32=4.21 aa33=6.29

PAD [30]

回転数 w=0.95 初期振動振幅 **aa0= |gw0|**

3点の位相角位置を示す複素数 **ten3** を準備

ten3=exp(j*radian([0°,120°,-120°]))

① 振幅 **aa1=| gw0+ggu* u1*ten3[0]|** を測定

② 振幅 **aa2=| gw0+ggu* u1*ten3[1]|** を測定

③ 振幅 **aa3=| gw0+ggu* u1*ten3[2]|** を測定

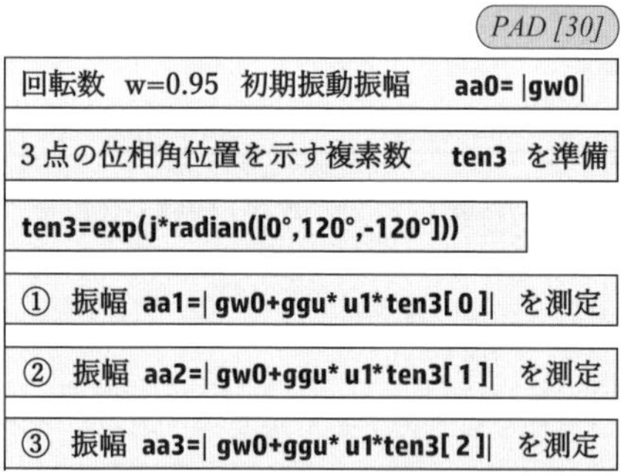

[30] 個々の角度の3点計算

注1：L4〜6 **np.abs** の前に，
sp.N による実部・虚部の先行表現がミソ

注2：別法 L2 **sp.N** の前に，
sp.Matrix として **subs** を代入がミソ

PAD [31]

3ケースの振幅配列
aaten3 =|gw0+ggu* u1*ten3|
を測定

[31] 配列による3点計算

上記 *PAD [30]* の別法を *PAD [31]* 示す。**ten3** までは同じだが，この後に3ケースを一挙に記述する方法で，プログラム記述は簡単化される。

Python [31] 3点のデータ取得（別法）

```
#3点バランス 別法
L2 aaten3=np.abs(sp.N(sp.Matrix([gw0+ggu*u1*ten3]).subs(w,0.95)))
print(aaten3)
```

上記の*PAD[31]*参照

結果：aa30=4.22 aa31=3.11 aa32=4.21 aa33=6.29

この計測値 $\{a_0 \quad a_1 \quad a_2 \quad a_3\}=\{4.22 \quad 3.11 \quad 4,21 \quad 6.29\}$ を用いて，バランス計算**図5･14** を作成する。同図では，まず半径 $a_0=4.22$ の円を描く。続いて，その半径上に 180° 方向を基準に 120° ピッチで A，B，C 点を打つ。A 点を中心に半径 $a_1=3.11$ の円，B 点を中心に半径 $a_2=4.21$ の円，C 点を中心に半径 $a_3=6.29$ の円を描くと一つの交点 P が求まる。ここでは，P 点は∠AOP = +40° でこの位相につり合わせ重りを付ける。その大きさは，P 点が円 ABC の中にあるので不足していることがわかり，|OA|/|OP| = 2 倍すべきことを知る。よって，ここでの答えは2倍∠+40° で，先の

例題 5·4 の答え 1.8∠＋45° とよく一致している。

つぎに Python でこれらの円を描いてみよう。

Python [32]　3 点バランスの作図計算

```
plt.figure(figsize= (3 , 3))
we=2*sp.pi
my_parametricplot(aa30*sp.cos(w),aa30*sp.sin(w),'w',0,we,"g");
my_parametricplot(-aa30+aa31*sp.cos(w),aa31*sp.sin(w),'w',0,we,"b")

cp=[aa30*sp.cos(np.radians(60)),aa30*sp.sin(np.radians(60))]
my_parametricplot(cp[0]+aa32*sp.cos(w),cp[1]+aa32*sp.sin(w),'w',0,
                                                        we , “b” );
cp=[aa30*sp.cos(np.radians(-60)),aa30*sp.sin(np.radians(-60))]
my_parametricplot(cp[0]+aa33*sp.cos(w),cp[1]+aa33*sp.sin(w),'w',0,
plt.xlim(-8,8);                                         we , “b” );
plt.ylim(-8,8);
```

方眼紙のサイズ指定

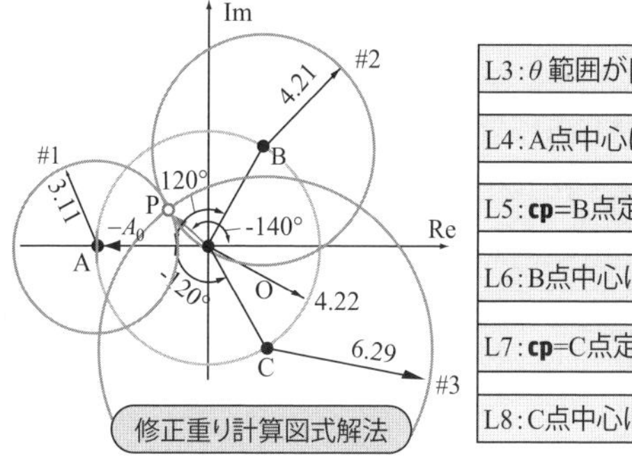

PAD [32]

L3 : θ 範囲が[0〜2π]で($a_0\cos\theta$, $a_0\sin\theta$) にて円を描く

L4 : A点中心に($-a_0+a_1\cos\theta$, $a_1\sin\theta$) にて円を描く

L5 : **cp**=B点定義=($a_0\cos 60°$, $a_0\sin 60°$)

L6 : B点中心に(cp[0]+$a_2\cos\theta$, cp[1]+ $a_2\sin\theta$) にて円を描く

L7 : **cp**=C点定義=($a_0\cos(-60°)$, $a_0\sin(-60°)$)

L8 : C点中心に(cp[0]+$a_3\cos\theta$, cp[1]+ $a_3\sin\theta$) にて円を描く

図 5·14　3 点法（4-run method）のバランス

5·2　ラグランジュの方程式

剛体の運動方程式の定式化では，並進運動に関してはニュートンの第 2 法則，また回転運動に関してはオイラーの方程式がよく知られている。しかし，この方法では，変位から加速度までを求めなくてはならないので間違いを犯しやすい。一方，ここで紹介するラグランジュ（Lagrange）の方程式は，変位と速度で定義されるエネルギーから機械的に計算できるので，考え方としては簡単である。また，解析解（symbolic 数学）も扱える Python を用いれば，複雑な系でもかなり機械的に運動方程式を求め

ることができる。

保存系に運動エネルギーを T，位置エネルギーを V，一般化座標（並進あるいは回転・傾き）での変位を q_i とし，ラグランジェの方程式は次式で与えられる。右辺は一般化力 Q_i で，q_i が並進変位のとき並進力〔N〕あるいは q_i が傾き変位のときモーメント〔N m〕がその慣性に作用すると考える。

$$\frac{d}{dt}\left(\frac{\partial T}{\partial \dot{q}_i}\right)-\frac{\partial T}{\partial q_i}+\frac{\partial V}{\partial q_i}=Q_i \tag{5·13}$$

また，粘性減衰系の場合には散逸エネルギー $F=F\ (q_i,\ \dot{q}_i)$ を追加して

$$\frac{d}{dt}\left(\frac{\partial T}{\partial \dot{q}_i}\right)-\frac{\partial T}{\partial q_i}+\frac{\partial V}{\partial q_i}+\frac{\partial F}{\partial \dot{q}_i}=Q_i \tag{5·14}$$

と，より汎用的に表される。本方程式は並進，回転・傾きのいずれの運動にも成り立つ一般的な表記である。

【例題 5·5】　質量 m，ばね定数 k，粘性減衰定数 c よりなる図 5·1 の単振動系の運動方程式をラグランジュの方程式から求めよ。変位 x，その速度 v とする

解：$2T=mv^2=m\dot{x}^2$，$2V=kx^2$，$2F=c\dot{x}^2$ を式（5·14）に代入して式（5·1）を得る。

$$\because\quad \frac{d}{dt}\left(\frac{\partial T}{\partial \dot{x}}\right)-\frac{\partial T}{\partial x}=\frac{d}{dt}(m\dot{x})-0=m\ddot{x},\qquad \frac{\partial V}{\partial x}=kx,\qquad \frac{\partial F}{\partial \dot{x}}=c\dot{x}$$

不減衰系を Python で解析してみよう。

Python [33]　m-k 単振動系　　　　*PAD [33]*

```
m,k,tt,vv=sp.symbols('m,k,tt,vv')
v=sp.Function('v')
x=sp.Function('x')
tt=0.5*m*(v(t)**2)#.subs(vx(t),sp.diff(x(t),t))
vv=0.5*k*x(t)**2
print(tt)
print(vv)
```

```
0.5*m*v(t)**2
0.5*k*x(t)**2
```

シンボリック変数の定義（m,k,T,V）

関数の定義（変位 x，速度 $v=\dot{x}$）

エネルギー T, V の定義
$tt \leftarrow T=\frac{1}{2}mv^2$
$vv \leftarrow V=\frac{1}{2}kx^2$

Python [34]　ラグランジュの方程式

```
eq1=sp.diff(sp.diff(tt,v(t)),t).subs(v(t),sp.diff(x(t),t))
eq2=sp.diff(tt,x(t)) #=0
eq3=sp.diff(vv,x(t))
```

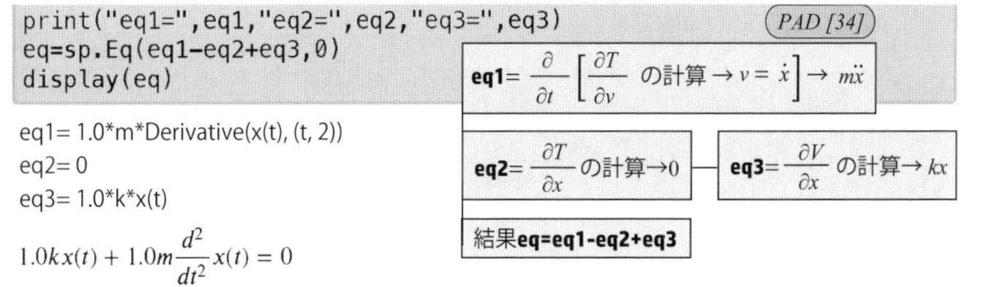

【例題 5･6】　**図 5･15** に示すように，ばね k によって X 方向のみに可動できる質量体 M に外力 F が作用している。振り子型ダイナミックダンパとして長さ l，質量 m の振り子を設ける。ラグランジュの方程式から次式の運動方程式を Python で求めよ。

$$\begin{bmatrix} m+M & ml \\ ml & ml^2 \end{bmatrix} \begin{bmatrix} \ddot{x} \\ \ddot{\phi} \end{bmatrix} + \begin{bmatrix} k & 0 \\ 0 & mgl \end{bmatrix} \begin{bmatrix} x \\ \phi \end{bmatrix} = 0 \tag{5･15}$$

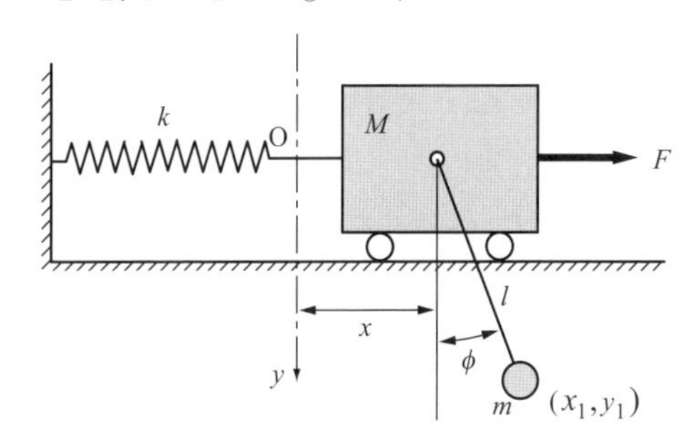

図 5･15

解：直交座標系 O－xy をとり，O－y 線と振り子との間の角度 ϕ および支点の変位 x をすると質点 m の直交座標（x_1, y_1）は

$$x_1 = x + l\sin\phi,\quad y_1 = l\cos\phi \tag{5･16}$$

である。また，運動エネルギー T および位置エネルギー V は次式で定義される。

$$2T = M\dot{x}^2 + m(\dot{x}_1{}^2 + \dot{y}_1{}^2),\qquad 2V = kx^2 + mg(l - y_1) \tag{5･17}$$

一般化力は $Q_x = F$〔N〕，$Q_\phi = 0$〔N m〕である。

以上の準備のもと，ラグランジュの方程式を適用して，x 座標と ϕ 座標に関する運動方程式を求める。両座標は微小として扱い，$\cos\phi \to 1$, $\sin\phi \to \phi$ などの線形近似した結果，前式（5･15）が求まる。

具体的に Python で運動方程式を導出してみよう。まず，エネルギー式（5･17）をいろいろな変数を用いて定義する。

Python [35]　振り子付き単振動系

```
m,k,mm,tt,vv,L,g=sp.symbols('m,k,mm,tt,vv,L,g')
vx1=sp.Function('vx1')
vy1=sp.Function('vy1')
x1=sp.Function('x1')
y1=sp.Function('y1')
v=sp.Function('v')
x=sp.Function('x')
tt=1/2*m*(vx1(t)**2 + vy1(t)**2)+1/2*mm*v(t)**2
vv=m*g*(L-y1(t))+1/2*k*x(t)**2
print(tt)
print(vv)
```

シンボリック変数の定義（m,k,M,T,V,L,g）

関数の定義 (変位 x, 速度 $v=\dot{x}$)
(変位 x_1, 速度 $v_{x1}=\dot{x}_1$)(変位 y_1, 速度 $v_{y1}=\dot{y}_1$)

PAD [35]

エネルギーT, Vを式（5·17）に従い定義
tt ← $T = M\dot{x}^2/2 + m(\dot{x}_1{}^2+\dot{y}_1{}^2)/2$
vv ← $V = kx^2/2 + mg(l-y_1)/2$

0.5*m*(vx1(t)**2 + vy1(t)**2) + 0.5*mm*v(t)**2
g*m*(L - y1(t)) + 0.5*k*x(t)**2

ここでは，多くの変数m,k...などを必要とするが，変数扱いである旨をしっかりと sp.symbols で宣言する。また，登場する関数 v(t)，x(t)…などは，以下のように微分操作 sp.diff() では引数として変数のごとく扱われる。よって，そのような「変数扱いもある関数」である旨を sp.Function で宣言しておく。

つぎに変数関係式（5·16）を用い，変数を変位 x と q$=\phi$ に絞り，エネルギー式を書き換える。

Python [36]　エネルギー式の整理

```
vq=sp.Function('vq')
q=sp.Function('q')
para1=[(x1(t),x(t)+L*sp.sin(q(t))),(y1(t),L*sp.cos(q(t)))]
para2=[(vx1(t),v(t)+L*sp.cos(q(t))*vq(t)),(vy1(t),-L*sp.sin(q(t)*vq
tt1=tt.subs(para2)
display(tt1)
vv1=vv.subs(para1)
display(vv1)
```

シンボルと関数の定義 (角変位**q**= ϕ, 角速度**vq**= ϕ)
(注：ギリシャ文字ϕに対し英字qを対応させている)

PAD [36]

パラメータ定義
para1=$\{x_1=x+L\sin\phi, y_1=L\cos\phi\}$
para2=$\{v_{x1}=v+Lv_q\cos\phi, v_{y1}=-Lv_q\sin\phi\}$

$$0.5m\left(L^2\sin^2(q(t)\,\mathrm{vq}(t))+(L\,\mathrm{vq}(t)\cos(q(t))+v(t))^2\right)+0.5mmv^2(t)$$
$$gm(-L\cos(q(t))+L)+0.5kx^2(t)$$

エネルギーT、Vにパラメータを代入→T_1, V_1
(この段階で一般化座標x, qとその速度のみの表現)

このようにして2変数（変位x，$q=\phi$）の非線形運動方程式が求まる。つぎに，線形近似式 para を用意する。

Python [37]　線形近似式設定

```
para0=[(v(t),sp.diff(x(t),t)),(vq(t),sp.diff(q(t),t))]
para1=[(sp.sin(q(t)),q(t)),(sp.cos(q(t)),1)]
para2=[(sp.diff(q(t),t)**2,0),(q(t)**2,0),(q(t)*sp.diff(q(t),t),0)]
para=para1+para2 #線形化
```

PAD [37]

近似式**para**を用意$\{v=\dot{x}, v=\dot{x}, \sin q\approx q, \cos q\approx 1, \dot{q}^2\approx 0, q\dot{q}\approx 0\}$など

この近似パラメータ para を用い，式を簡単化しよう。

下記 eq を逐次表示して非線形項があれば，それは小さいとして，上に戻り，para に追加挿入して，また下記を実施する。これを繰り返して，非線形系から線形系の近似を進める。

Python [38]　変位 x のラグランジェ式（非線形）

```
eq1=sp.diff(sp.diff(tt1,v(t)).subs(para0),t).subs(para)
eq2=sp.diff(tt1,x(t)) #=0
eq3=sp.diff(vv1,x(t))
eqx=sp.Eq(eq1-eq2+eq3,0)
display(eqx)
```

PAD [38]

eq1= $\frac{\partial}{\partial t}\{\frac{\partial T_1}{\partial v}$ の計算 → $v=\dot{x}$ 代入} 線形近似適用

eq2= $\frac{\partial T_1}{\partial x}$ の計算→線形近似

eq3= $\frac{\partial V_1}{\partial x}$ の計算→線形近似

結果**eqx=eq1-eq2+eq3** は式（5･15）の1行目を与える。

$$1.0kx(t)+0.5m\left(2L\frac{d^2}{dt^2}q(t)+2\frac{d^2}{dt^2}x(t)\right)+1.0mm\frac{d^2}{dt^2}x(t)=0$$

このようにして，式（5･15）の第 1 式に至る。続いて，変数 x を変数 q に切り替えて，同様の展開を行い，式（5･15）の第 2 式を得る。

Python [39]　角度ϕ → q のラクランジュ式（線形）

```
eq1=sp.diff(sp.diff(tt1,vq(t)).subs(para0),t).subs(para)
eq2=sp.diff(tt1,q(t)).subs(para0).subs(para) #=0
eq3=sp.diff(vv1,q(t)).subs(para0).subs(para)
eqq=sp.Eq(eq1-eq2+eq3,0)
display(eqq)
```

PAD [39]

eq1={ $\frac{\partial T_1}{\partial vq}$ の計算 → $vq=\dot{q}$ 代入} 線形近似適用

eq2= $\frac{\partial T_1}{\partial q}$ 計算→線形近似

eq3= $\frac{\partial V_1}{\partial q}$ 計算→線形近似

結果**eqq=eq1-eq2+eq3** は式（5･15）の2行目

$$Lgmq(t)+1.0Lm\left(L\frac{d^2}{dt^2}q(t)+\frac{d^2}{dt^2}x(t)\right)=0$$

【例題 5･7】　**図 5･16** に示すように，半径 r，回転軸周りの極回転慣性モーメント I のプーリがロープばね定数 k_2 を介して集中質量 m が吊られている。ラグランジュの方程式から次式の運動方程式を Python で求めよ。

$$\begin{bmatrix} m & 0 \\ 0 & I^2 \end{bmatrix}\begin{bmatrix} \ddot{x} \\ \ddot{\phi} \end{bmatrix}+\begin{bmatrix} k_2 & -k_2r \\ -k_2r & (k_1+k_2)r^2 \end{bmatrix}\begin{bmatrix} x \\ \phi \end{bmatrix}=0 \quad (5･18)$$

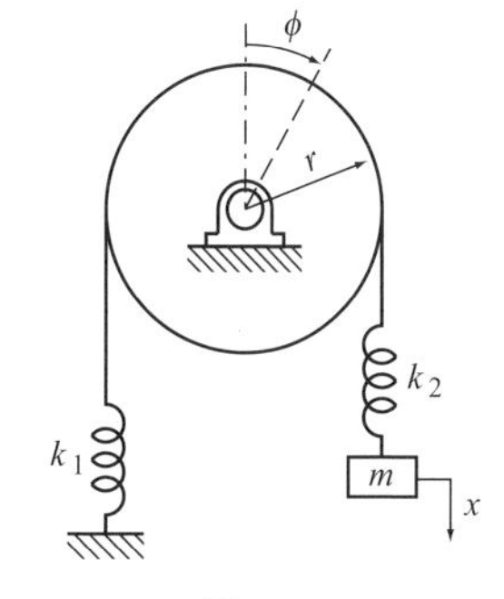

図 5･16

解：運動エネルギー T および位置エネルギー V は次式で定義される。

$$2T = m\dot{x}^2 + I\dot{\phi}^2, \qquad 2V = k_1 y^2 + k_2 (y-x)^2 \quad ただし,\ y = r\phi \tag{5·18 a}$$

以上の準備のもとラグランジュの式を適用し，線形近似を施して，式（5·18）に至る。Python で式（5·18）を導出，確認してみよう。

Python [40]　変数関数定義

```
m,ii,k1,k2,rr,tt,vv,rr,g=sp.symbols('m,ii,k1,k2,rr,tt,vv,rr,g')
vq=sp.Function('vq')
vx=sp.Function('vx')
q=sp.Function('q')
x=sp.Function('x')
y=sp.Function('y')
```

シンボリック変数の定義（$m, k_1, k_2, I, T, V, r, g$）

関数の定義 (変位 x，速度 $v = \dot{x}$)

関数の定義 (変位y) (角変位**vq**$=\phi$，角速度**vq**$=\dot{\phi}$)
(注：ギリシャ文字ϕに対し英字 **q** を対応させている。)

この段階で一般化座標 x，q とその速度のみの表現で，続いてエネルギー式（5·18 a）を定義する。

Python [41]　エネルギー式

```
tt=1/2*m*vx(t)**2+1/2*ii*vq(t)**2
vv=1/2*k1*y(t)**2 + 1/2*k2*(y(t)-x(t))**2
display(tt)
vv1=vv.subs(y(t),q(t)*rr)
display(vv1)
```

$0.5ii\,\mathrm{vq}^2(t) + 0.5m\,\mathrm{vx}^2(t)$

$0.5k_1 rr^2 q^2(t) + 0.5k_2(rrq(t) - x(t))^2$

PAD [41]

エネルギー T, V を前式(5·18 a)に従い定義

V_1←エネルギー V にパラメータ$\{y = r\theta\}$を代入
(この段階で一般化座標 x, q とその速度のみの表現)

このエネルギー式に，下記のようにラグランジュ式を適用して運動方程式（5·18）の 1 行目を得る。

Python [42]　変位 x のラクラジュ式

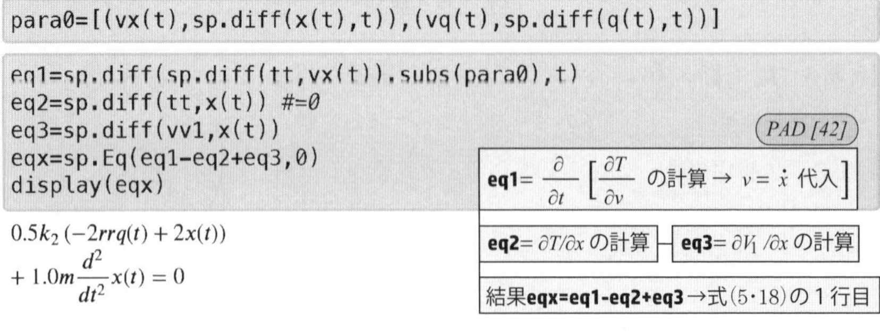


```
para0=[(vx(t),sp.diff(x(t),t)),(vq(t),sp.diff(q(t),t))]
```

```
eq1=sp.diff(sp.diff(tt,vx(t)).subs(para0),t)
eq2=sp.diff(tt,x(t)) #=0
eq3=sp.diff(vv1,x(t))
eqx=sp.Eq(eq1-eq2+eq3,0)
display(eqx)
```

$$0.5k_2(-2rrq(t) + 2x(t)) + 1.0m\frac{d^2}{dt^2}x(t) = 0$$

同様の展開で，運動方程式（5·18）の 2 行目を得る。

Python [44] 回転 $\phi \to q$ のラクランジュ式

```
eq1=sp.diff(sp.diff(tt,vq(t)).subs(para0),t)
eq2=sp.diff(tt,q(t)) #=0
eq3=sp.diff(vv1,q(t))
eqq=sp.Eq(eq1-eq2+eq3,0)
display(eqq)
```

$$1.0ii\frac{d^2}{dt^2}q(t) + 1.0k_1rr^2q(t) + 1.0k_2rr\,(rrq(t) - x(t)) = 0$$

PAD [44]

eq1= $\frac{\partial}{\partial t}\left[\frac{\partial T}{\partial v_q}\right.$ の計算 → $v_q = \dot{q}$ 代入$\left.\right]$

eq2= $\partial T/\partial v_q$ の計算 ─ **eq3**= $\partial V_1/\partial v_q$ の計算

結果**eqq=eq1-eq2+eq3**→式(5·18)の 2 行目

【例題 5·8】 **図 5·17** に示す剛体ロータ系について

① 重心座標（変位 x，傾き θ）に関する運動方程式

$$\begin{bmatrix} m & 0 \\ 0 & I \end{bmatrix}\begin{bmatrix} \ddot{x} \\ \ddot{\theta} \end{bmatrix} + \begin{bmatrix} k_1+k_2 & -l_1k_1+l_2k_2 \\ -l_1k_1+l_2k_2 & -l_1^2k_1+l_2^2k_2 \end{bmatrix}\begin{bmatrix} x \\ \theta \end{bmatrix} = \begin{bmatrix} 1 & 1 \\ -a_1 & a_2 \end{bmatrix}\begin{bmatrix} U_1 \\ U_2 \end{bmatrix} \tag{5·19}$$

② 軸受座標（変位 x_1，x_2）に関する運動方程式

$$\frac{m}{l^2}\begin{bmatrix} l_1^2+r^2 & l_1l_2-r^2 \\ l_1l_2-r^2 & l_1^2+r^2 \end{bmatrix}\begin{bmatrix} \ddot{x}_1 \\ \ddot{x}_2 \end{bmatrix} + \begin{bmatrix} k_1 & 0 \\ 0 & k_2 \end{bmatrix}\begin{bmatrix} x_1 \\ x_2 \end{bmatrix} = \begin{bmatrix} a_1+l_2 & -a_2+l_2 \\ -a_1+l_1 & a_2+l_1 \end{bmatrix}\begin{bmatrix} U_1 \\ U_2 \end{bmatrix} \tag{5·20}$$

ラグランジュの方程式から上式の運動方程式を Python で求めよ。

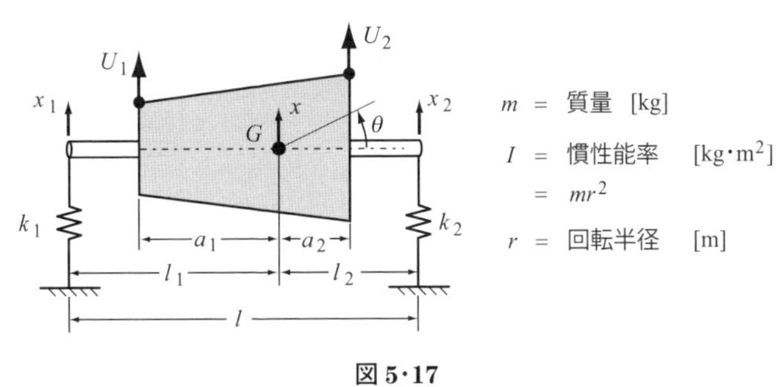

図 5·17

解：運動エネルギー T および位置エネルギー V は次式で定義される。

$$2T = m\dot{x}^2 + I\dot{\theta}^2 \equiv m(\dot{x}^2 + r^2\dot{\theta}^2), \qquad 2V = k_1x_1^2 + k_2x_2^2 \tag{5·21}$$

ただし，$\begin{bmatrix} x_1 \\ x_2 \end{bmatrix} = \begin{bmatrix} 1 & -l_1 \\ 1 & +l_2 \end{bmatrix} \begin{bmatrix} x \\ \theta \end{bmatrix} \equiv T_{22} \begin{bmatrix} x \\ \theta \end{bmatrix}$

$$\begin{bmatrix} x \\ \theta \end{bmatrix} = T_{22}^{\ -1} \begin{bmatrix} x_1 \\ x_2 \end{bmatrix} = \frac{1}{l} \begin{bmatrix} l_2 & l_1 \\ -1 & 1 \end{bmatrix} \begin{bmatrix} x_1 \\ x_2 \end{bmatrix}$$

以上の準備のもとラグランジュの方程式を適用する。一般化座標 x と θ とした場合および x_1 と x_2 とした場合，それぞれ運動方程式は次に形になることは容易に理解される。

$$\begin{bmatrix} m & 0 \\ 0 & I \end{bmatrix} \begin{bmatrix} \ddot{x} \\ \ddot{\theta} \end{bmatrix} + K_G \begin{bmatrix} x \\ \theta \end{bmatrix} \equiv M_G \begin{bmatrix} \ddot{x} \\ \ddot{\theta} \end{bmatrix} + K_G \begin{bmatrix} x \\ \theta \end{bmatrix} = \begin{bmatrix} Q_x \\ Q_\theta \end{bmatrix} \tag{5・22}$$

$$M_{22} \begin{bmatrix} \ddot{x} \\ \ddot{\theta} \end{bmatrix} + \begin{bmatrix} k_1 & 0 \\ 0 & k_2 \end{bmatrix} \begin{bmatrix} x_1 \\ x_2 \end{bmatrix} \equiv M_{22} \begin{bmatrix} \ddot{x} \\ \ddot{\theta} \end{bmatrix} + K_{22} \begin{bmatrix} x_1 \\ x_2 \end{bmatrix} = \begin{bmatrix} Q_1 \\ Q_2 \end{bmatrix} \tag{5・23}$$

まず，式（5・22），（5・23）左辺の未知の行列 K_G および M_{22} を座標変換から求めよう。座標変換は変換行列の転置を前から掛ける合同変換と約束すると，それらは下記のように行列演算のみで求まる。

$$T_{22}^{\ t} \left(\begin{bmatrix} k_1 & 0 \\ 0 & k_2 \end{bmatrix} \begin{bmatrix} x_1 \\ x_2 \end{bmatrix} = K_{22} T_{22} \begin{bmatrix} x \\ \theta \end{bmatrix} \right) = T_{22}^{\ t} K_{22} T_{22} \begin{bmatrix} x \\ \theta \end{bmatrix}$$

→ $K_G \equiv T_{22}^{\ t} K_{22} T_{22}$ → 式(5・22)の剛性行列

$$(T_{22}^{\ -1})^t \left(\begin{bmatrix} m & 0 \\ 0 & I \end{bmatrix} \begin{bmatrix} \ddot{x} \\ \ddot{\theta} \end{bmatrix} = M_G T_{22}^{\ -1} \begin{bmatrix} \ddot{x}_1 \\ \ddot{x}_2 \end{bmatrix} \right) = (T_{22}^{\ -1})^t M_G T_{22}^{\ -1} \begin{bmatrix} \ddot{x}_1 \\ \ddot{x}_2 \end{bmatrix}$$

→ $M_{22} \equiv (T_{22}^{\ -1})^t M_G T_{22}^{\ -1}$ → 式(5・23)の質量行列

Python で確認してみよう。

Python [45]　既知の行列 M_G と K_{22}

```
m,ii,k1,k2,ll1,ll2,ll,tt,vv,rr=sp.symbols('m,ii,k1,k2,ll1,ll2,ll,tt,vv,rr')
mmG=sp.Matrix([[m,0],[0,ii]])
kk22=sp.Matrix([[k1,0],[0,k2]])
print(mmG,"[xG..,qG..]")
print(kk22,"[x1,x2]")
```

```
Matrix([[m, 0], [0, ii]]) [xG..,qG..]
Matrix([[k1, 0], [0, k2]]) [x1,x2]
```

PAD [45]

シンボリック変数の定義（m, I, k_1, k_2, L_1, L_2）

前述の式(5・19)の M_G と式(5・20)の K_{22} を定義

Python [46]　座標変換行列

```
tt22=sp.Matrix([[1,-ll1],[1,ll2]])#座標変換
print("[x1,x2]",tt22,"[xG,qG]")
tt22_t=sp.transpose(tt22)
tt22_inv=tt22.inv()
display(tt22_t)
display(tt22_inv)
```

印字略

PAD [46]

tt22←座標変換行列 T_{22} を定義

tt22_t←転置行列 $T_{22}^{\ t}$ を用意

tt22_inv←逆行列 T_{22}^{-1} を用意

Out [46]

$\mathrm{T}_{22}{}^{t}$ ☞ $\begin{bmatrix} 1 & 1 \\ -ll_1 & ll_2 \end{bmatrix}$　　$\begin{bmatrix} \frac{ll_2}{ll_1+ll_2} & \frac{ll_1}{ll_1+ll_2} \\ -\frac{1}{ll_1+ll_2} & \frac{1}{ll_1+ll_2} \end{bmatrix}$ ☜ $\mathrm{T}_{22}{}^{-1}$

Python [47]　重心座標による運動方程式

```
# eq. of motion of gravity center
display(mmG.subs(ii,m*rr**2))
kkG=tt22_t*kk22*tt22
display(kkG)
```

PAD [47]

剛性行列K_Gを算出 $K_G \equiv T_{22}{}^{t} K_{22} T_{22}$
→式（5·22）に至る。

Out [47]　重心座標による運動方程式

$$\begin{bmatrix} m & 0 \\ 0 & mrr^2 \end{bmatrix} \qquad \begin{bmatrix} k_1+k_2 & -k_1ll_1+k_2ll_2 \\ -k_1ll_1+k_2ll_2 & k_1ll_1^2+k_2ll_2^2 \end{bmatrix}$$

☜ 結果は重心座標の剛性行列 K_G

Python [48]　左右軸受座標による運動方程式

```
# eq. of motion of bearing journals
mm22=sp.transpose(tt22_inv)*mmG*tt22_inv
display(mm22.subs(ii,m*rr**2).subs(ll1+ll2,ll))
display(kk22)
```

PAD [48]

質量行列M_{22}を算出 $M_{22} \equiv (T_{22}{}^{-1})^{t} M_G T_{22}{}^{-1}$
→式（5·23）に至る。

Out [48]

$$\begin{bmatrix} \frac{ll_2^2 m}{ll^2}+\frac{mrr^2}{ll^2} & \frac{ll_1 ll_2 m}{ll^2}-\frac{mrr^2}{ll^2} \\ \frac{ll_1 ll_2 m}{ll^2}-\frac{mrr^2}{ll^2} & \frac{ll_1^2 m}{ll^2}+\frac{mrr^2}{ll^2} \end{bmatrix} \qquad \begin{bmatrix} k_1 & 0 \\ 0 & k_2 \end{bmatrix}$$

☜ 結果は軸受座標の質量行列 M_{22}

一般化力とは作用している外力のことだから

① 重心座標の場合；Q_x＝並進力の和＝U_1+U_2

Q_θ＝重心周りのモーメント＝$-a_1U_1+a_2U_2$ から，式（5·22）の右辺が決まる。

② 軸受座標の場合；Q_1＝左端軸受荷重＝$\dfrac{l_2+a_1}{l}U_1+\dfrac{l_2-a_1}{l}U_1$

Q_2＝右端軸受荷重＝$\dfrac{l_1-a_1}{l}U_1+\dfrac{l_1+a_2}{l}U_2$ から，式（5·23）の右辺が決まる。

5・3　多自由度系の運動方程式

5・3・1　多自由度系

例えば，**図 5・18** に示すような高層ビルの力学モデルとして，各階ごとに一つの質点を対応させると図（b）の多質点モデルがより妥当であろう。各階は鉄筋部材のばねで結ばれていると考えられ，図（c）のような質量・ばねで連結された多自由度系で解析される。このような系は実機の振動解析で多用される有限要素法用法の概念であり，その一端をここで体験する。

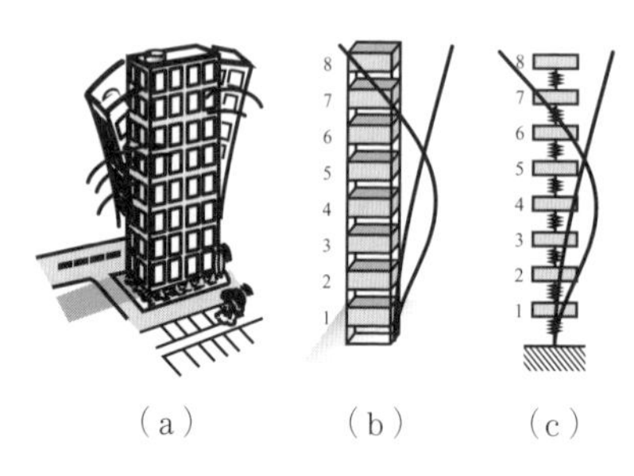

図 5・18　多自由度振動系

5・3・2　2 自由度系の運動方程式

はじめに**図 5・19** に示す 2 自由度系を考え，運動方程式の行列表現を説明する。質量 m_1 と m_2 の変位 x_1 と x_2 と記す。同下図に，各質量に作用するばね反力が図解されている。この図に沿って運動方程式を立てると次式となる。

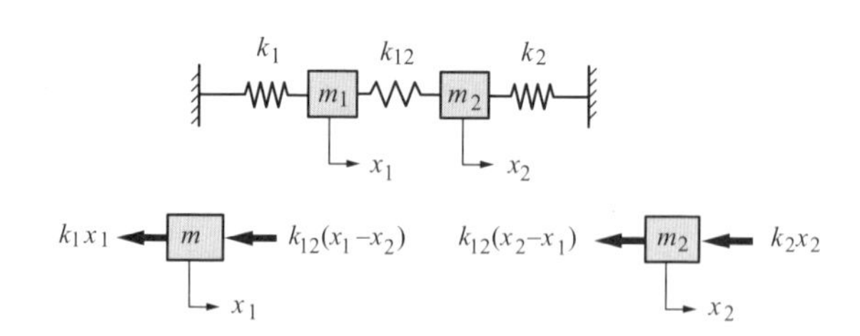

図 5・19　自由度振動系

$$m_1\ddot{x}_1 = -k_1x_1 - k_{12}(x_1 - x_2), \qquad m_2\ddot{x}_2 = -k_{12}(x_2 - x_1) - k_2x_2$$

$$\therefore \quad m_1\ddot{x}_1 + (k_1 + k_{12})x_1 - k_{12}x_2 = 0, \qquad m_2\ddot{x}_2 = (k_{12} + k_2)x_1 - k_{12}x_1$$

変位ベクトル $x = [x_1 \quad x_2]^t$ として，上式を行列で書いて

$$M\ddot{X} + KX = 0 \tag{5・24}$$

ただし，$M=\begin{bmatrix} m_1 & 0 \\ 0 & m_2 \end{bmatrix}$ = 質量行列（各質点の質量を対角に配置）

$K=\begin{bmatrix} k_1+k_{12} & -k_{12} \\ -k_{12} & k_2+k_{12} \end{bmatrix}$ = 剛性行列

剛性行列 K は 2 種類のばね要素で成り立ち，この例が示すようにその作り方には下記の規則性が見出される。

① 質点と地面を結ぶばね（k_1 や k_2）：剛性行列の中で，当該節点 1 や 2 に対応する対角要素のみに当該ばね定数を追加加算する。

② 質点同士を結ぶばね（k_{12}）：当該 2 節点，例えば 1 や 2 に対応する対角要素に当該ばね定数をプラスで追加加算し，かつ非対角の連結要素（1,2）や（2,1）にはマイナスで追加減算する。

このようにして，剛性行列が自動的に完成する。この操作を「重畳」という。

5・3・3　多自由度系運動方程式の行列

前述の 2 自由度系から推して，**図 5・20** に示すような多自由度系の運動方程式の一般形が，減衰行列 D も含めて次式で表される。

$$M\ddot{x}(t)+D\dot{x}(t)+Kx(t)=Bf(t) \qquad y(t)=Cx(t) \tag{5・25}$$

ただし，B = 入力行列，$f(t)$ = 外力/入力，C = 出力行列，

$y(t)$ = 振動観測出力センサ

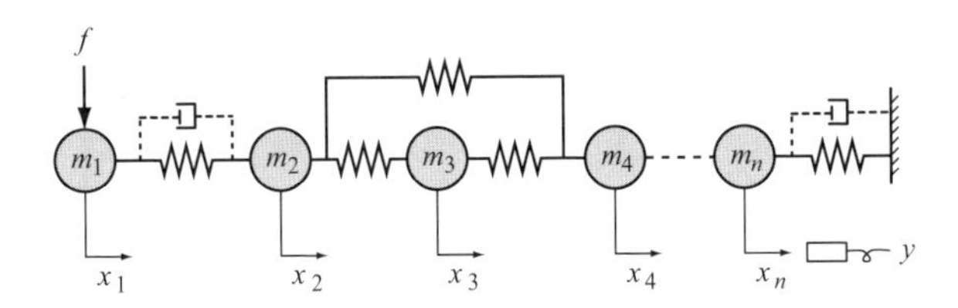

図 5・20　多自由度振動系の質量・ばね要素

つぎに，実務で見聞する有限要素法の大型計算プログラムの動きをまねて，各行列を作成するためのマニュアルを以下の 7 段階にて説明する。

① 節点（質点）の数 n：図 5・20 にように，始めに各質点に節点番号を付す。この節点番号に沿って変位ベクトルや行列の i 行 j 列の順番が決まる。

② 変位ベクトル $x=[x_1 \quad x_2 \quad \cdots \quad x_n]^t$：列ベクトル定義する。

③ 質量行列 $M=\mathrm{diagonal}[m_1 \quad m_2 \quad \cdots \quad m_n]$：質点の質量を対角に配置

④ 剛性行列 K：はじめに $K(n,n)$ 要素をゼロクリアしておく。その後，各ばね要素を順次読み，重畳操作「対角にプラス/プラス，必要なら非対角にはマイナス/マイナス」で全系の剛性行列を完成させる。

⑤ 減衰行列 D：剛性行列と同じ要領で，減衰要素を読込み，重畳操作で全系の減衰行列を完成させる。

⑥ 入力行列 B：外力の作用する節点が 1, それ以外は 0 を要素とする列行列。

⑦ 出力行列 C：センサの位置する節点が 1，それ以外は 0 の行行列。

【例題 5･9】　① **図 5･21** の系の剛性行列を重畳操作で完成させよ。

解：

$$K=\begin{bmatrix}0&0&0\\0&0&0\\0&0&0\end{bmatrix}+\begin{bmatrix}k_1&0&0\\0&0&0\\0&0&0\end{bmatrix}+\begin{bmatrix}k_2&-k_2&0\\-k_2&k_2&0\\0&0&0\end{bmatrix}+\begin{bmatrix}0&0&0\\0&k_3&-k_3\\0&-k_3&k_3\end{bmatrix}+\begin{bmatrix}k_4&0&-k_4\\0&0&0\\-k_4&0&k_4\end{bmatrix}$$

$$=\begin{bmatrix}k_1+k_2+k_4&-k_2&-k_4\\-k_2&k_2+k_3&-k_3\\-k_4&-k_3&k_3+k_4\end{bmatrix}$$

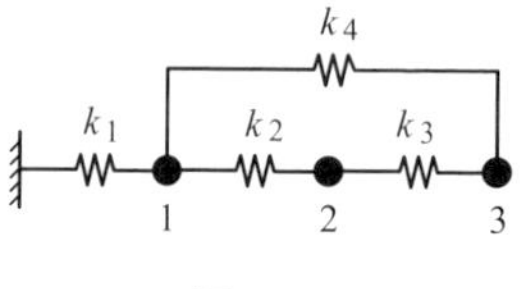

図 5･21

② **図 5･22** の系の剛性行列を重畳操作で完成させよ。

解：

$$K=\begin{bmatrix}0&0&0\\0&0&0\\0&0&0\end{bmatrix}+\begin{bmatrix}0&0&0\\0&0&0\\0&0&k_1\end{bmatrix}+\begin{bmatrix}k_2&0&-k_2\\0&0&0\\-k_2&0&k_2\end{bmatrix}+\begin{bmatrix}k_3&-k_3&0\\-k_3&k_3&0\\0&0&0\end{bmatrix}+\begin{bmatrix}0&0&0\\0&k_4&-k_4\\0&-k_4&k_4\end{bmatrix}$$

$$=\begin{bmatrix}k_2+k_3&-k_3&-k_2\\-k_3&k_3+k_4&-k_4\\-k_2&-k_4&k_1+k_2+k_4\end{bmatrix}\begin{bmatrix}x_1\\x_2\\x_3\end{bmatrix}$$

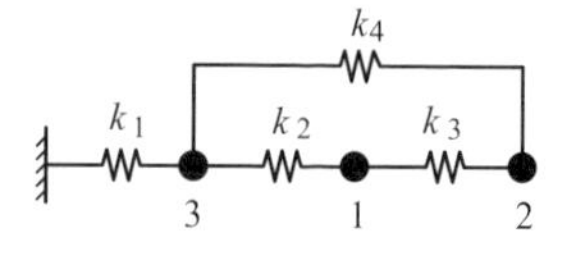

図 5･22

5・4　多自由度系のモード分離

5・4・1　固有値問題と固有ペア

式（5・25）で，不減衰系の場合

$$M\ddot{x}+Kx=Bf(t) \qquad y(t)=Cx(t) \tag{5・26}$$

で，外力 $f(t)=0$ に対応する自由振動解を

$$x=\phi e^{j\omega_n t} \qquad \text{ただし，}\omega_n\text{：固有振動数，}\phi\text{：固有モード} \tag{5・27}$$

とおく。上式を式（5・26）に代入して，固有値問題は

$$\omega_n^2 M\phi=K\phi \rightarrow \omega_n^2\phi=M^{-1}K\phi \tag{5・28}$$

となり，固有値 ω_n^2 と固有ベクトル ϕ の固有ペアを l 個求める。

$$(\omega_n^2 \quad \phi) \Rightarrow (\omega_1^2 \quad \phi_1),(\omega_2^2 \quad \phi_2),(\omega_3^2 \quad \phi_3),\cdots,(\omega_l^2 \quad \phi_l) \tag{5・29}$$

次元数 n の数は通常大きいので，それよりは小さい $n\geq l$ 個だけ求める。

5・4・2　直　交　性

質量行列 M と剛性行列 K は正定値で実対称行列であるので，固有値 $\omega_n^2>0$ である。と同時に，固有ベクトルは実数，固有ベクトル同士は質量行列および剛性行列を介して直交している。すなわち，

$$\phi_i^t M\phi_j=\begin{cases}=0 & \text{for} \quad i\neq j\\ \neq 0 & \text{for} \quad i=j\end{cases}, \qquad \phi_i^t K\phi_j=\begin{cases}=0 & \text{for} \quad i\neq j\\ \neq 0 & \text{for} \quad i=j\end{cases} \tag{5・30}$$

固有ベクトルを横に並べて作ったモード行列 Φ を定義する。

$$\Phi=[\phi_1 \quad \phi_2 \quad \cdots \quad \phi_l] \qquad (n\times l) \tag{5・31}$$

モード行列 Φ を用いて質量行列と剛性行列に対して合同変換を施すと，先の直交条件よりその結果は対角行列に帰着する。

$$\Phi^t M\Phi=\text{diagonal}[m_1^* \quad m_2^* \quad \cdots \quad m_l^*]\equiv M^* \tag{5・32}$$

$$\Phi^t K\Phi=\text{diagonal}[k_1^* \quad k_2^* \quad \cdots \quad k_l^*]\equiv K^* \tag{5・33}$$

ただし，$m_i^*=\phi_i^t M\phi_i$ ＝モード質量　　$k_i^*=\phi_i^t K\phi_i$ ＝モード剛性 $=\omega_i^2 m_i^*$

数学的には固有ベクトル，振動工学では固有モードという。系の一端から機械を正弦波加振したとき，加振周波数が系の固有振動数に一致すると共振が発生し，系は対

応する固有モード形状の振動が卓越する。しかし一般状況では，系の任意の応答はこれら固有モードの線形和でもって表される。これが次にモード座標への変換の根拠を与える。

5·4·3　モード分離

物理座標 x から，各モード形状がいくら振れているかの重み値であるモード座標 η への変換を次式の線形和で定義する。

$$x(t) \equiv \begin{bmatrix} x_1 \\ x_2 \\ \vdots \\ x_n \end{bmatrix} = \phi_1\eta_1 + \phi_2\eta_2 \cdots \phi_l\eta_l = [\phi_1 \quad \phi_2 \quad \cdots \quad \phi_l] \begin{bmatrix} \eta_1 \\ \eta_2 \\ \vdots \\ \eta_l \end{bmatrix} = \Phi\eta(t) \qquad (5·34)$$

上式を運動方程式（5·26）の不減衰系に代入して，かつモード行列の転置を前からかける。前述の M-K 行列を介する直交条件を適用して，モード座標に関する運動方程式は次式となる。

$$M^*\ddot{\eta}(t) + K^*\eta(t) = B^*f(t) \qquad (5·35)$$

$$y(t) = C^*\eta(t)$$

ただし，入力係数 $B^* = \Phi^t B = [\cdots \quad B_i^* = \phi_i^t B \quad \cdots]$

出力係数 $C^* = C\Phi = [\cdots \quad C_i^* = C\phi_i \quad \cdots]$

モード質量行列 M^* とモード剛性行列 K^* は対角行列となり，モード間の連成は消え，モード分離される。これら * 印の量をモードパラメータという。よって，入力側の外力 $f(t)$ から出力 $y(t)$ への関連は，モードごとの伝達関数の並列和で表現される。

$$\frac{Y(s)}{F(s)} = \sum_{i=1}^{l} \frac{C_i^* B_i^*}{m_i^* s^2 + k_i^*} = \sum_{i=1}^{l} \frac{C_i^* B_i^*}{m_i^*(s^2 + \omega_i^2)} \qquad (5·36)$$

【例題 5·10】　**図 5·23** に示す 3 質点系（粘性減衰無視）について，次の手順でモード解析を吟味せよ。

① 質量行列 $M = \begin{bmatrix} 20 & 0 & 0 \\ 0 & 6 & 0 \\ 0 & 0 & 9 \end{bmatrix}$ と剛性行列 $K = \begin{bmatrix} 80 & -60 & 0 \\ -60 & 78 & -18 \\ 0 & -18 & 36 \end{bmatrix}$ を確認せよ。

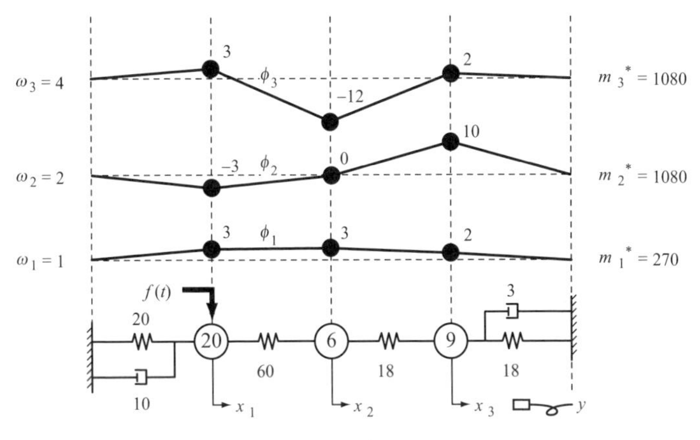

図 5・23　3 質点系と固有モード

② 固有値問題を解き，同図に示す値と固有振動数と固有モードを確認せよ。

③ 固有ベクトルが M および K 行列を介し直交していることを確認せよ。

④ モードパラメータを求め，モード伝達関数（**図 5・24**）を求めよ。

⑤ 外力 $f(t)$ からセンサ $y(t)$ への直結伝達関数を求め，それを部分分数展開すると図 5・24 に示す 3 つのモード別伝達関数に一致することを確認せよ。

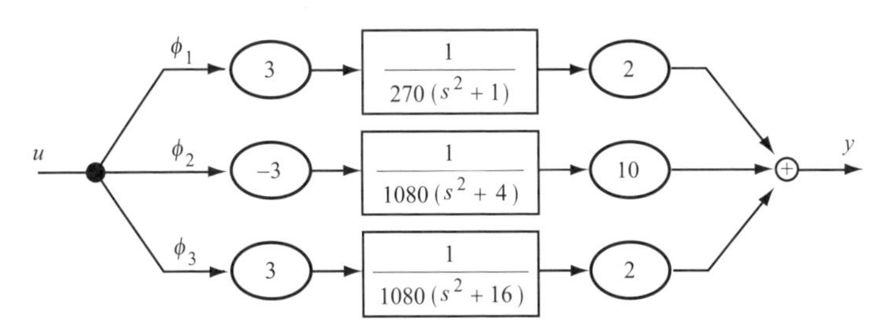

図 5・24　モード別伝達関数

解：この順に Python で確認してみよう。ここでは（1）行列定義で数値が具体的決まっている場合は np.array で定義し，また，（2）行列が $s=jw$ などの変数を含む場合は sp.Matrix で定義する。このことに留意して以下を読まれたい。

Python [49]　解① 質量と剛性の行列

```
mm=np.diag([20,6,9])  #np.arrayの行列では、いく先のmm*s^2の逆行列が取れな
kk=np.array([[80,-60,0],[-60,78,-18],[0,-18,36]])
display(mm,kk)
```

Out [49]

```
array([[20,  0,  0],    array([[ 80, -60,   0],
       [ 0,  6,  0],           [-60,  78, -18],
 [M] ☞[ 0,  0,  9]])   [K] ☞[  0, -18,  36]])
```

PAD [49]

質量行列 M,
剛性行列 K,
減衰行列 Dを
np.arrayで数値定義

Python [50] 入力と出力の行列

```
bin=np.array([1,0,0])
cout=np.array([0,0,1])
display(bin,cout)
```

PAD [50]

入力行列Binと出力行列$Cout$を**np.array**で数値定義

Out [50] *Bin*=array([1, 0, 0]) *Cout*=array([0, 0, 1])

Python [51] で，M-K なる不減衰系の固有値問題を解く。

Python [51] 解② 固有値計算

```
mm_inv=np.linalg.inv(mm)
wn2,vect0=np.linalg.eig(np.dot(mm_inv,kk))
print(wn2)
display(vect0)
```

ω_n^2 =[46, 1, 4]

PAD [51]

mm_inv=M^{-1}の定義

$M^{-1}K$ の固有値問題を
np.linalg.eigで解く
→ **wn2**=固有値ω_n^2，
vect0=固有ベクトル

Out [51]

array

ϕ_3	ϕ_1	ϕ_2
-2.39e-01	-6.39e-01	-2.87e-01
9.57e-01	-6.39e-01	3.15e-16
-1.59e-01	-4.26e-01	9.57e-01

Python [52] で，固有ベクトルの大きさを図 5·23 のように見やすく調整する。

Python [52] 固有ベクトルの規格化

```
keisu=np.array([[2/vect0[2,0],0,0],[0,2/vect0[2,1],0],[0,0,10/vect0[2,2]])
vect=np.dot(vect0,keisu)
display(vect)
vectt=vect.T
```

PAD [52]

固有ベクトルの大きさ補正する係数行列**keisu**
→ **Φ=vect=keisu. vect0**
vect0の1/2/3列目をそれぞれ3/3/3番目要素で割り、かつ2/2/10倍した結果は図5·23の振れに一致

vectt= モード行列Φの転置Φ^t を用意

Out [52]

array

ϕ_3	ϕ_1	ϕ_2
3	3	-3
-12	3	0
2	2	10

Python [53] で，不減衰系の直交条件を確認しよう。

Python [53] 解③ 質量行列と剛性行列の直交性

```
mms=np.dot(np.dot(vectt,mm),vect)
kks=np.dot(np.dot(vectt,kk),vect)
display(mms,kks)
```

PAD [53]

モード行列による合同変換式(5·32-33)を実施
→直交条件に照らし**mms, kks**の非対角項=0を確認

結果：mms=diagonal [1080, 270, 1080]

kks=diagonal [17280, 270, 4320]=mms × [16,1,4]

Python [54] で，モード座標系の入出力行列を再定義する。

Python [54] 解④ モード座標での入力 / 出力行列

```
bin3=np.dot(vectt,bin)
cout3=np.dot(cout,vect)
print(bin3)
print(cout3)
```

PAD [54]

bin3=[3, 3, -3]←入力行列$B^* = \Phi B^t$

cout3=[2, 2, 10]←出力行列$C^* = C\Phi$

Out [54] bin3=[3, 3, -3] cout3=[2, 2, 10]

よって，不減衰 M-K 系において，モード次数 1/2/3 次に対して，Python の順番で i=1/2/0 と置き，質量 mms[i]，ばね kks[i]，入力係数 bin3[i]，出力係数 cout3[i] を呼び出して，モーダル応答式（5·36）やそれを図にしたモーダルモデル図 5·24 が首肯される。このように，モード解析とは複雑な系を単純な単振動系の並列和と解釈する方法である。このことは，下記の M-K 系伝達関数 $G(s) \equiv y/f = C(Ms^2+K)^{-1}B$ の部分分数展開 factor → apart からも確認できる。

Python [55] で，モード解析とは単振動系の並列和（図5·24）であることを再確認しよう。

Python [55] 解⑤ 不減衰系の伝達関数 $G(s)$

シンボル変数リストアップ

```
s=sp.var('s')
gg_inv=sp.Matrix(mm*s**2+kk).inv()
gg=(np.dot(np.dot(cout,gg_inv),bin)).factor()
print(sp.apart(gg))
```

PAD [55]

逆行列$G(s)^{-1} \equiv (Ms^2+K)^{-1}$の計算

Out [55]
```
1/(180*(s**2 + 16))
- 1/(36*(s**2 + 4))
+ 1/(45*(s**2 + 1))
```

伝達関数$G(s) \equiv y/f = C \times G(s)^{-1} \times B$の計算
部分分数展開**apart**を表示
→図式で表して図5·24に相当

5·5 モード解析

5·5·1 モーダルモデル

つぎに減衰要素を考慮して加振応答を考えよう。図 5·23 に示す系における減衰行

列 D は下記に示す行列である。これに対しモード行列 Φ による合同変換 $D^*=\Phi^t D\Phi$ を施しても，対角行列にはならない。しかし，応答解析の実際では，これを対角行列と近似して進める場合が多い。幸いに，設計的にはそれで十分であることが多い。

$$D=\begin{bmatrix}10&0&0\\0&0&0\\0&0&3\end{bmatrix}\rightarrow D^*=\Phi^t D\Phi=\begin{bmatrix}102&-30&102\\-30&390&-30\\102&-30&102\end{bmatrix}$$

$$\rightarrow D^*\approx\begin{bmatrix}102&0&0\\0&390&0\\0&0&102\end{bmatrix} \tag{5·37}$$

ここで，Python で式（5·37）の行列演算を確認する。

Python [56]　減衰行列の直交性を近似　　*PAD [56]*

```
dd=np.diag([10,0,3])
dds=np.dot(np.dot(vectt,dd),vect)
display(dd,dds)
```
☜式(5.37)

$D^*=\Phi^t D\Phi$ の計算
ただし、**dds**=D^*=
(**vectt**= Φ^t)×(**dd**=D)×(**vect**= Φ)

$D^*=\Phi^t D\Phi$ の計算。ただし，dds $=D^*=$ vectt $=\Phi^t$　dd $=D$　vect $=\Phi$

質量・剛性行列の対角項だけに注目する不減衰系のモード座標の運動方程式（5·35）を，減衰系の場合も式（5·37）のように対角化可能と仮定して，近似モード減衰行列 D^* を付け加える。

$$M^*\ddot{\eta}(t)+D^*\dot{\eta}(t)+K^*\eta(t)=B^*f(t) \tag{5·38}$$

$$y(t)=C^*\eta(t)$$

ただし，$D^*\equiv\text{diagonal}[d_1^*\quad d_2^*\quad\cdots\quad d_l^*]$，$d_i^*\equiv\phi_i^t D\,\phi_i\equiv 2\,\zeta_i\,\omega_i\,m_i^*$

実測値や経験値からモード減衰比 ζ_l を決め，上式から D^* を定義してもよい。

よって，式（5·36）に減衰項を追加したモード別伝達関数は次式で表される。

$$\frac{Y(s)}{F(s)}=\sum_{i=1}^{l}\frac{C_i^*B_i^*}{m_i^*s^2+d_i^*s+k_i^*}=\sum_{i=1}^{l}\frac{C_i^*B_i^*}{m_i^*(s^2+2\zeta_i\,\omega_i\,s+\omega_i^2)} \tag{5·39}$$

対応する入出力関係は，**図 5·25** のブロック線図に示す 2 次系伝達関数の並列和である。2 次系の伝達関数にはそれぞれの単振動系が対応するので，力学モデルで描くと**図 5·26** のようになる。

結局，図 5·20 の n 次元多自由度系は図 5·26 に示す 1 個の単振動系の集合に置き換

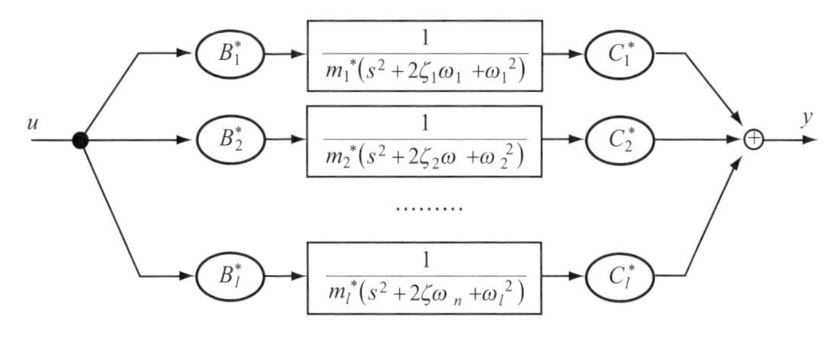

図 5・25 モード別伝達関数

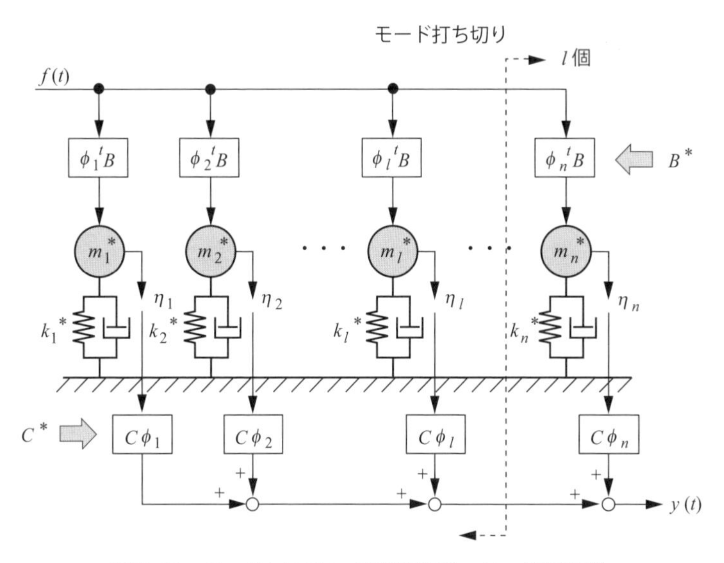

図 5・26 モーダルモデル（規準座標系，モード座標系）

えられたことを意味する。これが，多自由度系の縮小モーダルモデルで，このモデルを用いた外力に対する応答解析がモーダル解析である。

5・5・2 周波数応答

モーダルモデルを用いて，入力に正弦波状の加振力が作用している場合の定常振動（機械では強制振動の共振曲線，制御・電気では周波数応答）の応答振幅を解析する。入力加振力

$$f(t) = f_0 \sin \omega t \tag{5・40}$$

に対する出力センサの定常応答を

$$x(t)=a_0 \sin(\omega t+\varphi) \tag{5・41}$$

とする。振幅 a と位相差 φ に注目した次式を複素振幅という。

$$A=ae^{j\varphi} \tag{5・42}$$

周知のように，複素振幅は伝達関数 $G(s)$ に $s=j\omega$ を代入した次式で計算される。

$$A=G(j\omega)f_0 \tag{5・43}$$

伝達関数は厳密には式（5・25）から

$$G(s)=C(Ms^2+Ds+K)^{-1}B \tag{5・44}$$

まず，厳密な伝達関数である上式による応答を Python で求めてみよう。

Python [57] 厳密な伝達関数の定義

```
gg_inv=sp.Matrix(mm*s**2+dd*s+kk).inv()
gg=(np.dot(np.dot(cout,gg_inv),bin)).factor()
print(gg)
```

PAD [57]

伝達関数 **gg_inv** : $G_o(s)=(Ms^2+Ds+K)^{-1}$

伝達関数 **gg** : $G(s)=(C_{out}\times$**gg_inv**$)\times B_{in}$

結果： 6/(6*s**6 + 5*s**5
+ 127*s**4 + 85*s**3
+ 517*s**2 + 182*s + 384)

Python [58] 伝達関数の応答曲線（厳密解）

PAD [58]

```
ggw=10**3*(gg.subs(s,1j*w))
zu53=my_fxplot(abs(ggw),'w',0,5,[1,0,0]);
plt.ylim(0,60)
```

☞ 図 5・28 包絡線

周波数応答関数**ggw**: $G(j\omega)$

FRA応答振幅**abs(ggw)**表示
→図5・28「厳密」に一致

【例題 5・11】 例題 5・10 の続き

式（5・37）を参照し，モード減衰比 ζ を求め，$f_0=1$ のもと共振曲線のピーク値を以下の手順で推定する。

⑥ 1 次から 3 次までのモード減衰比の近似値 $\zeta=\dfrac{D^*(i,i)}{2\,\omega_i m_i^*}=$ [0.19　0.09　0.012] を求め，モーダルモデル**図 5・27** を確認せよ。

⑦ 同図から，次数ごとに個別にモード別伝達関数を求め，3 本個別に近似共振曲線（**図 5・28**）を描け。

⑧ モードごとに求めた近似共振ピークは，厳密曲線のピークによく一致することを確認せよ。

⑨ 図 5・27 に示す 3 つの単振動系から，3 本の共振曲線ピーク値を次式で推定を確認せよ。

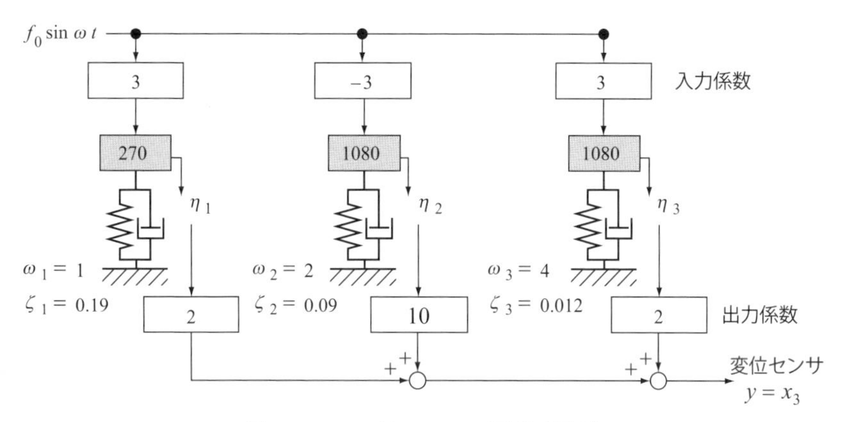

図 5・27　モーダルモデル（規準座標系）

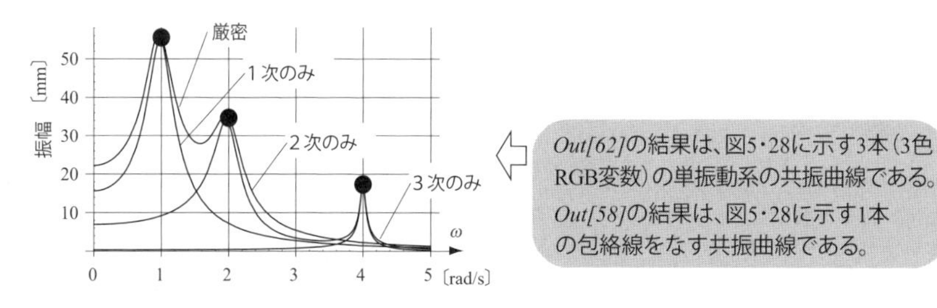

図 5・28　周波数応答振幅曲線と
共振ピーク推定

$$a_{\text{peak}} = \frac{B_i^* C_i^*}{k_i^*} f_0 Q_i \qquad \text{where } Q_i = 1/(2\zeta_i) \tag{5・45}$$

推定値は図 5・28 のピーク値によく一致することを確認せよ。

解：先の厳密な振幅曲線を各モードに分離した近似応答曲線 3 本と比較してみよう。

Python [60]　解⑥　3 単振動系のモーダル量

```
mms3=np.array([mms[0,0],mms[1,1],mms[2,2]])
kks3=np.array([kks[0,0],kks[1,1],kks[2,2]])
dds3=np.array([dds[0,0],dds[1,1],dds[2,2]])
print(np.sqrt(kks3/mms3))
print(dds3/2/np.sqrt(mms3*kks3))
```

PAD [60]

3個の固有モードに対し下記を定義
モード質量**mms3**
モード剛性**kks3**
モード減衰**dds3**
固有振動数 **wn3=√(kks3/mms3)**
減衰比 **zn3=dds3/2/√(mms3×kks3)**

Out [60]

```
[4. 1. 2.] ← wn3
[0.012  0.19  0.09] ← zn3
```

Python [61]　解⑦　モード別伝達関数

```
eq3=(10**3)*sp.Matrix([cout3*bin3/(mms3*s**2+dds3*s+kks3)])
print(eq3[0])
print(eq3[1])
print(eq3[2])
eq3w=eq3.subs(s,1j*w)
```
PAD [61]

```
6000/(1080*s**2 + 102*s + 17280)
6000/(270*s**2 + 102*s + 270)
-30000/(1080*s**2 + 390*s + 4320)
```

基本伝達関数
eq3=10^3 ***cout*bin** (**mms3***s^2+**dds3***s+**kks3**)
(注: 中身は3本の関数)

Python [62]　解⑧　モード別共振曲線

```
my_show([zu53])
my_fxplot(abs(eq3w[0,0]),'w',0,5,[0,1,0]);
my_fxplot(abs(eq3w[0,1]),'w',0,5,[0.5,0,0]);
my_fxplot(abs(eq3w[0,2]),'w',0,5,[0,0,1]);
```
PAD [62]

|**eq3w**|を表示 → 図5·28の
RGB変数を使って3色曲線

Python [63] で，3 個のピーク値を近似予測する。

Python [63]　解⑨　共振ピーク値推定

```
zn3=dds3/mms3/np.array([4,1,2])/2 #to check 3 peaks
qqn3=1/(2*zn3)
apeak3=10**3*qqn3*bin3*cout3/kks3
print(zn3,apeak3)
```
PAD [63]

減衰比 $\zeta = d/(2m\omega_n)$ 算出
Q値＝$1/(2\zeta)$に換算
ピーク値＝$Q\times10^3$***bin3*cout3/kks3**

```
[0.0118, 0.189, 0.0903]←ζ
[ 14.70 58.82 -38.46] ⟵ ピーク値
```

これらの簡易推定ピーク値（図5·28●印）は厳密曲線のピークによく一致している。

5·5·3　過　渡　応　答

入力 $f(t)$ に対する過渡応答 $y(t)$ の計算では，s 領域の式（5·38）に示すモーダルモデルが便利である。例えば，インパルス入力 $f(t)$ はラプラス変換すると $F(s)=1$ だから，インパルス応答とは伝達関数自体のラプラス逆変換が便利である。しかし，Python のラプラス逆変換機能は弱いので，同機能の私設関数 my_gs2ft を使っている。

【例題 5·12】　例題 5·11 の続き

⑩　インパルス応答波形（**図 5·29**）を求めよ。

⑪　インパルス応答波形に対し FFT 解析を行い，振動スペクトル（図 5·28 相当）を求め，スペクトルピークから固有振動数 $\omega_n=[1\quad 2\quad 4]$ rad/s＝[0.16　0.32

0.64]Hz を確認せよ。

解 ⑩：伝達関数を私設関数 `gs2gt` に代入し，計算で応答波形を求めよう。

Python [64]　インパルス時間波形

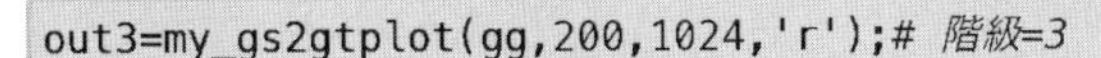

```
out3=my_gs2gtplot(gg,200,1024,'r');# 階級=3
```

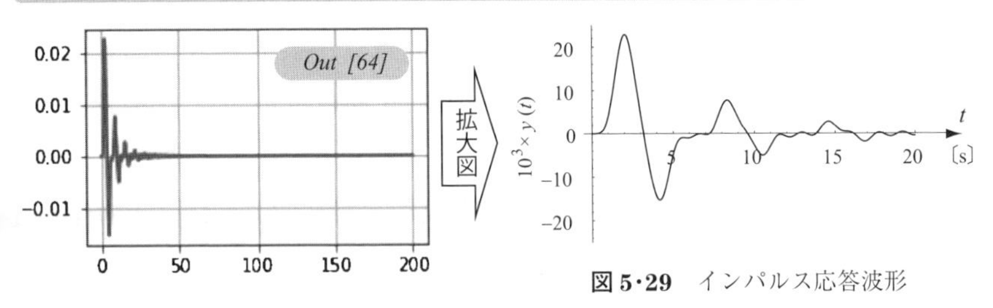

図 5·29　インパルス応答波形

Python [65]　インパルス応答波形の時間軸拡大図

```
my_gs2gtplot(gg,30,1024,'r');
plt.xlim(0,30)
```

この拡大図に見られるように，低周波数の大きな揺れの上に，高周波数成分の微少な揺れが観察される。それは，6/10 Hz＝3.8 rad/s であると推定される。FFT をとり，仔細を調べてみよう。上の過渡応答計算では，引数にて 200 s を 1024 点で描画を指示したので，出力波形データ `out3` には 1 行目に時間，2 行目に波形のそれどれのサンプリング値が入っている

解 ⑪：波形を FFT に掛け固有振動数を確認する。はじめに，データの内容と FFT 設定条件の整合性をチェックしよう。

Python [66]　FFT(サンプル数とサンプリング時間)

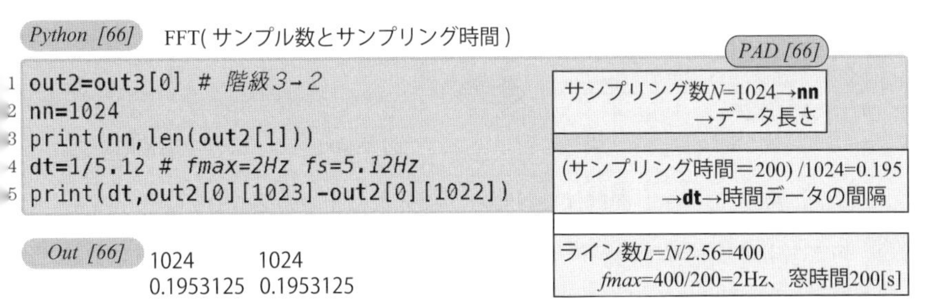

```
1 out2=out3[0] # 階級3-2
2 nn=1024
3 print(nn,len(out2[1]))
4 dt=1/5.12 # fmax=2Hz fs=5.12Hz
5 print(dt,out2[0][1023]-out2[0][1022])
```


Out [66]

```
1024        1024
0.1953125   0.1953125
```

L3　`print(nn…)`：この時刻歴応答データ `out2` の長さと FFT サンプリング総数との一致を確認。→印字 1024

L5　`print(dt…)`：この時刻歴応答データ `out2` の時間刻みと FFT サンプリング時間との一致を確認。→印字 0.1953...

以上の準備のもと，FFT 分析を行った。

Python [67]　FFT 解析 (Hz)

```
dfta=abs(np.fft.fft(out[1]))# amplitude
dftf=np.fft.fftfreq(nn,d=dt)# frequency

nmax=int(nn/2.56)#nmax=400*2=800Lines
print(nmax)
plt.plot(dftf[0:nmax],dfta[0:nmax],color='b')
plt.xlim(0,2)
```

400

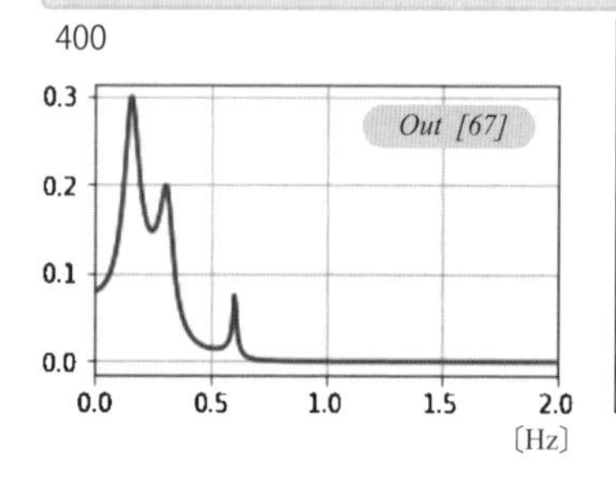

PAD [67]

波の値**out[1]**をFFT(**np.fft.fft**)に入力
→振幅値(**abs**)を**dfta**に格納

(サンプル数**nn**=1024,サンプル時間dt)を入力して
FFT（**np.fft.fftfreq**）で周波数軸を設定→**dftf**に格納

横軸の描画ライン数(表示個数 **nmax=nn**/2.56=400) 設定

FFT結果を範囲[0:**nmax**]にてグラフ表示(横軸Hz)

FFT 結果を rad/s 表示に変更する。

Python [68]　FFT 結果 (rad/s)

```
L1 plt.plot(dftf[0:nmax]*2*np.pi,dfta[0:nmax],color='b')
L2 plt.xlim(0,2*2*np.pi) #[1,2,4]微妙にずれあり
L3 plt.xlim(0,5)
```

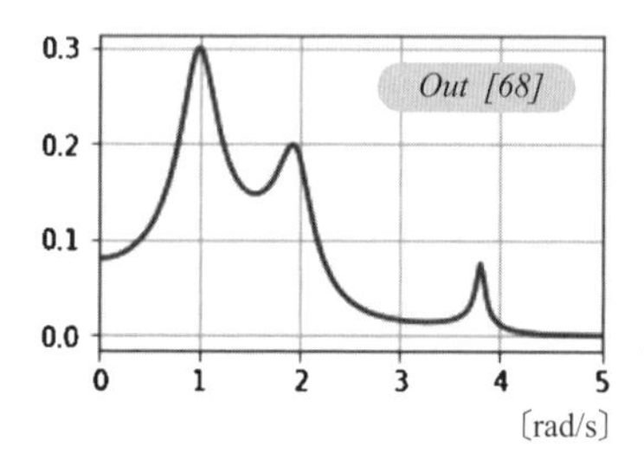

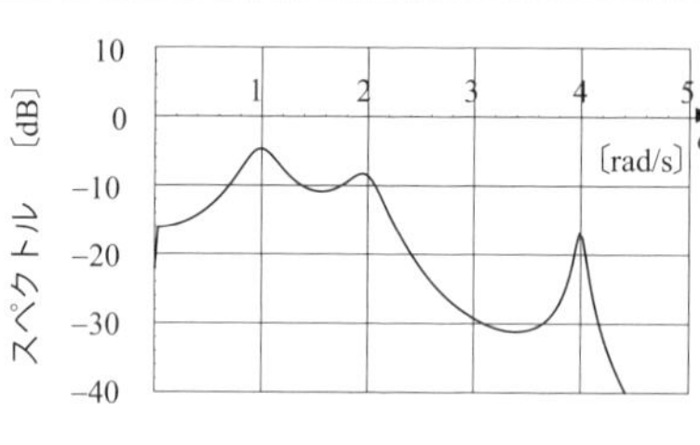

図 5·30　インパルス応答波形の FFT

この *Out [68]* の結果は 興味深い。ピーク周波数は正解の**図 5·30** のように設定固有値 wn = {1,2,4} に一致するはずである。しかし，仔細に観察すると $\omega_n = 2$ や $\omega_n = 4$ のはずが，少しだけ無視できない程度に低めに目減りしている。*Pyton [64]* に見るように時刻歴応答計算の時間刻み = 200/1200 = 0.17〔s〕。一方，3 次固有振動数周期 = $2\pi/4$ = 1.57〔s〕で，この 3 次成分の計算では 1.57/0.17 = 9.23 分割/1 サイクルということで，粗いために生じた誤差である。少なくとも 20 分割以上に細かくすれば，この周波数の目減りは改善される。

5・6 非線形振動解析

5・6・1 非線形系の平均法による近似解

非線形自由振動の運動方程式が次式で与えられるとする。

$$\ddot{x}+\omega_n{}^2x+\epsilon f(x,\dot{x})=0 \tag{5・46}$$

ここで，ε は小さい値であって ϵf $(x,\dot{x})$ は非線形関数であり，非線形性は小さいことを示している。ここで得られた近似解法は，ϵf $(x,\dot{x})$ が線形関数でももちろん利用でき，また**図 5・31** に図解するように反力 ϵf $(x,\dot{x})$ のフィードバック系一般にも適用できる。

さて，$\varepsilon=0$ の場合の線形不減衰系の解を基本として下記のように近似解をおく。

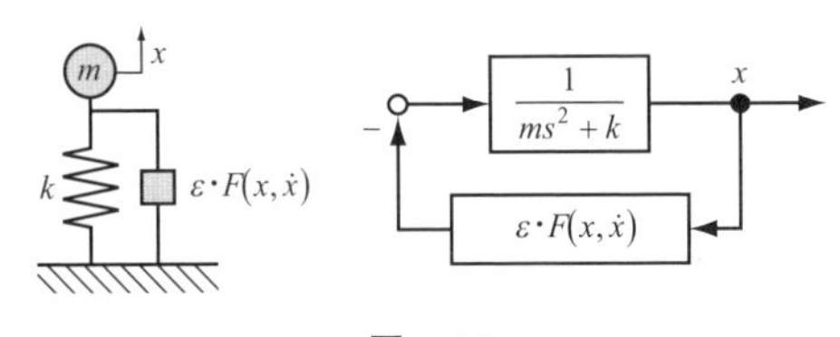

図 5・31

$$x=a\sin(\omega_n t+\varphi)=a\sin\phi \qquad ただし，\phi=\omega_n t+\varphi \tag{5・47}$$

a と ϕ は，$\varepsilon=0$ の線形系なら定数であるが，$\varepsilon\neq0$ の場合には時間とともに徐々に変化する関数と考える。以下はクリホフ・ボゴリューボフの解析法と呼ばれる。平均法の立場から第 1 近似のみを紹介する。速度は下記のように仮定する。

$$\dot{x}=a\,\omega_n\cos(\omega_n t+\varphi)=a\,\omega_n\cos\phi \tag{5・48}$$

専門書†によると，その解である振幅 a と位相 ϕ はつぎの微分式で与えられる。

$$\frac{da}{dt}=-\frac{\varepsilon}{\omega_n}\frac{1}{\pi}\int_0^{2\pi}f(a\sin\phi, a\omega_n\cos\phi)\cos\phi\,d\phi\equiv A(a)a\equiv\Phi(a) \tag{5・49}$$

$$\frac{d\phi}{dt}=\omega_n+\frac{\varepsilon}{a\omega_n}\frac{1}{2\pi}\int_0^{2\pi}f(a\sin\phi, a\omega_n\cos\phi)\sin\phi\,d\phi=\omega_n+B(a) \tag{5・50}$$

近似解式 (5・49)，(5・50) を特性根式 (5・3) と比較してみよう。da/dt の係数は特性根の実部に対応しており，減衰比や安定性などがわかる。一方，$d\phi/dt$ は特性根の虚部である減衰固有円振動数 q の近似値を示す。よって，前者からは等価な減衰比 ζ_e が，また後者からは等価な固有振動数 ω_{ne} が次式のように推定される。

---

† 井上順吉，末岡淳男：機械力学Ⅱ，p.13，理工学社 (2002)

$$\zeta_e = -\frac{da/dt}{a\omega_n} = -\frac{A(a)}{\omega_n}, \qquad \omega_{ne} = \frac{d\phi}{dt} = \omega_n + B(a) \tag{5·51}$$

このように，非線形を線形系の延長として振動特性を理解しようとする訳で，平均法は定性的な理解のためには大変便利な考え方である。

5·6·2　時刻歴応答シミュレーション

非線形系の応答波形の特徴は，単一周波数固有振動数 ω_n の綺麗な正弦波が歪み，$\omega_n \times n$ 倍の高次振動成分も含まれることである。このような，振動の仔細を知るのは時刻歴応答解析が適している。運動方程式の微分式に対して，時々刻々数値的に積分し応答を求める方法である。

ここでは，具体的例として Van der Pol 方程式を考える。$\varepsilon > 0$ とする。

$$\ddot{x} - \varepsilon(1 - x^2)\dot{x} + x = 0 \tag{5·52}$$

左辺第 2 項の速度 $\dot{x}$ の非線形係数が減衰項 $c = -\varepsilon(1 - x^2)$ であるから，小さい振動 $x \approx 0$ なら $\mathrm{c} \approx -\varepsilon < 0$ となり不安定で自励振動が発生する。振動はどんどん大きくなり発散する。このような，大振動の状況では $\mathrm{c} \approx \varepsilon x^2 > 0$ で安定と近似され正減衰が作用し振動振幅は小さくなる。このようにして，小振動から成長した自励振動はある振幅の固有振動で定常状態（リミットサイクル）になると予想される。リミットサイクルに入ったということは振幅変化なくなったことを意味するので，$da/dt = 0 \rightarrow \zeta_e = 0$ と解釈され，安定限界にあるという見方からその振幅を決めることができる。

5·6·3　等傾斜法による図式解

先の 4·1·5 項で述べた方法である。横軸に変位 x，縦軸に速度 $v = \dot{x}$ をとって位相面と言い，位相面上で振動軌跡を書いて挙動を想像する。位相面上の各点 $(x,\ v)$ での軌跡の傾きは，一般式（5·46）に対しては次式で，

$$\frac{dv}{dx} = \frac{dv}{dt}\bigg/\frac{dx}{dt} = -\left[\omega_n{}^2 x + \epsilon f(x, v)\right]/v \tag{5·53}$$

また，Van der Pol 方程式（5·52）に対しては

$$\frac{dv}{dx} = \frac{dv}{dt}\bigg/\frac{dx}{dt} = -\left[x - \epsilon(1 - x^2)v\right]/v \tag{5·54}$$

以上の予備知識を踏まえ，つぎの例題を試みよ。

【例題 5・13】 運動方程式（5・52）で表される Van der Pol 方程式に対して

① $\varepsilon=\{0.1,\ 1,\ 10\}$ の三つの場合について，時刻歴応答波形および位相面軌道を求めた例が**図 5・32** である。初期値をいろいろと変えて，リミットサイクル軌道を検証せよ。

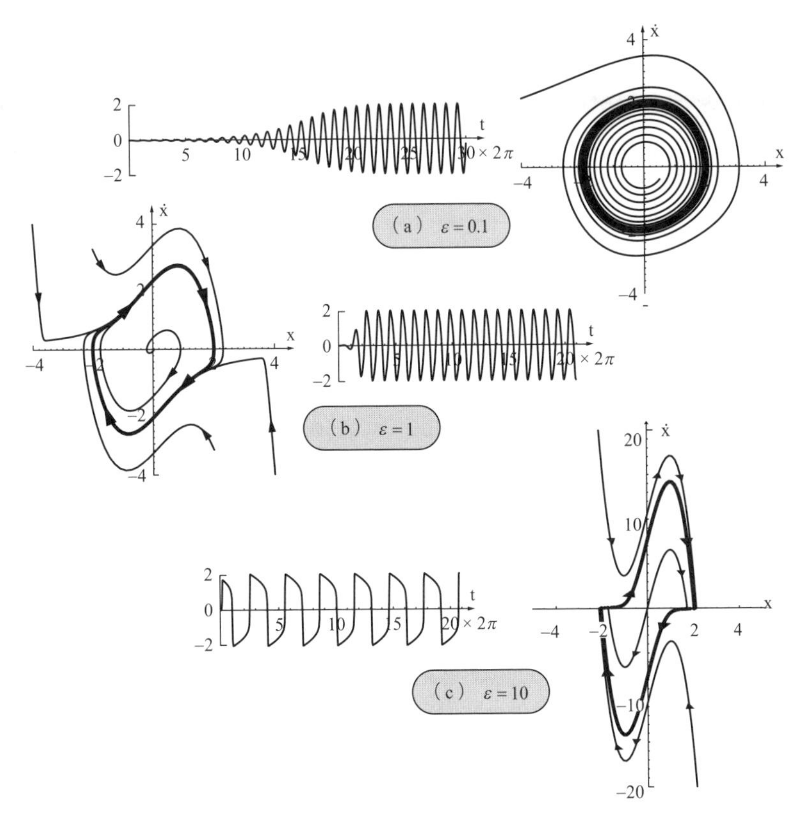

図 5・32 Van der Pol 方程式の振動波形と位相面

② 等傾斜法で位相面上の傾きを求め，位相面軌道の動きに対応していることを確認せよ。

③ 平均法による非線形振動解析法を適用して，振幅 a と位相 φ はつぎの微分式を求め，リミットサイクルの振幅 $a=2$ を確認せよ。

$$\frac{da}{dt} = \varepsilon a(4 - a^2)/8, \qquad \frac{d\phi}{dt} = 1 \tag{5·55}$$

解①：まず，時刻歴応答波形を求めよう。そのために微係数を求めるサブルーティンを用意する。

Python [74]　微係数関数 dhdt の定義

```
L1 def dhdt(t,y): #微係数
L2     vt=y[0] # 速度
L3     xt=y[1] # 変位
L4     et=y[2] # 減衰係数 e 定数
L5     dvdt=et*(1-xt**2)*vt-xt
L6     dxdt=vt
L7     dedt=0 # 定数なので微係数0
L8     return np.array([dvdt,dxdt,dedt])
L9 print(dhdt(0,[4,0.05,0.1]))
```

結果：[0.349　4.　0.]

PAD [74]

L1: 引数 時間**t** 状態変数**y**[3次元]

L2: 状態変数定義 **y[0]**=速度**vt**, **y[1]**=変位**xt**, **y[2]**=非線形量**et**

L4: **dvdt**, **dxdt**:式（5·54）の分母分子**dedt**=0 (定数)

L8: 戻り値 [これらの微分値3個]

L9：テスト印字(t=0,[**vt**=4, **xt**=0.05, **et**=0.1]

結果：t=0 , [(1-0.05^2)×4=0.349, 4 ,0]

時々刻々の微係数算出関数を準備したので，積分関数 solv_ivp を用い，微小な非線形量 $\varepsilon = 0.1$ の場合の時刻歴応答を求める。

Python [75]　時刻歴応答の計算（$\varepsilon = 0.1$）

```
L1 htdat = solve_ivp(dhdt,[0,200],[0.0,0.01,0.1])# y[0] 速度 y[1] 変位 y
L2 plt.xlim(0,200)
L3 plt.plot(htdat.t,htdat.y[1],color=[1,0,0])
L4 plt.show()
L5 plt.plot(htdat.y[1],htdat.y[0],color=[0.7,0,1])
L6 plt.xlim(-4,4)
L7 plt.ylim(-4,4)
```

PAD [75]

L1: **solve_ivp** 過渡応答積分計算(微係数**dhdt** 時間0–200秒
　初期値[速度=0, 微小変位=0.01,非線形量ε= 0.1] 初期位置として原点近くを設定

L3: 波形描画 **plt.plot→plt.show**(1枚目の描画)（軸＝時間**htdat.t**, y軸＝変位**htdat. y[1]**）

L5: 位相面軌道描画 **plt.plot** (2枚目の描画)（x軸＝変位**htdat. y[1]**, y軸＝速度**htdat. y[0]**）

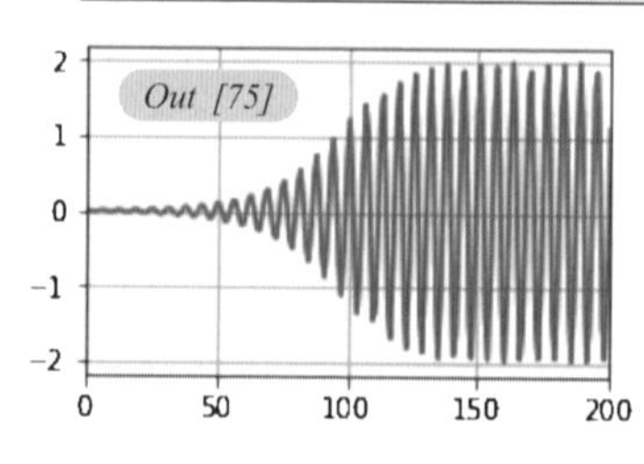

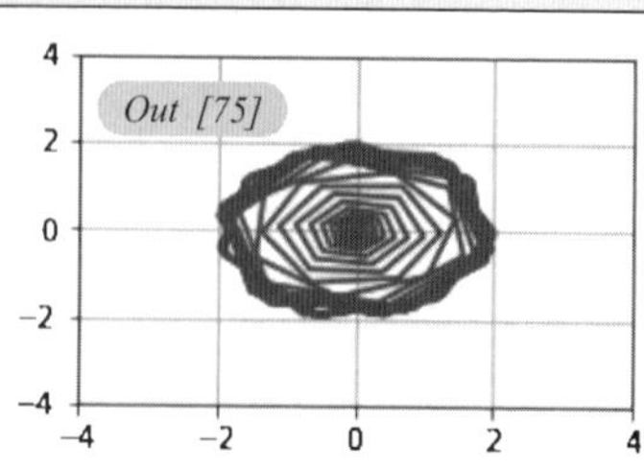

少し非線形性を強くして，$\varepsilon=1$ の場合の時刻歴応答を求める。

Python [76]　時刻歴応答の計算（ε=1：非線形性増加）

```
htdat1 = solve_ivp(dhdt,[0,250],[0.0,0.01,1]) #inv(dhdt,時間窓、初期値
htdat2 = solve_ivp(dhdt,[0,250],[-4,-3,1]) #inv(dhdt,時間窓、初期値)

plt.plot(htdat1.t,htdat1.y[1],color=[0,0,1]) # y[0] 速度 y[1] 変位
plt.plot(htdat2.t,htdat2.y[1],color=[0,1,0]) # y[0] 速度 y[1] 変位
plt.xlim(0,50)
plt.ylim(-4,4)
plt.show()
plt.figure(figsize=(4,4))
zu1=my_xyplot(htdat1.y[1],htdat1.y[0],[0,1,0]);
zu2=my_xyplot(htdat2.y[1],htdat2.y[0],[0,0,1]);
plt.xlim(-4,4)
plt.ylim(-4,4)
```

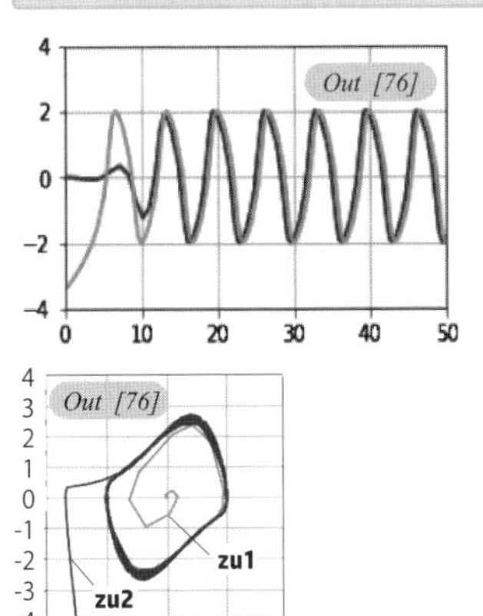

PAD [76]

htdat1: solve_ivp（原点近くの初期値）

htdat2:同上（リミットサイクルの外域での初期値）

注1) 3番目の**y[2]**初期値は ε=1に設定

注2) **zu3/4/5**を作図 ← 対応する初期値 [4, 3, 1]/ [-4, 3.5, 1]/[4, -3.5, 1]に設定

L3-4: 波形の重ね描き **plt.plot→plt.show**(1枚目の描画) **zu1**（x軸＝時間**htdat1/2.t**, y軸＝変位**htdat1/2. y[1]**）

L9-10: 位相面軌道の重ね描き (2枚目の描画) **zu2**（x軸＝変位**htdat1/2.y[1]**, y軸＝速度**htdat1/2. y[0]**）

原点近くからと左上からの２箇所の初期位置から出発した位相面軌道（*Out [76]* 下図）を描いた，zu1 では内側からは振幅が成長しリミットサイクルに入り，zu2 では外からは振幅が減少してリミットサイクルに入る。入った後は，リミットサイクルの軌道に対応する波形（*Out [76]* 上図）が定常的に続く。紙面の関係で省略したが，*Out [79]* に示すように他の初期値からの zu3/4/5 を併記した。

解②：位相面に軌道の傾斜を描画しよう。はじめに傾斜算出の関数 **slopevx** を定義する。

Python [78]　傾斜関数：式（5･54）の定義

```
def slopevx(v,x):
    wn=1;zn=0.0;et=1
    eq0=-2*zn*wn*v-wn**2*x
    ans=eq0+et*(1-x**2)*v
```

PAD [78]
L1: 引数 速度**vt** 変位**xt**
L2-3: 固有振動数**wn**=1.減衰比**zn**＝0に設定
非線形形量**et=1**
L4 : **ans**=式（5･54）の分子

```
L5     return(ans/(v+0.0001))
L6 print(slopevx(0,2))
```

L5: 戻り値 [傾斜**ans/v**]
分母=0を避けるためすこし汚している。

結果 : -2/(0.0001)= -2000

L6：テスト印字（**vt**=0, **xt**=2）─ 結果：-2/(0.0001)= - 2000

Python [79]　位相面尾の傾斜描画

```
L1 xdat=np.arange(-4,4,0.2)
L2 vdat=np.arange(-4,4,0.2)
L3 plt.figure(figsize=(4,4))
L4 my_show_plus(zu1+zu2+zu3+zu4+zu5)
L5 my_p10_slope(vdat,xdat,'r')
L6 plt.xlim(-4,4)
L7 plt.ylim(-4,4)
```

前頁 *PAD[76]* の注 2 を実行しないときは左記 L4 中の「+zu3+zu4+zu5」を除くこと

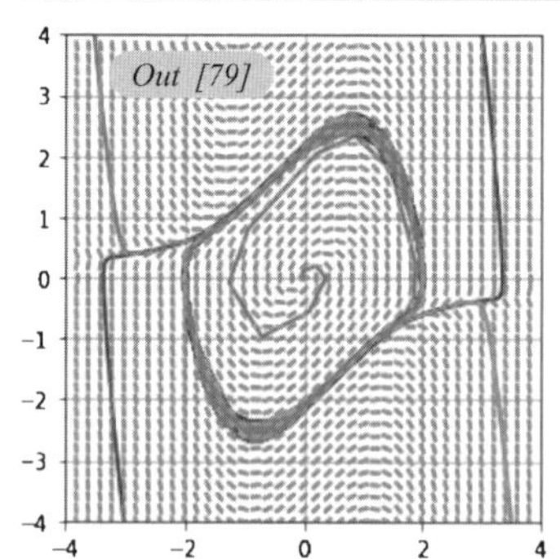

PAD [79]

L1-2: X軸Y軸の格子点を定義
-4<X,Y<4を0.2ピッチの格子に設定

L3: 傾斜に注目ゆえ図サイズを正方形に設定

L4：先の位相面軌道を描画（台紙）

L5: 台紙に各点のスロープを追加描画
my_p10_slope 利用

このような振動波形，位相面軌道，傾斜描画の処理を繰り返せば，図 5･32 に示す Van del Pol 方程式の全容を追確認できる。

解③：最後に平均法による近似解式（5･49），（5･50）を求める。

Python [80]　近似解　　（変数定義・パラメータ設定）

```
L1 x,v,q,e,a,wn,t = sp.symbols('x,v,q,e,a,wn,t')
L2 para=[(x,a*sp.sin(q)),(v,a*sp.cos(q))]
L3 ef = (-e*(1-x**2)*v).subs(para)
   #平均法 # Van der Pol (等価減衰)
L4 dadt=-sp.integrate(ef*sp.cos(q),(q,-sp.pi,sp.pi))/2/sp.pi
L5 dfdt=1+sp.integrate(ef*sp.sin(q),(q,-sp.pi,sp.pi))/a/sp.pi
   print("dadt=",sp.simplify(dadt))
   print('dfdt=',dfdt)
L8 sp.plot(dadt.subs(e,0.1),(a,0,5))
```

結果 : $da/dt = ae(4 - a^2)/8 \equiv \Phi(a)$　　$d\phi/dt = 1$　　式（5･55）

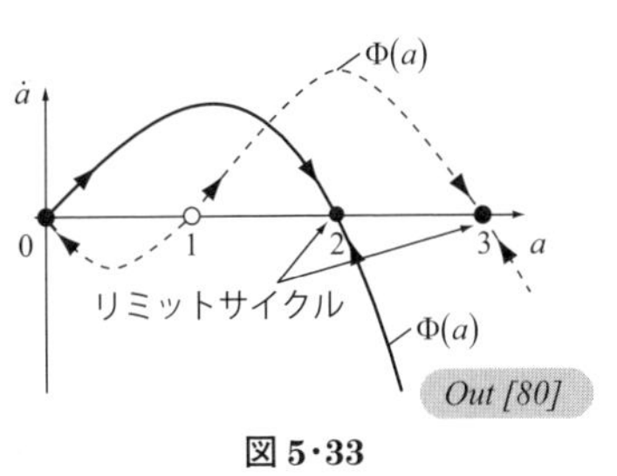

図 5・33

PAD [80]

L3: **ef**= $-\varepsilon(1+x^2)\dot{x}+x$を定義, パラメータを代入

L4: **dadt**=式（5・49）に従い**ef** *cos(q)を積分

L5: **dfdt**=式（5・50）に従い**ef** *sin(q)を積分

L8: e=0.1の場合を想定し、**dadt**を作画

いまの場合，式（5・49）より求まった *Out [80]* の $\Phi(a)$ のグラフは**図 5・33** 実線のような曲線となる。非線形力による安定性およびリミットサイクルの有無は，振幅に関する微分方程式 da/dt を検討すればよい。振幅の増減を示す $da/dt \equiv \Phi(a)=0$ のとき，軌道はリミットサイクに入ったことを意味し，その式を満たす $a=2$ が定常振幅であることを知る。この定常状態の振幅をリミットサイクルの振幅という。一方，図 5・33 を位相面と見たとき，振幅 $a>0$ なので右半分のみが有効。$\dot{a}>0$（上半面）なら a は増加であり，$\dot{a}<0$（下半面）なら a は減少であるので，この曲線上に矢印を付すと同図のようになる。同図実線のように，$a\approx 0$ の近辺の微小振動は a →大へ移動し，自励振動として成長することがわかる。$a=2$ の近くの振動は大きくなっても，小さくなっても $a=2$ に戻ってくる。よって $a=2$ が定常的な自由振動振幅（リミットサイクル）となる。

〔**補遺**〕 **リミットサイクルの有無**　一般的な判断には，図 5・33 に示すように $da/dt=\Phi(a)$ なるグラフが有効である。定常振幅 a_0 の候補は a 軸との交点 $\Phi(a_0)=0$ である。同図矢印で示すように，交点での傾き $\Phi'(a_0)$ が負なら安定な定常振幅（リミットサイクル）になる。図 5・33 の破線の例では，定常振幅候補は $a_0=0,1,3$ で，安定な定常状態は $a_0=0,3$ である。どちらの安定な定常状態に行くかは初期値による。

6 制御工学

本章では，制御系の伝達関数をベースに，ボード線図やナイキスト線図を用いた古典的なフィードバック制御を理解する。周波数応答解析器の進展とともに実際にいまだ多用されている手法である。特に本書では開特性を活用した新しい見方や図表を駆使し，実用面を重視した振動特性改善のための解釈を展開する。

6・1 伝達関数と時間応答

6・1・1 動的システムの表現

システムのダイナミクスは，一般的には下記のように出力 $y(t)$ および入力 $u(t)$ の微分方程式で表現される。

$$\frac{d^n y(t)}{dt^n} + a_n \frac{d^{n-1} y(t)}{dt^{n-1}} \cdots + a_1 y(t)$$

$$= c_{m+1} \frac{d^m u(t)}{dt_m} + c_m \frac{d^{m-1} u(t)}{dt^{m-1}} \cdots + c_1 u(t) \tag{6・1}$$

この動的システムのすべての初期値を 0 としてラプラス変換する。出力を $Y(s)$，入力を $U(s)$ と記すように，多くの場合大文字変数を対応させ，その比＝出力/入力が伝達関数 $G(s)$ である。

$$\frac{Y(s)}{U(s)} = \frac{c_{m+1}s^m + c_m s^{m-1} + \cdots + c_2 s + c_1}{s^n + a_n s^{n-1} + \cdots + a_2 s + a_1} = G(s) \tag{6・2}$$

図 6・1 に示すように，時間領域において任意の入力 $u(t)$ に対する微分方程式の応答 $y(t)$ は, s 領域では入力と伝達関数の積 $Y(s) = G(s)U(s)$ で表現される。この積 $Y(s)$ にラプラス逆変換を施せば時間応答 $y(t)$ を得る。伝達関数を表すブロックに入力と

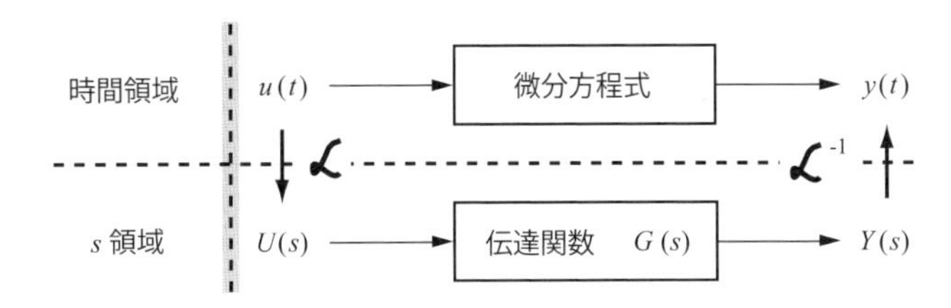

図 6·1 伝達関数と応答（$\mathcal{L}$: ラプラス変換記号）

出力を矢印で明記したものがブロック線図である。微分方程式の最高階数，あるいは伝達関数分母の s の最大次数を指して n 次系という。

【例題 6·1】 **図 6·2**（a）に示す振動系で，ばね定数 k，質量 m，粘性係数 c，外力 $u(t)$ を入力，変位 $y(t)$ を出力とする。この系の運動方程式は次式で 2 次系となる。対応するブロック線図を描け。

$$m\ddot{y}(t)+c\dot{y}(t)+ky(t)=u(t) \tag{6·3}$$

解：同図（b）のとおり。

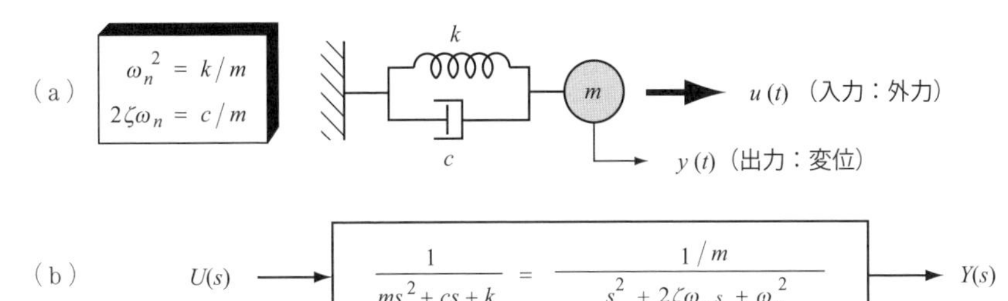

図 6·2 振動系（2 次系）

【例題 6·2】 **図 6·3**（a）で表される電気回路の微分方程式は次式で 2 次系となる。

$$LC\ddot{e}_0(t)+RC\dot{e}_0(t)+e_0(t)=e_i(t) \tag{6·4}$$

対応するブロック線図を描け。

解：同図（b）のとおり。

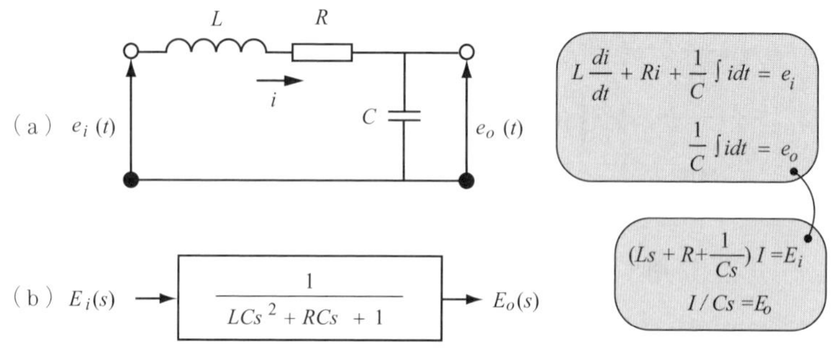

図 6･3　電気回路の例（2 次系）

【例題 6･3】　**図 6･4**（a）のようなタンクの水位系を考える。タンクへの流入流量を $Q_i(t)$〔$\mathrm{m^3/s}$〕，流出流量を $Q_o(t)$〔$\mathrm{m^3/s}$〕，水面の高さを $H(t)$〔m〕，タンクの断面積を A〔$\mathrm{m^2}$〕，吐出管断面積を a〔$\mathrm{m^2}$〕とする。流出流量 Q_o は水力学の法則から

$$Q_o=a\sqrt{2gH} \tag{6･5}$$

で支配される。一定水位 $\bar{H}$ で，流入・流出流量の等しい平衡状態を $\bar{Q}_i,\bar{Q}_o$ とし，それからの変動分 $q_i(t)$，$q_o(t)$，$h(t)$を考える。同図（b）を参照して

$$Q_i(t)=\bar{Q}_i+q_i(t),\quad Q_o(t)=\bar{Q}_o+q_o(t),\quad H(t)=\bar{H}+h(t) \tag{6･6}$$

ただし，$\bar{Q}_i=\bar{Q}_o=a\sqrt{2g\bar{H}}$

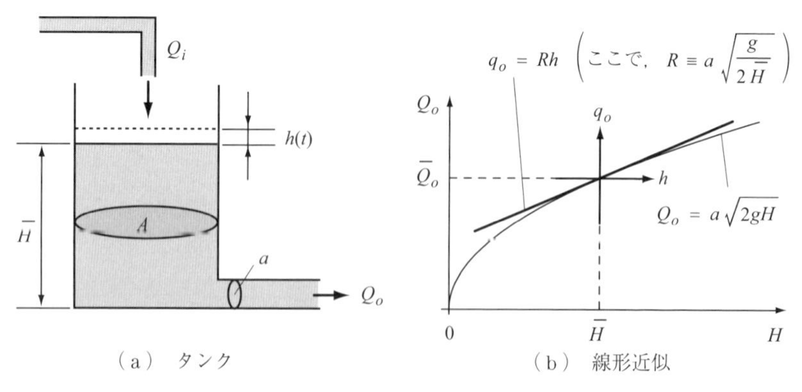

図 6･4　液面水位系の力学

単位時間における水の収支は

（タンクの水位変化）＝（微小時間内の流入量）－（微小時間内の流出量）（6･7）

であるから，次式の微分方程式が成り立つ。

$$A\frac{dH(t)}{dt}=Q_i(t)-Q_o(t)\ \rightarrow\ A\frac{dh(t)}{dt}=q_i(t)-q_o(t)\approx q_i(t)-Rh(t) \qquad (6\cdot 8)$$

ただし，$R\equiv a\sqrt{g/2/\overline{H}}$

水位系のダイナミクスを表すブロック線図を描け。

$q_i(s)$ → $\dfrac{1}{As+R}$ → $h(s)$

図 6･5　液面水位系システム（1 次遅れ系）

解：**図 6･5** のとおり。

6･1･2　ブロック線図の構成

前節では微分方程式を介してブロック線図を求めた。ここでは，電気回路のように s 領域のインピーダンス（Ls, R, $1/Cs$）表現を用い，各回路要素に従ってブロック線図を直接に積み上げていく方法を説明する。この場合，出力側から入力側に向かって状態を記述していくと便利なことが多い。例えば，図 6･3 の系では

$$E_0=\frac{I}{Cs}\quad ,\qquad E_i-E_0=(Ls+R)I \qquad (6\cdot 9)$$

だから，右から左に向かってこの式順にブロック線図を組み立て，**図 6･6** を得る。これより伝達関数 E_o/E_i を簡単に得る。

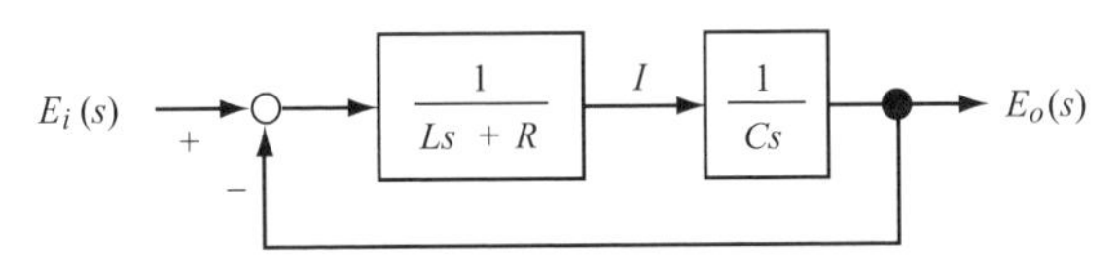

図 6･6　例題 6･2 の系のブロック線図

【例題 6･4】　**図 6･7** に示すブロック線図の伝達関数を求めよ。

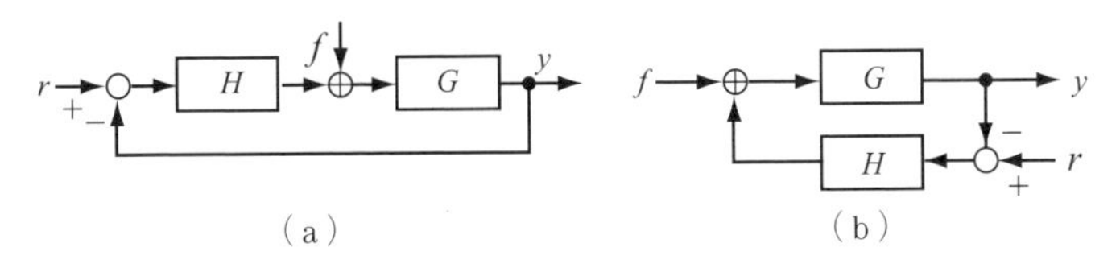

図 6･7　フィードバックシステムの表し方

解：**図 6･8** のとおり。

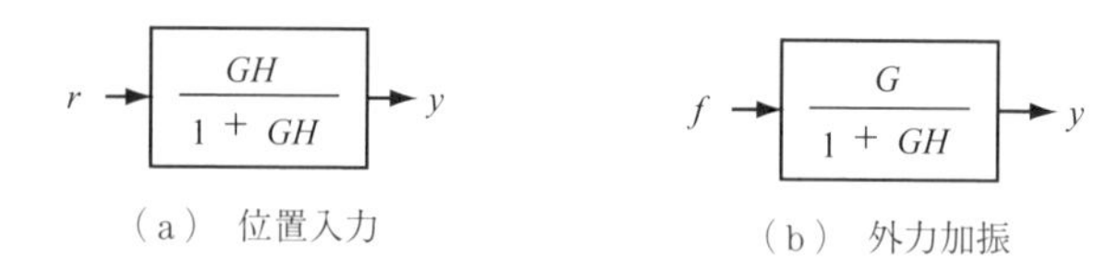

図 6･8　等価変換（伝達関数）

【例題 6･5】　**図 6･9** に示す電気回路のブロック線図と伝達関数を求めよ。

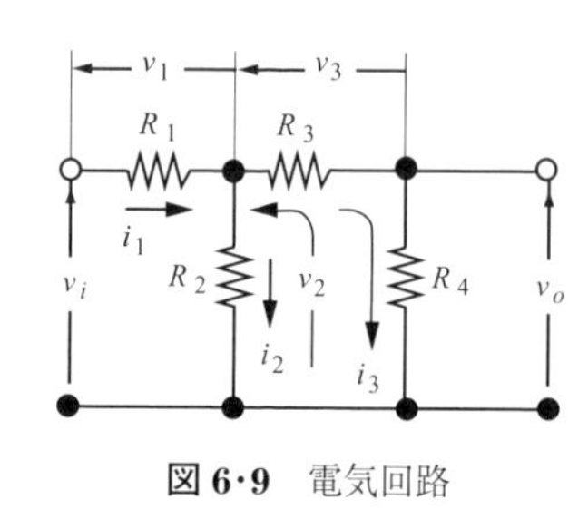

図 6･9　電気回路

解: 電気回路を右から左に向かって次式が成り立つ。

$$V_o = R_4 I_3 \quad , \quad V_2 = R_3 I_3 + V_o \quad , \quad R_2 I_2 = V_2 \quad ,$$

$$I_1 = I_2 + I_3 \quad , \quad V_i = R_1 I_1 + V_2 \qquad (6\cdot10)$$

上式に従い，**図 6･10**（a）のように，出力 E_o から入力 E_i に向かってブロック線図を描く。一方，これらの式を Python に代入して，入力 V_i から出力 V_o までの伝達関数を求め，その結果をブロック線図に描いて同図（b）である。図（a）から図（b）へのシンボリック数学の計算は Python を使えば簡単である。

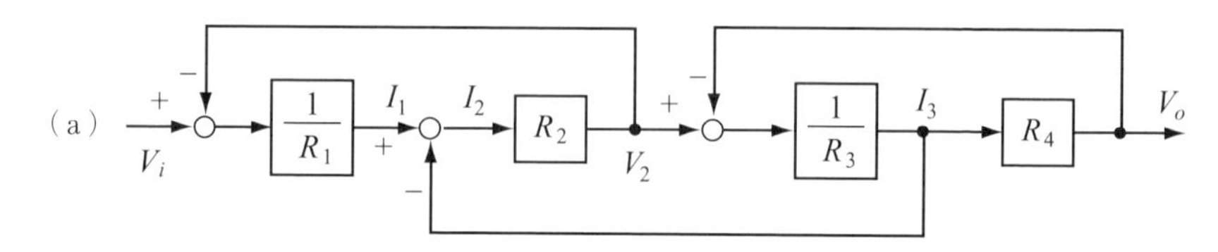

（b）　$V_i \rightarrow \boxed{\dfrac{R_2 R_4}{R_1 R_2 + R_1 R_3 + R_2 R_3 + R_1 R_4 + R_2 R_4}} \rightarrow V_o$

図 6･10　ブロック線図（図 6･9 に対応）

まず，Python プログラミングの初期設定として，下記のようにライブラリなどを宣言する。

Python [1]　ライブラリ読み込み　　　*PAD [1]*

```
L1 import sympy as sp #ライブラリ読み
L2 import numpy as np
L3 from scipy.integrate import odeint
L4 import matplotlib.pyplot as plt
L5 plt.rcParams['figure.figsize']=(3.2,2)# (7,4.3)
L6 plt.rcParams['axes.grid'] = True
```

L1～4: 関数パッケージ**numpy,sympy**などの**import**

プロット図の横縦比の調整可

L5 : 図のアスペクト比3.2:2

L6 : 図にグリッドを入れる

続いて，本章で使用する下記の My 関数（subroutine）を第 7 章よりコピーのうえ走らせる。

1. my_dB　2. my_dg　3. my_fxplot　4. my_logplot　6. my_parametricplot
7. my_show_plus　8. my_dBpl　9. my_p10_circle　10. my_p10_tabxy
12. my_p10_freq　13. my_p10_tick　15. my_dBpolarplot　16.my_gs2gtplot

以上の準備のもと，例題 6·5 を Python プログラムで解答しよう。

Python [13]　電子回路

```
sp.var('vo,vi,v2,r1,r2,r3,r4,i1,i2,i3')
eq1 = -vo+i3*r4
eq2 = -v2+i3*r3+vo
eq3 = -v2+i2*r2
eq4 = -i1 + (i2+i3)
eq5 = -vi+(i2+i3)*r1+v2
sp.solve([eq1,eq2,eq3,eq4,eq5],[vo,v2,i3,i2,i1])
```

シンボル変数リストアップ

PAD [13]

eq1,....eq5 ←式(6·10)を順に定式化

代数方程式を**solve**で解く
vi 以外は未知数に設定

Out [13]

```
{vo: r2*r4*vi/(r1*r2 + r1*r3 + r1*r4 + r2*r3 + r2*r4),
v2: (r2*r3*vi + r2*r4*vi)/(r1*r2 + r1*r3 + r1*r4 + r2*r3 + r2*r4),
i3: r2*vi/(r1*r2 + r1*r3 + r1*r4 + r2*r3 + r2*r4),
i2: (r3*vi + r4*vi)/(r1*r2 + r1*r3 + r1*r4 + r2*r3 + r2*r4),
i1: (r2*vi + r3*vi + r4*vi)/(r1*r2 + r1*r3 + r1*r4 + r2*r3 + r2*r4)}
```

6·1·3　インパルス応答とステップ応答

伝達関数 $G(s)$ の系が平衡状態（初期値 = 0）にある。そこに入力としてデルタ関数 $\delta(t)$ が入ったときの出力 $g(t)$ がインパルス（機械系では打撃に相当）応答である。ラプラス変換 $\mathrm{L}[\delta(t)]=1$ であるから，その応答は

$$y(s)=G(s)\delta(s)\ \rightarrow\ g(t)=L^{-1}[G(s)\} \tag{6·11}$$

と書ける。また，ステップ関数のラプラス変換は $1/s$ だから，ステップ応答 $s(t)$ は

$$S(s)=\frac{G(s)}{s}\ \rightarrow\ s(t)=L^{-1}\left[\frac{G(s)}{s}\right] \tag{6·12}$$

【例題 6·6】　つぎの伝達関数の系において，① インパルス応答と ② ステップ応答をラプラス逆変換で求めよ。

$$G(s)=\frac{1}{s^2+2\zeta\,\omega_n s+\omega_n^{\,2}}=\frac{1}{(s+\zeta\,\omega_n)^2+q^2} \tag{6·13}$$

ただし，$(|\zeta|<1\quad,\quad q=\omega_n\sqrt{1-\zeta^2}\,)$

解①：　インパルス応答波形 $L^{-1}[G(s)] = \frac{1}{q}e^{-\zeta\omega_n t}\sin qt$ は**図 6・11** である。

Python [14]　インパルス応答

```
s,t=sp.symbols('s,t')
wn,zn,q=sp.symbols('wn,zn,q',real=True)
gs =1/((s+zn*wn)**2+q**2)
gt=sp.inverse_laplace_transform(gs,s,t) # much time required, impul
display(gt)
```

シンボル変数リストアップ

$$\frac{e^{-twnzn}\sin(qt)\theta(t)}{q}$$

ステップ関数 $\theta(t)$

PAD [14]

gs ← $G(s)=1/(s^2+2\zeta_n\omega_n)^2+q^2)$ を定義

gt ← ラプラス逆変換 $L^{-1}[G(s)]$ による応答

Python [15]　パラメータ設定

```
para1a=[(wn,2*3.14*1),(zn,0.1)]
para1b=[(q,(wn*sp.sqrt(1-zn**2)).subs(para1a))]
para1=para1a+para1b
print(para1)
```

[(wn, 6.28), (zn, 0.1), (q, 6.24)]

PAD [15]

para1a/1b ←パラメータ定義

para1 ← **para1a**と**para1b**の合体

Python [16]　インパルス応答の描画

```
gt1=gt.subs(para1)
display(gt1)
sp.plot(gt1,(t,0,4))
```

$0.16e^{-0.628t}\sin(6.25t)\,\theta(t)$

PAD [16]

gt1 ←**gt**にパラメータ代入したインパルス応答式

plot(gt1) による応答波形描画

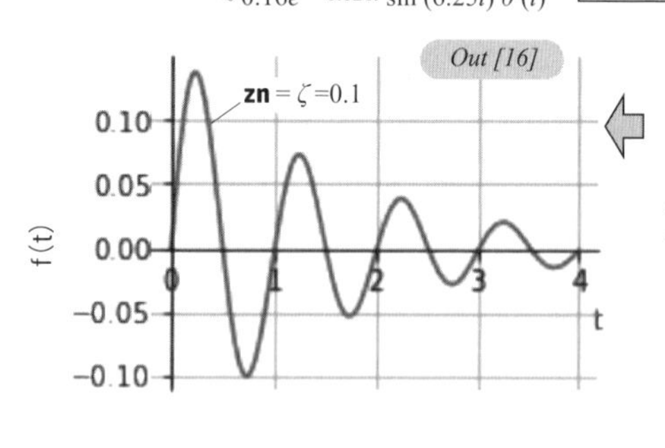

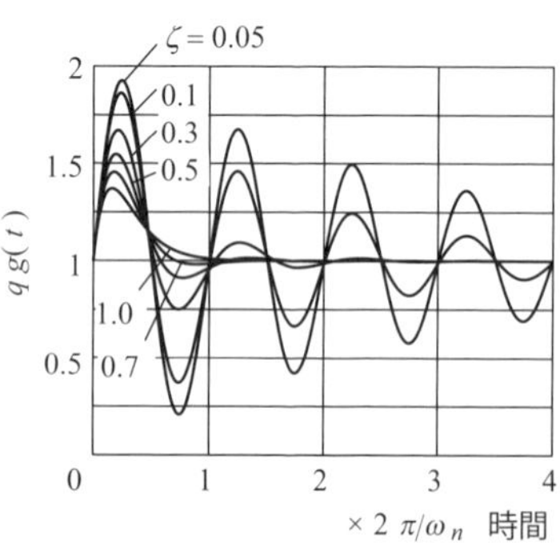

図 6・11　インパルス応答

解②：　ステップ応答波形 $L^{-1}\left[\frac{G(s)}{s}\right] = \frac{1}{\omega_n^2}\left[1 - e^{-\zeta\omega_n t}\left(\cos qt + \frac{\zeta\omega_n}{q}\sin qt\right)\right]$ は，**図 6・12** である。

Python [18] ステップ応答

```
gt=sp.inverse_laplace_transform(gs/s,s,t)# # much time required,ste
display(gt)
```

PAD [18]

gt ←gsのステップ応答; L^{-1}(gs /s)なる文字式

$$\frac{\left(qe^{twnzn} - q\cos(qt) - wnzn\sin(qt)\right)e^{-twnzn}\theta(t)}{q\left(q^2 + wn^2 zn^2\right)}$$

ステップ関数 $\theta(t)$

Python [19] ステップ応答の描画

PAD [19]

```
gt2=(wn**2*gt).subs(para1)
sp.plot(gt2,(t,0,4))
```

gt2 ←gtにパラメータ代入; 数値式を描画

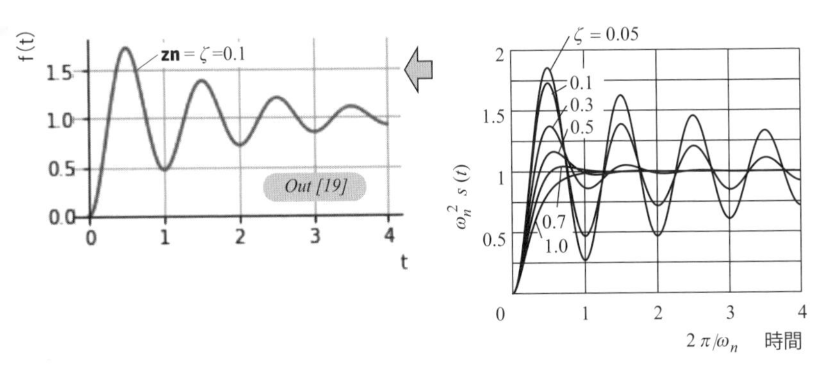

図 6·12 ステップ応答

【例題 6·7】 **図 6·13**（a），（b）の系について伝達関数 $G_c(s) = Y(s)/U(s)$ として，そのラプラス逆変換から求めた ① インパルス応答と ② 単位ステップ応答が**図 6·14** である。Python で確認せよ。

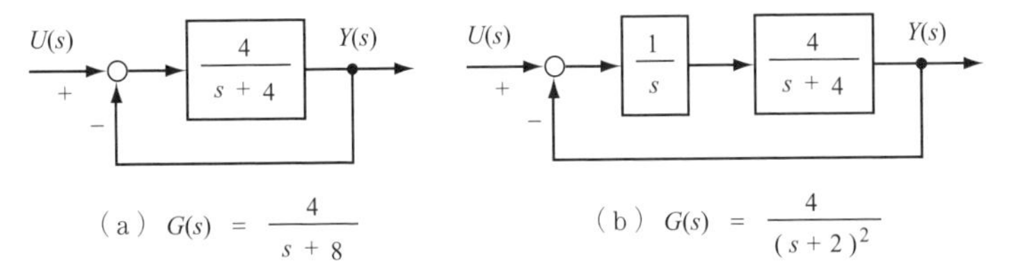

（a） $G(s) = \dfrac{4}{s+8}$　　（b） $G(s) = \dfrac{4}{(s+2)^2}$

図 6·13 ブロック線図

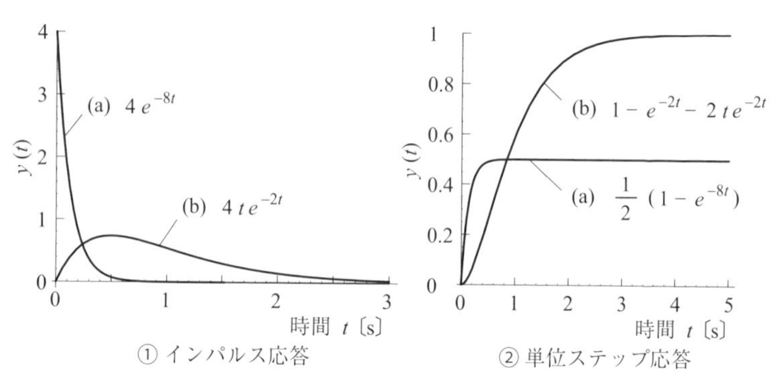

図 6･14　応答波形

解：伝達関数（a）$G(s)=4/(s+8)$，（b）$G(s)=4/(s+2)^2$

Python [20]　開特性 G_o → 閉特性G_c → 応答$G(\mathrm{t})=L^{-1}(G_c(s))$ → プロット

```
L1 go = 4/(s+4);gc = go/(1+go)  ☜(a) の場合   ☜☜(b) の場合
gt1=sp.inverse_laplace_transform(gc,s,t)# very fast
gt2=sp.inverse_laplace_transform(gc/s,s,t) # very fast
display(gt1,gt2)
my_fxplot(gt1,'t',0.0,5,"r")
my_fxplot(gt2,'t',0,5,"b");  ☞ 図 6･14 中の (a)   ☞☞ 図 6･14 中の (b)
```

Pad [20]　**go**←開特性$Go=4/(s+4)$定義_閉特性Gcに換算

Out [20]

$$4e^{-8t}\theta(t)$$

$$\frac{\left(e^{8t}-1\right)e^{-8t}\theta(t)}{2}$$

ラプラス逆変換：
gt1←インパルス$L^{-1}[Gc]$ を描画 →図6.14 ① (a)
gt2←ステップ $L^{-1}[Gc/s]$ を描画 →図6.14 ② (a)

この結果は図 6･14 ①，② に示す（a）の 2 曲線である。伝達関数（b）の場合は，上記プログラム *[20]* の L1（1 行目）において `go = 4/(s+4)/s ;` と置き，以下同じように実行する。その結果，図 6･14 ①，② にて（b）の 2 曲線を得る。

6･2 周 波 数 応 答

6･2･1　周波数応答とは

平衡状態（初期値＝0）にある系に，突然，調和加振（cos/sin 波）が入力されたとき，**図 6･15** に示すように，突然入力に起因する過渡的な応答が初期に現れるが，十分時間が経過すると減衰消滅する。よって，調和加振周波数に同期した定常応答（cos

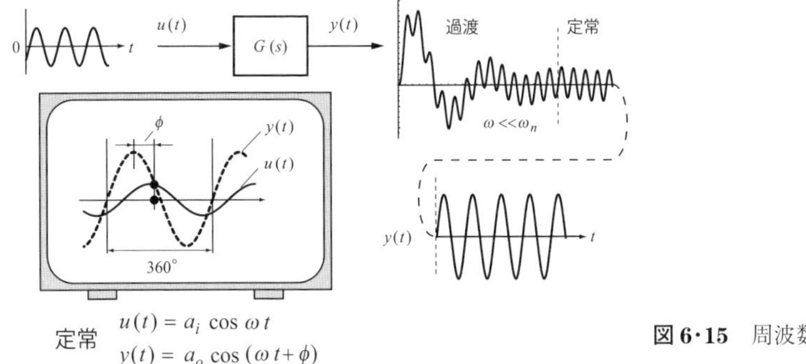

図 6·15 周波数応答

/sin 波）のみが残り持続する。この定常応答を周波数応答という。

同図中の定常応答において，入力波形 $a_i \cos\omega t$ を基準として見て，同期した出力波形を $a_o \cos(\omega t+\phi)$ とする。伝達関数 $G(s)$ の s に $j\omega$ を代入した関数 $G(j\omega)$ を周波数伝達関数と呼び，これを用いて入出力関係は次式で表される。

振幅比＝ゲイン　$g = a_o/a_i = |G(j\omega)|$ (6·14)

偏角＝位相差　$\phi = \angle G(j\omega) = \mathrm{Im}[\mathrm{Ln}[G(j\omega)]]$ (6·15)（Ln：自然対数）

6·2·2 ボ ー ド 線 図

ボード線図は，ゲインと位相を対周波数で描いた図である。通常，**図 6·16** に示すように，ゲイン $|G(j\omega)|$ のデシベル〔dB〕値（デシベルの計算　$\mathrm{dB} = 20 \times \log_{10}|G(j\omega)|$）および偏角 $\angle G(j\omega)$ の度数値を縦軸に，周波数 ω を横軸（$\log_{10}\omega$ 値）に表している。ボード線図では，小から大までの広い周波数範囲にわたってゲイン曲線，位相曲線が細かく表されるので，制御工学に必須の図式表現である。

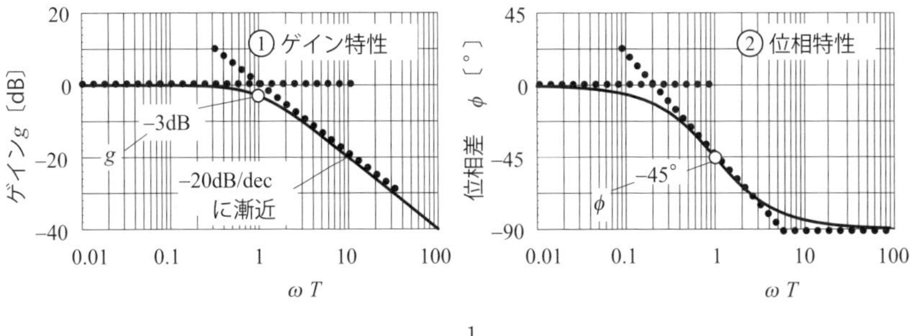

図 6·16 $G(s) = \dfrac{1}{1+Ts}$ のボード線図

【例題 6･8】　1 次遅れ要素 $G(s)=K/(1+Ts)$ のボード線図を Python で描け。

解：ボード線図 6･16 を得る。ここで，① ゲイン曲線，② 位相曲線は破線のように

$\omega T=0$ で $G(j\omega)=1$ だから，$0\,\mathrm{dB}\angle 0°$，

$\omega T=1$ で $G(j\omega)=1/(1+j)$ だから，$-3\,\mathrm{dB}\angle -45°$ を通過，

$\omega T\gg 1$ で $G(j\omega)\approx 1/(j\omega T)$ だから，ゲイン $-20\,\mathrm{dB/decade}$（1 桁）で下降し，位相 $\angle -90°$ に漸近

Python [22]　1 次遅れ系伝達関数

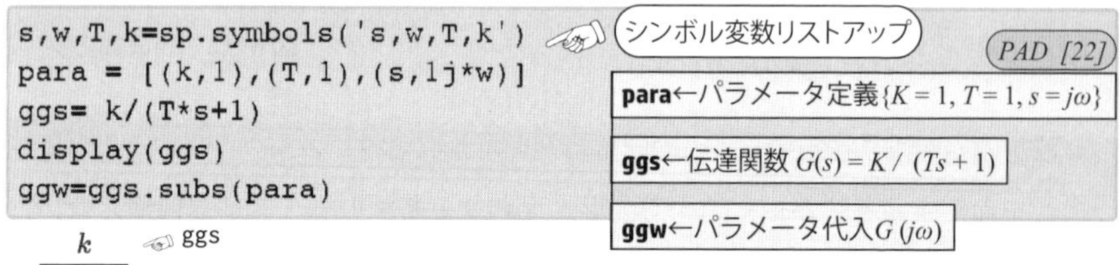

```
s,w,T,k=sp.symbols('s,w,T,k')
para = [(k,1),(T,1),(s,1j*w)]
ggs= k/(T*s+1)
display(ggs)
ggw=ggs.subs(para)
```


$$\frac{k}{Ts+1}$$

ggs

Python [23]　1 次遅れ系のボード (Bode) 線図

```
plt.xscale("log")#Plant
my_fxplot(my_dB(ggw),'w',0.01,100,"r")
my_logplot(my_dg(ggw)/2,'w',0.01,100,"b")
plt.ylim(-50,10)
```

PAD [23]　横軸 **log** 表示の指示

私設 **fxplot:** $G(j\omega)$ の dB 表示→図 6･16 ①

私設 **logplot:** $G(j\omega)$ の位相角表示→図 6･16 ②

図 6･16

6･2･3　ベクトル軌跡（ナイキスト線図）

周波数伝達関数 $G(j\omega)$ は複素数で，これを**図 6･17** のように周波数をパラメータに，この複素数値を複素平面上で描いた軌跡をベクトル軌跡（ナイキスト線図）と呼ぶ。

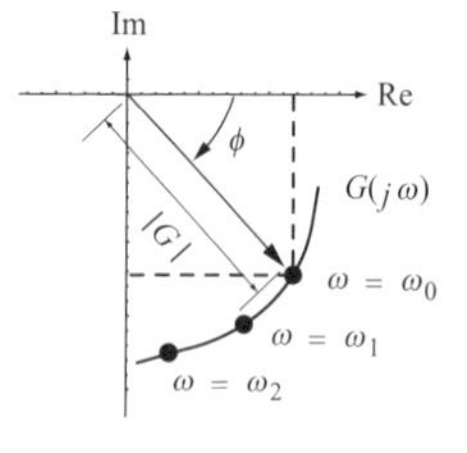

図 6･17　ベクトル軌跡

【例題 6･9】　1 次遅れ要素 $G(s)=K/(1+Ts)$ のベクトル軌跡図を描け。

解：

$$G(j\omega)=\frac{K}{1+j\omega T}=\frac{K}{1+(\omega T)^2}-j\frac{K\omega T}{1+(\omega T)^2}\equiv u+jv \tag{6･16}$$

実部 u と虚部 v から ωT を消去すると $(u-K/2)^2+v^2=(K/2)^2$ となり，半円は**図 6･18** のようになる。

Python [24] 1次遅れ系のナイキスト [Nyquist] 線図

```
plt.figure(figsize=(3,3))
my_parametricplot(sp.re(ggw),sp.im(ggw),'w',0.01,100,"r")
wtab=[0.01,0.1,1,10,100]
tabxyw=my_p10_tabxy(sp.re(ggw),sp.im(ggw),'w',wtab)
my_p10_freq(tabxyw[:,0],tabxyw[:,1],tabxyw[:,2],"r")
plt.xlim(-0.25,1.25)
plt.ylim(-0.75,0.75)
```

PAD [24]

L1：図のXY等間隔サイズ指定

L2：私設 **parameticplot**：$G(j\omega)$の極座標表示→図6·18

L3：**wtab**←打点するための周波数値設定

tabxyw ←私設 **p10_tabxy** (周波数打点位置(実数，虚数),変数名**w**，配列値**wtab**)を定義

L5：私設**p10_freq**：$G(j\omega)$上に周波数値を打点

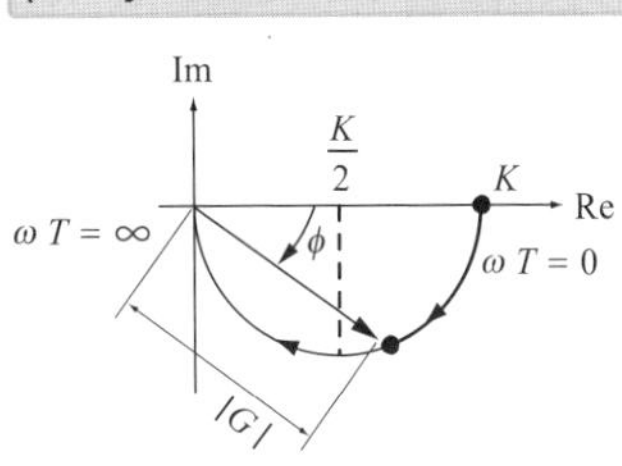

図 6·18 $\dfrac{K}{1+sT}$ のベクトル軌跡

【例題 6·10】 次式の2次遅れ要素のボード線図とベクトル軌跡（**図 6·19** ①，②）を描け。

$$G(s)=\frac{{\omega_n}^2}{s^2+2\zeta\omega_n s+{\omega_n}^2} \tag{6·17}$$

解：

Python [25] 2次遅れ系伝達関数

PAD [25]

```
para = [(wn,1),(zn,0.1),(s,1j*w)]
ggs= wn**2 /(s**2+2*zn*wn*s+wn**2)
display(ggs)
ggw=ggs.subs(para)
```

para←パラメータ定義$\{\omega_n=1, \zeta_n=0.1, s=j\omega\}$

ggs←伝達関数 $G(s)=\omega_n^2/(ms^2+2\zeta_n\omega_n s+\omega_n^2)$

ggw←パラメータ代入$G(j\omega)$

$$\frac{wn^2}{s^2+2swnzn+wn^2}$$ ☜ ggs

Python [26] 2次遅れ系のボード線図

```
plt.xscale("log")
my_fxplot(my_dB(ggw),'w',0.1,10,"r")#Plant
my_logplot(my_dg(ggw)*40/180,'w',0.1,10,"b")
plt.xlim(0.1,10)
plt.ylim(-40,20)
```

☜ 図 6·19① (Bode Plot)

PAD [26]

L1：横軸**log**表示の指示

L2：私設関数**fxplot**にて$G(j\omega)$のdB表示

L3：私設関数**logplot**にて$G(j\omega)$の位相角度表示

図 6·19①重ね描き完

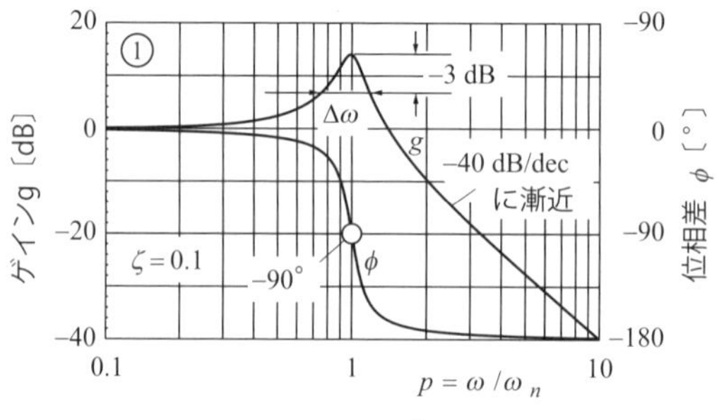

図 6・19 ①　$G(s)=\dfrac{\omega_n^{\ 2}}{s^2+2\zeta\omega_n s+\omega_n^{\ 2}}$ のボード線図

Python [27]　2 次遅れ系のナイキスト線図

```
L1 plt.figure(figsize=(3,3))
L2 zu1=my_parametricplot(sp.re(ggw),sp.im(ggw),'w',0,5,"r")

L3 wtab=[0.6,0.9,1,1.2]
L4 tabxyw=my_p10_tabxy(sp.re(ggw),sp.im(ggw),'w',wtab)
L5 my_p10_freq(tabxyw[:,0],tabxyw[:,1],tabxyw[:,2],"r")
L6 plt.xlim(-2,2)
L7 plt.ylim(-3,1)
```

☞ 図 6・19②(Nyquist Plot)

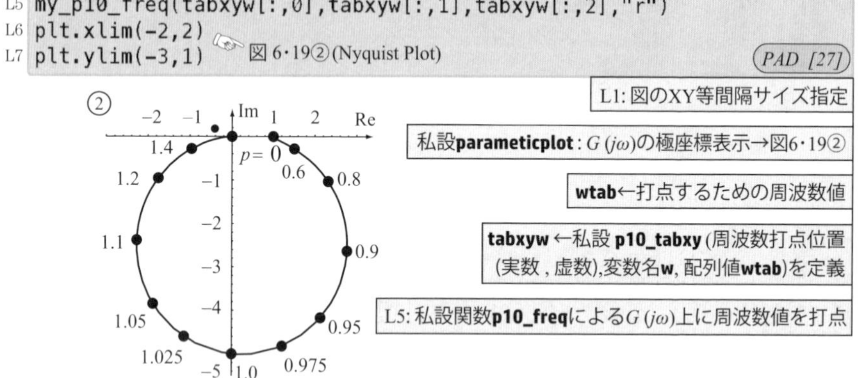

図 6・19 ②　$G(s)=\dfrac{\omega_n^{\ 2}}{s^2+2\zeta\omega_n s+\omega_n^{\ 2}}$ のベクトル軌跡

【例題 6・11】　次式の位相進み回路のボード線図とベクトル軌跡（**図 6・20** ①，②）を描け。

$$G(s)=\frac{\tau s+1}{\alpha\tau s+1}\quad(\alpha<1) \tag{6・18}$$

解：

Python [29] 位相進み回路

```
s,t,w,alpha=sp.symbols('s,t,w,alpha')
para = [(alpha,0.1),(s,1j*w)]
ggs= ((s+1) /(alpha*s+1))
display(ggs)
ggw=ggs.subs(para)
```

PAD [29]

para←パラメータ定義{$\alpha=0.1<1,\ \tau=1,\ s=j\omega$}

ggs←伝達関数 $G(s)=(\tau s+1)/(\alpha\tau s+1)$

ggw←パラメータ代入$G(j\omega)$

$$\frac{s+1}{\alpha s+1}$$ ☜ ggs

Python [30] 位相進み回路のボード線図

PAD [30]

L1：横軸log表示の指示

```
plt.xscale("log")
my_fxplot(my_dB(ggw),'w',0.1,100,"r")
my_logplot(my_dg(ggw)/2,'w',0.1,100,"b")
plt.ylim(-20,40)
```

L2：私設関数**fxplot**にて$G(j\omega)$のdB表示

L3：私設関数**logplot**にて$G(j\omega)$の位相角度表示

☞ 図 6·20 ① Bode Plot

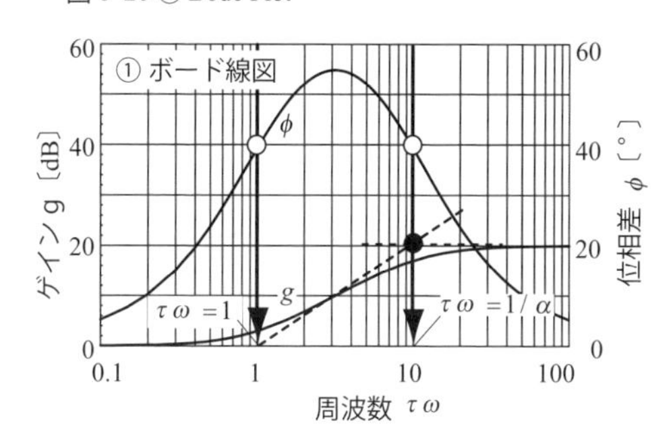

図 6·20 ① $G(s)=\dfrac{\tau s+1}{\alpha\tau s+1}$ （$\alpha=0.1$ の場合）のボード線図

Python [31] 位相進み回路のナイキスト線図

```
plt.figure(figsize=(3,3))
my_parametricplot(sp.re(ggw),sp.im(ggw),'w',0.1,100,"r")

wtab=[0.1,1,3,50,100]
tabxyw=my_p10_tabxy(sp.re(ggw),sp.im(ggw),'w',wtab)
my_p10_freq(tabxyw[:,0],tabxyw[:,1],tabxyw[:,2],"r")
plt.xlim(-2,12)
plt.ylim(-6,8)
```

☜ 周波数 Plot

☞ 図 6·20 ② ベクトル軌跡

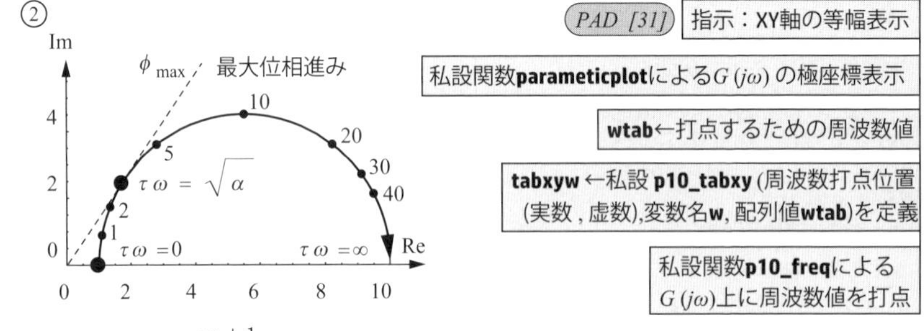

図 6･20 ②　$G(s)=\dfrac{\tau s+1}{\alpha\tau s+1}$（$\alpha=0.1$ の場合）のベクトル軌跡

【例題 6･12】　次式の伝達関数の特性を**図 6･21**（次頁，次々頁）に描く。

$$G(s)=\left(\frac{s+1}{0.1s+1}\right)^2\frac{2}{s+2} \tag{6･19}$$

この系の正弦波入力に対する出力波形の関係を**図 6･22**（a）～（d）に示す。同図に示すように，高周波数域で位相遅れを有する場合である。

① 上式のボード線図 6･21 ① を描き，高周波数域の位相遅れを確認せよ。

② 上式のナイキスト線図 6･21 ② を描き，高周波数域の位相遅れを確認せよ。

③ 図 6･22 に示す入力信号（振幅＝1）に対する出力波形を示す。同図から，入力周波数ω，ゲインg，位相差ϕを読み取れ。これらの読み値を図6･21上にプロッ

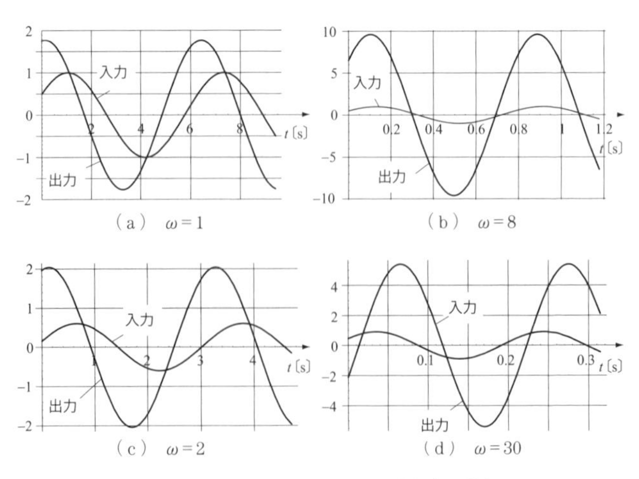

図 6･22　入出力波の関係（定常状態）

トせよ。

④　図 6･22 に示す入出力波形を計算で再現し，ゲインと位相差を確認せよ。

解：まず，伝達関数を定義する。

Python [32]　伝達関数定義

```
para = [(alpha,0.1),(s,1j*w)]
ggs= ((s+1) /(alpha*s+1))**2*2/(s+2)
display(ggs)
ggw=ggs.subs(para)
```

PAD [32]

para←パラメータ定義{$\alpha = 0.1 < 1,\ \tau = 1,\ s = j\omega$}

ggs←式（6･19）の伝達関数$G(s)$を定義

ggw←パラメータ代入$G(j\omega)$

$$\frac{2(s+1)^2}{(s+2)(\alpha s+1)^2}$$ ☞ ggs

解①：ボード線図を描く。

Python [33]　ボード線図

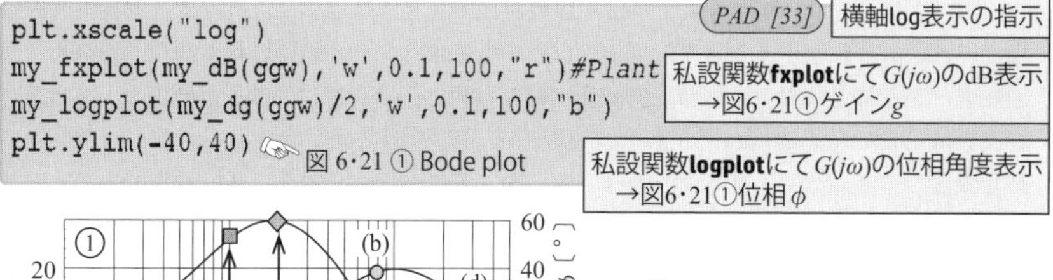

```
plt.xscale("log")
my_fxplot(my_dB(ggw),'w',0.1,100,"r")#Plant
my_logplot(my_dg(ggw)/2,'w',0.1,100,"b")
plt.ylim(-40,40)
```

☞ 図 6･21 ① Bode plot

PAD [33]

横軸log表示の指示

私設関数**fxplot**にて$G(j\omega)$のdB表示 →図6･21①ゲインg

私設関数**logplot**にて$G(j\omega)$の位相角度表示 →図6･21①位相ϕ

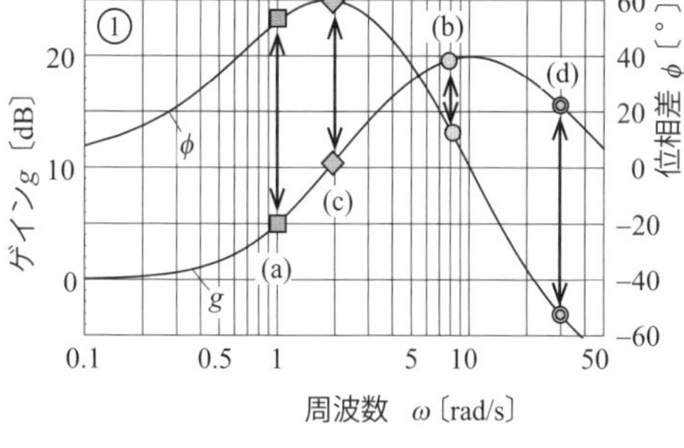

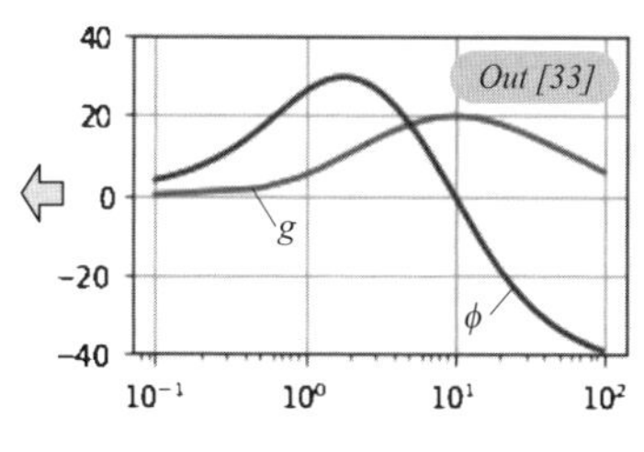

図 6･21 ①　ボード線図

解②：ナイキスト線図を描く。

Python [34]　ナイキスト線図

```
plt.figure(figsize=(3,3))
my_parametricplot(sp.re(ggw),sp.im(ggw),'w',0.1,100,"r")
wtab=[0.1,1,2,8,10,30,100]
tabxyw=my_p10_tabxy(sp.re(ggw),sp.im(ggw),'w',wtab)
my_p10_freq(tabxyw[:,0],tabxyw[:,1],tabxyw[:,2],"r")
plt.xlim(-2.5,12.5)
plt.ylim(-7.5,7.5)
```

☞ 図 6･21② Nyquist plot

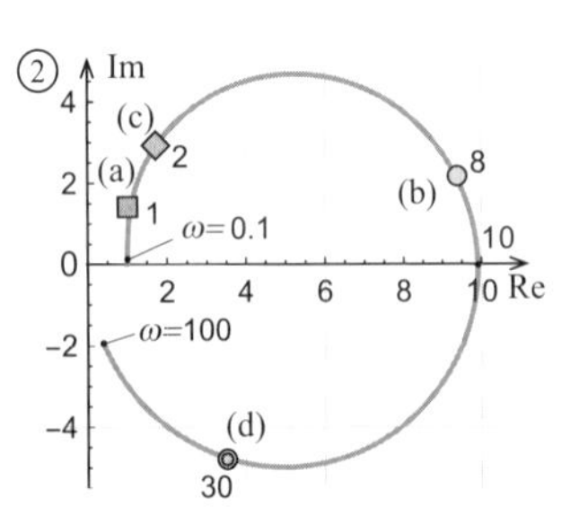

図 6·21 ②　ナイキスト線図

PAD [34]　指示：XY軸の等幅表示

私設関数**parameticplot**による$G(j\omega)$の極座標表示

打点するための周波数値→**wtab**

tabxyw ←私設 **p10_tabxy** (周波数打点位置(実数，虚数),変数名**w**, 配列値**wtab**)を定義

私設関数**p10_freq**による$G(j\omega)$上に周波数値を打点

補遺：先のボード線図 6·20 の位相曲線は全周波数域で正だから，入力に対してつねに位相は進み状態にある。軸受動特性としては正のばねかつ正の減衰ゆえ，振動制御としては理想的な周波数特性である。実際には，アクチュエータの遅れなど種々の遅れ要素が加わり，ボード線図 6·21 ① に示すように高周波数域で位相曲線は負に入り，入力に対して位相は遅れる。それをナイキスト線図 6·21 ② で見るとベクトル軌跡は第 1 象限（正ばね，正減衰）から第 4 象限（正ばね，負減衰）に推移する。そこでは，軸受動特性としては高周波数域において正のばねだが負の減衰となる。この例では周波数 $\omega=10$ が第 1 象限と第 4 象限との境だから，系の固有振動数 ω_n を $\omega_n>10$ に設定することは無理である。高速高減衰応答の一般的な要求に対して，より高い固有振動数の設定が望まれ，それに対応するには高周波数域における位相進み（正位相）も必須である。よって，制御アクチュエータなど周辺機器の特性まで細かく注意を払う必要がある。

解③：図 6·22 に示す出力信号/入力信号の波形読み値は

（a）　$\omega=1/6.28$ Hz $=1$ rad/s，ゲイン $g=$ 出力/入力 $=1.8/1=1.8=5$ dB，位相差 $\phi=52°$

（b）　$\omega=1/0.8$ Hz $=8$ rad/s，ゲイン $g=9.6/1=9.5=19.6$ dB，位相差 $\phi=12°$

（c）　$\omega=2$ rad/s，ゲイン $g=2/0.6=3.4=10.4$ dB，位相差 $\phi=59°$

（d）　$\omega=1/0.21$ Hz $=30$ rad/s，ゲイン $g=5.4/0.9=6=15.6$ dB，位相差 $\phi=-53°$

これらの読み値を図 6·21 ① のボード線図上にプロットした結果，各（a）～（d）点はよく曲線にのっている。また，ナイキスト線図 6·21 ② 上の打点位置にもよく対応している。

解④：入出力波形を計算で再現する。

Python [35]　入出力波形の観察：ケース (c) の再現

```
spd=[(w,2)]
wt0=sp.re(sp.exp(1j*w*t).subs(spd))
wt1=sp.re((ggw*sp.exp(1j*w*t)).subs(spd))
my_fxplot(wt1,"t",0,4,[1,0,0]);#phase lead by 60 deg
my_fxplot(wt0,"t",0,4,[0,1,0]);
```

```
plt.ylim(-10,10)
print(np.abs(ggw.subs(spd)))
print(sp.N(my_dg(ggw.subs(spd))))
```

結果：振幅=3.399　　位相差=59.250°

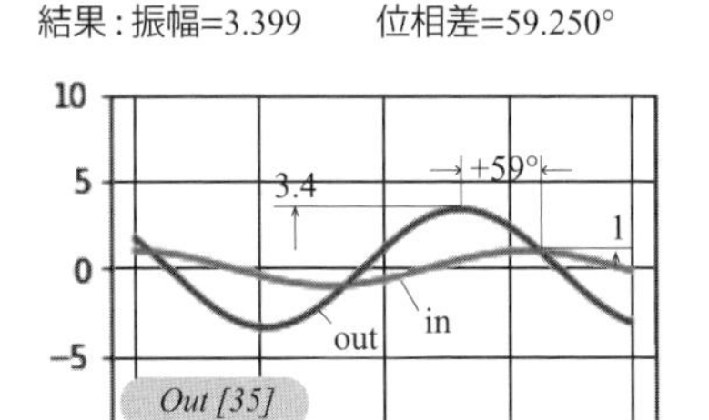

PAD [35]

spd←加振周波数設定{ ω= 2}

wt0←加振関数$Re[e^{j\omega t}]$ の定義

wt1←応答関数$Re[G(j\omega)e^{j\omega t}]$ の定義

複素振幅の印刷
→出力波形に $G(j8)= 3.4\angle 59°$ が観察される。

注 1：本プログラムの 1 行目でパラメータの周波数 **w**＝2 に設定した。そのときの伝達関数 $G(j\omega)$ はゲイン＝出力振幅/入力振幅＝3.4＝10.4 dB∠位相 59.250 だから，入力波形 **wt0**＝1*cos 波に対して出力波形 **wt2**＝1×3.4＝3.4∠位相 59° 進み波形が観察されているわけである。

注 2：本プログラムの 1 行目でパラメータの周波数設定を書き換えた場合，**spd＝[(w,1)]**→図（a），**spd＝[(w,8)]**→図（b），**spd＝[(w,30)]**→図（d）の対応となる。試されたし。

6・3　フィードバック制御

6・3・1　フィードバック制御系の特性

自動車の運転を例に，人が目標コースに沿って車を走らせる操向制御における情報の流れを**図 6・23** に示す。運転者は目標コースと現在の車の横位置を比較，そのずれを検知し，ずれを補正するようにハンドル操作を行う。その結果，車の横位置が制御量として表れ，目標側に戻る。情報はぐるぐる回る。これがフィードバック制御であ

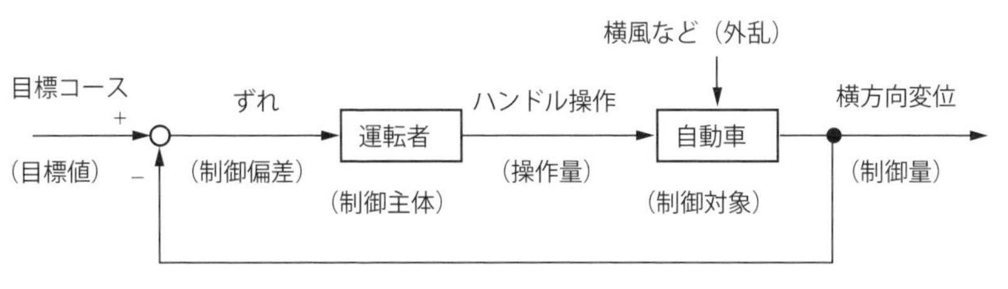

図 6・23　人が自動車を操舵する場合の情報の流れ

る。また，横風などの外乱も存在し，その影響をフィードバック制御で排除せねばならない。

フィードバック制御のブロック線図を**図 6･24** に示す。目標値 $r(t)$，操作量 $u(t)$，外乱 $d(t)$，制御量 $x(t)$ に対するラプラス変換を $R(s)$，$U(s)$，$D(s)$，$X(s)$ とする。また，制御器，制御対象の伝達関数を $G_r(s)$，$G_p(s)$ とする。各変数間の関係は次式で表される。

$$U(s)=G_r(s)\,[R(s)-X(s)]$$
$$X(s)=G_p(s)\,[U(s)+D(s)] \qquad (6･20)$$

これを整理して次式を得る。

$$X(s)=\frac{G_r(s)G_p(s)}{1+G_r(s)G_p(s)}R(s)+\frac{G_p(s)}{1+G_r(s)G_p(s)}D(s) \qquad (6･21)$$

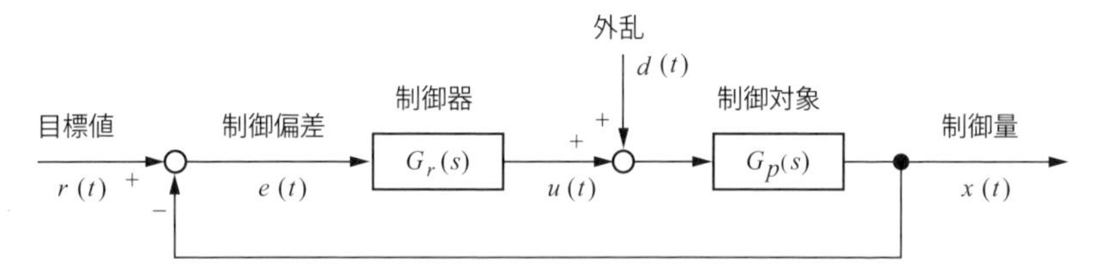

図 6･24　簡略表示されたフィードバック制御系

制御の目的は，制御量を目標値に一致させ，外乱の影響を排除することである。すなわち，与えられた制御対象 $G_p(s)$ に対して制御装置 $G_r(s)$ を

$$\frac{G_r(s)G_p(s)}{1+G_r(s)G_p(s)}\to 1\quad,\quad\frac{G_p(s)}{1+G_r(s)G_p(s)}\to 0 \qquad (6･22)$$

となるように設計すればよい。よって，$|G_r(s)|\to\infty$，すなわち高ゲインの制御装置が望まれる。しかし，無限に大きな制御出力は無理で，ゲインアップは系の不安定を誘発するなど，実際はそれほど簡単ではない。

典型的なステップ応答を**図 6･25** に示す。目標値の変化に対してすばやく立ち上がり（速応性），振動は減衰し（収束性），かつ目標値と制御量のずれ（定常偏差）がないように追従するのが理想である。

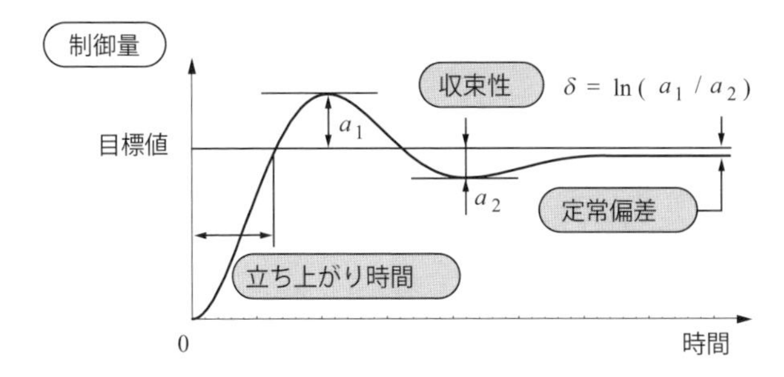

図 6·25 制御系の静特性·動特性

6·3·2 フィードバック制御の PID 制御

PID 制御器は比例（Proportional）＋積分（Integral）＋微分（Differential）の制御動作からなり，その伝達関数は次式で表される。

$$G_r(s) = K_p + \frac{K_I}{s} + K_D s = K_p\left(1 + \frac{1}{T_I s} + T_D s\right) \tag{6·23}$$

特に，$K_i = K_D = 0$ の場合を P 制御，$K_D = 0$ の場合を PI 制御という。

【例題 6·13】 **図 6·26** に示す液面/水位制御系における PI 制御を考える。

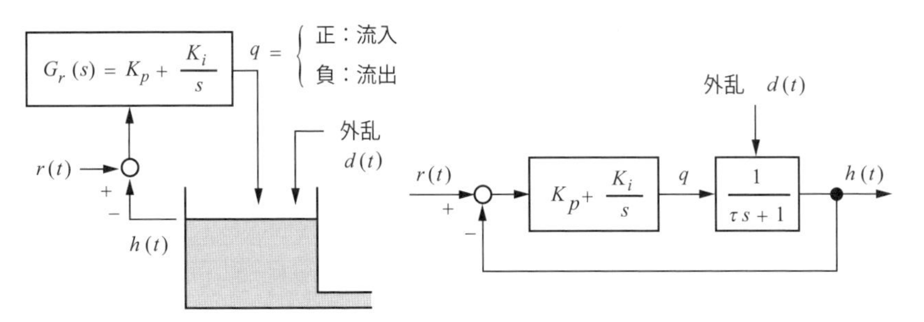

図 6·26 液面レベル制御（PI 制御）

① P 制御は応答の立ち上がりを早める。

② I 制御は定常偏差を解消する。

ステップ状の入力および外乱が作用する場合のシミュレーション（**図 6·27**，必要定数併記）より，上記を確認せよ。

解：

$$H(s) = \frac{(K_p s + K_I)}{s(\tau s + 1) + (K_p s + K_I)} \frac{r_0}{s} + \frac{s}{s(\tau s + 1) + (K_p s + K_I)} \frac{d_0}{s} \tag{6·24}$$

Python [37]　開特性，閉特性

シンボル変数リストアップ

```
t,s,Kp,Ki,tau,rs,ds=sp.symbols('t,s,Kp,Ki,tau,rs,ds')
ggr=(Kp+Ki/s)
ggp=1/(tau*s+1)
ggo=ggr*ggp
hh=sp.simplify(ggo/(1+ggo)*rs+ggp/(1+ggo)*ds)
display(hh)
```

PAD [37]

ggr,ggp: 同図のG_rとG_pを定義

ggo: 開特性$G_o=G_p\times G_r$

$$\frac{dss+rs\,(Ki+Kps)}{Ki+Kps+s\,(s\tau+1)}$$ ☜式 (6･24)

閉特性の**hh:**を導出→上式（6･24)に一致

解①：P 制御のみの場合 $h(t)=3(1-\mathrm{e}^{-2t})/2$　　（a）

$$h(\infty)=\lim_{s\to 0} sH(s)=\frac{K_p}{K_p+1}r_0+\frac{1}{K_p+1}d_0$$

（表4･1のNo.12最終値定理を利用。定常偏差あり）

解②：PI 制御の場合 $h(t)=1+(2t-1))e^{-t}$　　（b）

$$h(\infty)=\lim_{s\to 0} sH(s)=r_0$$　（定常偏差解消）

PAD [38]

Python [38]　積分器の有無比較

para←基本パラメータ設定$Kp=1$, $\tau=1$

```
para=[(Kp,1),(rs,1/s),(ds,2/s),(tau,1)]
hh1=hh.subs(Ki,0).subs(para)
hh2=hh.subs(Ki,1).subs(para)
```

rs=単位関数、ds＝2倍×単位関数

hh1←応答$H(s)$:係数代入+積分器なし

hh2←応答$H(s)$: 係数代入+積分器あり

Python [39]　応答波形←L^{-1}

```
gt1=sp.inverse_laplace_transform(hh1,s,t)
gt2=sp.inverse_laplace_transform(hh2,s,t)
display(gt1)
display(gt2)
```

PAD [39]

gt1←時刻歴応答：L^{-1}(**hh1**) 積分器なし

gt2←時刻歴応答：L^{-1}(**hh2**) 積分器あり

$$\frac{3\left(e^{2t}-1\right)e^{-2t}\theta(t)}{2}$$ ☜式 (a)

$$\left(2t+e^{t}-1\right)e^{-t}\theta(t)$$ ☜式 (b)

Python [40]　応答波形の偏差の有無　PAD [40]

gt1←時刻歴応答（図6･27)：積分器なし

```
my_fxplot(gt1,'t',0,10,"r")
my_fxplot(gt2,'t',0,10,"b");
plt.ylim(0,2)
```

式(a)で最終値1/(1+1)×1+1/(1+1)×2=0.5+1=1.5に収束

gt2←時刻歴応答（図6･27)：積分器あり，式 (b)で最終値 r_0=1に収束

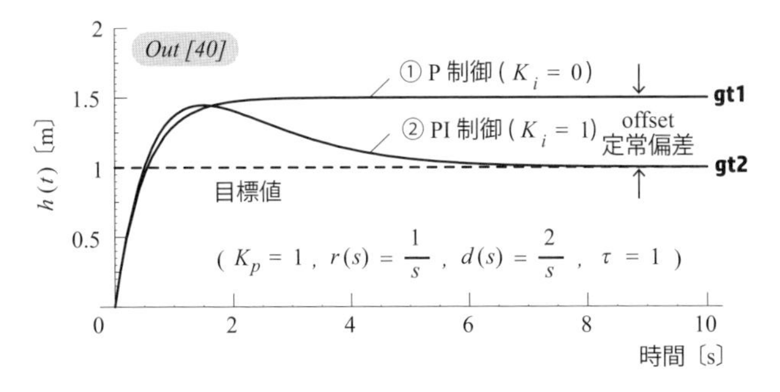

図 6・27　シュミレーション波形比較

【例題 6・14】　軌道上の衛星（**図 6・28**）は，衛星に取り付けられたジェットによりアンテナ向きを姿勢制御する。ジェットによる制御モーメント $M(t)$，衛星の慣性能率 J，姿勢角 $\theta(t)$ とすると衛星の運動方程式は

$$J\ddot{\theta}=M \tag{6・25}$$

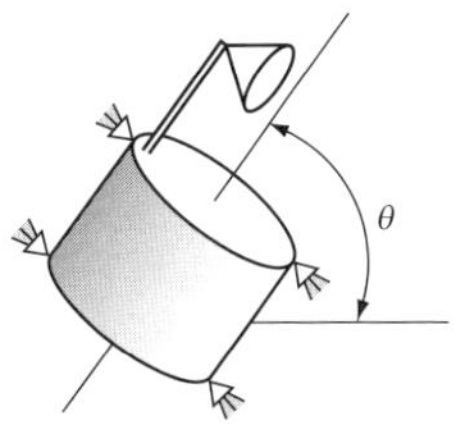

図 6・28　衛星の姿勢制御

対応する PID 制御のブロック線図（**図 6・29**）で

① P 制御は，機械系のばね作用に相当し，系の固有振動数を高める。

② I 制御は，機械系の静剛性 = 3 に相当し，定常偏差を解消する。

③ D 制御は，機械系の粘性減衰に相当し，系の減衰比を高める。

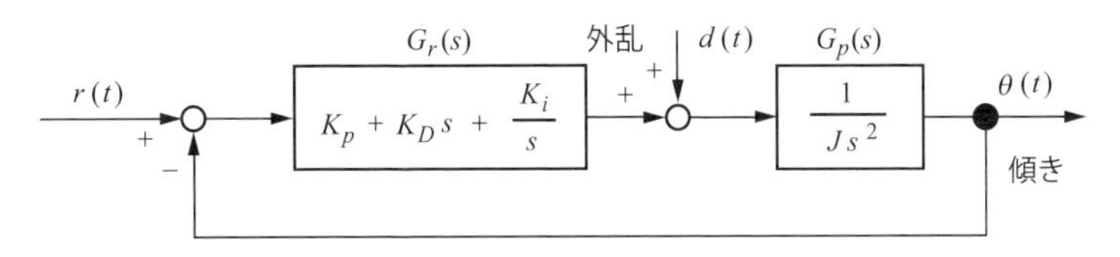

図 6・29　姿勢制御（PID 制御）

ステップ状入力および外乱が作用する場合のシミュレーション（**図 6・30**，必要定数併記）より，上記を確認せよ。

解：
$$H(s)=\frac{(K_p+K_Ds+K_I/s)}{Js^2+K_Ds+K_p+K_I/s}\frac{r_0}{s}+\frac{1}{Js^2+K_Ds+K_p+K_I/s}\frac{d_0}{s} \tag{6・26}$$

① P 制御のみでは，不減衰固有振動となる。

② PD 制御では，減衰振動となるが定常偏差 r_0+d_0/K_p が残る。

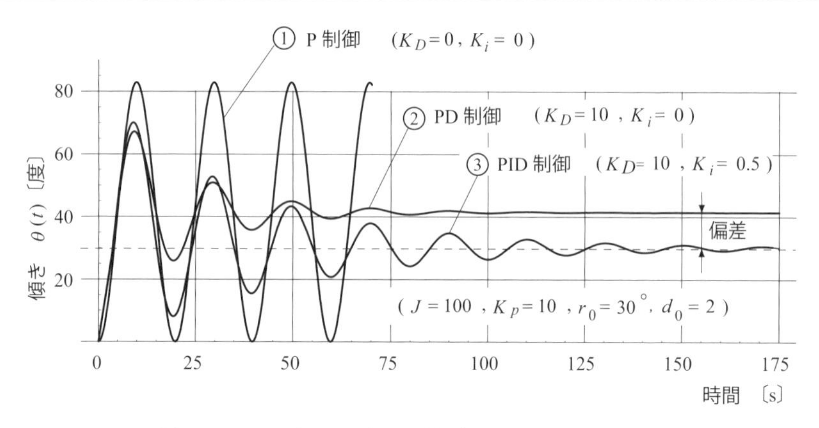

図 6・30　PID（比例＋微分＋積分）制御による応答比較

③ PID制御が理想で，波形は減衰し，かつ定常偏差なし

以下，Python プログラムで確認してみよう。

Python [41]　人工衛星の開特性（図 6・29 参照）　シンボル変数リストアップ

```
L1 t,s,Kp,Ki,Kd,rs,ds,jj=sp.symbols('t,s,Kp,Ki,Kd,rs,ds,jj')
L2 ggr=(Kp+Kd*s+Ki/s)
L3 ggp=1/(jj*s**2)
L4 ggo=ggr*ggp
L5 qqrs=sp.factor(ggo/(1+ggo)*rs)*180/sp.pi
L6 qqds=sp.factor(ggp/(1+ggo)*ds)*180/sp.pi
L7 display(qqrs,qqds)
```

PAD [41]

ggr←$G_r(s)$の制御器伝達関数定義

ggp←$G_p(s)$の制御対象伝達関数定義

ggo←開特性**ggr* ggp**

ggrs←入力rに対する応答式(6・26)の前半

ggds←外乱dに対する応答式(6・26)の後半

$$\frac{180rs\left(Kds^2+Ki+Kps\right)}{\pi\left(Kds^2+Ki+Kps+jjs^3\right)}$$ ← ggrs

$$\frac{180dss}{\pi\left(Kds^2+Ki+Kps+jjs^3\right)}$$ ← ggds

Python [42]　パラメータ値設定

```
para0=[(Kp,10),(jj,100),(rs,30*np.pi/180/s),(ds,2/s)]
para1=para0+[(Kd,0),(Ki,0)]
para2=para0+[(Kd,10),(Ki,0)]
para3=para0+[(Kd,10),(Ki,0.5)]
```

PAD [42]

para0←基本パラメータ定義
($K_p=10$, $J=100$
$r(s)=\dfrac{30°}{s}$, $d(s)=\dfrac{2}{s}$)

para1←**para0**+{$Kd=0$, $Ki=0$} 不減衰で積分器なし

para2←**para0**+{$Kd=10$, $Ki=0$} 減衰系で積分器なし

para3←**para0**+{$Kd=10$, $Ki=0.5$} 減衰系で積分器あり

Python [43] 参照信号入力 r に対するステップ応答

```
qq11=qqrs.subs(para1)
qq12=qqrs.subs(para2)
qq13=qqrs.subs(para3)
qt11=sp.inverse_laplace_transform(qq11,s,t)
qt12=sp.inverse_laplace_transform(qq12,s,t)
qt13=sp.inverse_laplace_transform(qq13,s,t)
display(qt11,qt12,qt13) → Out 略
```

PAD [43]

qq11/12/13←伝達関数**ggrs**に**para1/2/3**を代入

qt11/12/13←L^{-1} による**qq11/12/13**の応答

Python [44] 外乱 d に対するステップ応答

```
qq21=qqds.subs(para1)
qq22=qqds.subs(para2)
qq23=qqds.subs(para3)
qt21=sp.inverse_laplace_transform(qq21,s,t)
qt22=sp.inverse_laplace_transform(qq22,s,t)
qt23=sp.inverse_laplace_transform(qq23,s,t)
display(qt21,qt22,qt23) → Out 略
```

PAD [44]

qq21/22/23←伝達関数**ggds**に**para1/2/3**を代入

qt21/22/23←L^{-1}による**qq21/22/23**の応答

Python [45] 両ステップ応答の和の描画

```
1 my_fxplot(qt11+qt21,          't',0,175,[1,0,0])
2 my_fxplot(sp.re(qt12+qt22),'t',0,175,[0,1,0])
3 my_fxplot(qt13+qt23,          't',0,175,[0,0,1])
4 plt.ylim(-10,90)
```

PAD [45]

para1の場合の応答**qt11+qt21**描画

para2の場合の応答**qt12+qt22**描画

para3の場合の応答**qt13+qt23**描画

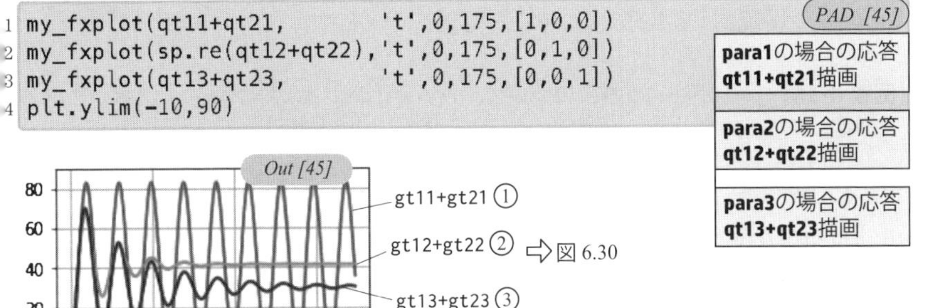

6·3·3 実用的な位相進み回路

ところで，式（6·23）に含まれる微分演算は完全には実現できない。実際には，**図 6·31** のように角速度を検出し，それを速度フィードバック信号に用いる構成をとる。あるいは，**図 6·32** に示すように，PD 制御部分を相当品である位相進み補償に置き換える方式がとられる。

$$\text{位相進み補償}\quad G_r(s)=\frac{\tau s+1}{\alpha\tau s+1}\qquad (0<\alpha<1) \tag{6·27}$$

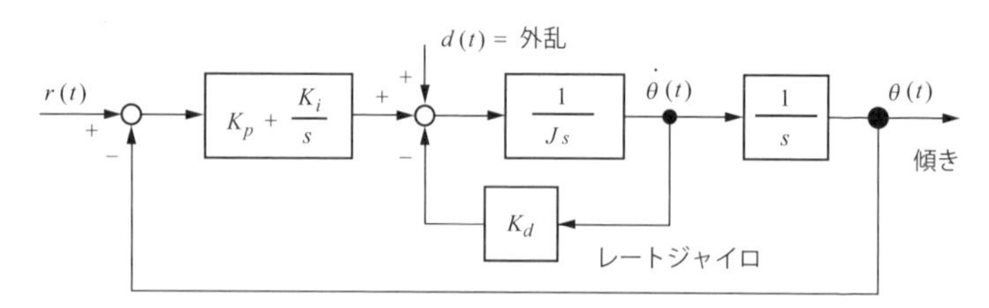

図 6·31　速度フィードバックを導入した制御系

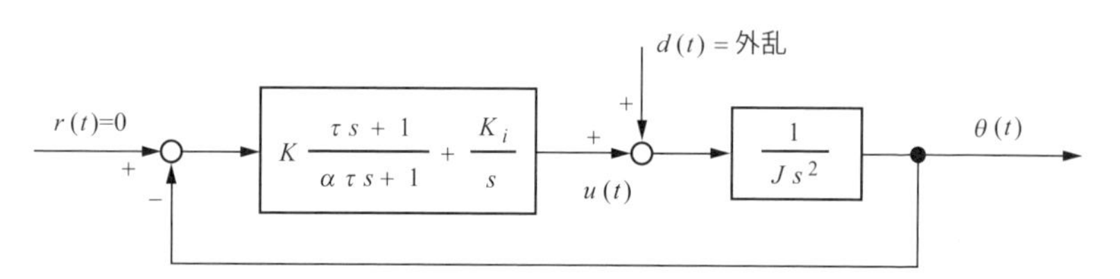

図 6·32　位相進み補償（Phase Lead, PL）による姿勢制御

位相進み補償は高周波数域でゲインが有限に抑えられ，雑音に強いので実用的である。実際の制御器は基本的にこの考えを踏襲している。

【例題 6·15】　例題 6·14 の系について，$r(s)=0$ かつ $d(s)=1$ なるインパルス応答に関し

① PID 制御

② 位相進み補償制御

を比較した応答シミュレーション（**図 6·33**，必要定数併記）を吟味せよ。

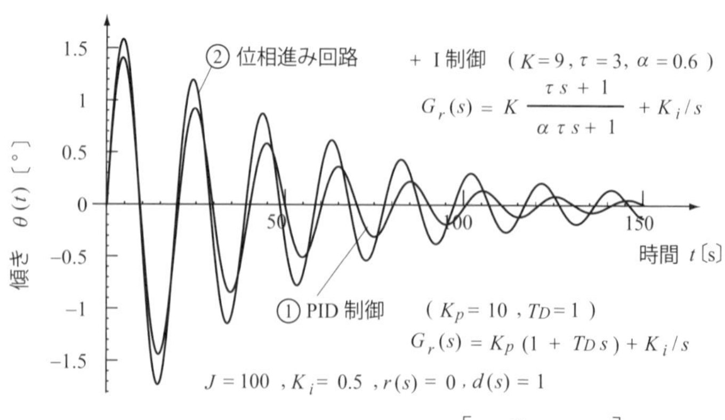

図 6·33　外乱インパルス応答 $\mathcal{L}^{-1}\left[\dfrac{G_p}{1+G_pG_r}d(s)\right]$

解：以下，Python プログラムで確認してみよう。

Python [46]　位相進み回路 (Phase Lead , PL) への代替え　*PAD [46]*

```
ggr1=10*(1+1*s)+0.5/s                    ☜PID
ggr2=9*(3*s+1)/(0.6*3*s+1)+0.5/s         ☜PL+1
ggp=1/(jj*s**2).subs(jj,100)
qqd1=sp.factor((ggp/(1+ggp*ggr1)*ds).subs(ds,1))
qqd2=sp.factor((ggp/(1+ggp*ggr2)*ds).subs(ds,1))
display(qqd1,qqd2)
```

ggr1←PID回路 $G_{r1}(s) = K_P(1 + k_d s) + K_i / s$

ggr2←位相進み回路 $G_{r2}(s) = \dfrac{K_g(\tau s + 1)}{\alpha\tau s + 1} + \dfrac{K_i}{s}$

ggp←制御対象 $G_p(s) = 1 / js^2$

Python [47-48]　インパルス応答の比較

```
qtd1=sp.inverse_laplace_transform(qqd1,s,t)
qtd2=sp.inverse_laplace_transform(qqd2,s,t)
display(qtd1,qtd2)
```

```
my_fxplot(180/sp.pi*qtd1,'t',0,175,[1,0,0])
my_fxplot(180/sp.pi*sp.re(qtd2),'t',0,175,[0,1,0])
plt.ylim(-2,2)  ☞図6·33
```

ggd1←対外乱の伝達関数 $G_{d1}(s) = G_p / (1 + G_{r1} G_p)$

ggd2←対外乱の伝達関数 $G_{d2}(s) = G_p / (1 + G_{r2} G_p)$

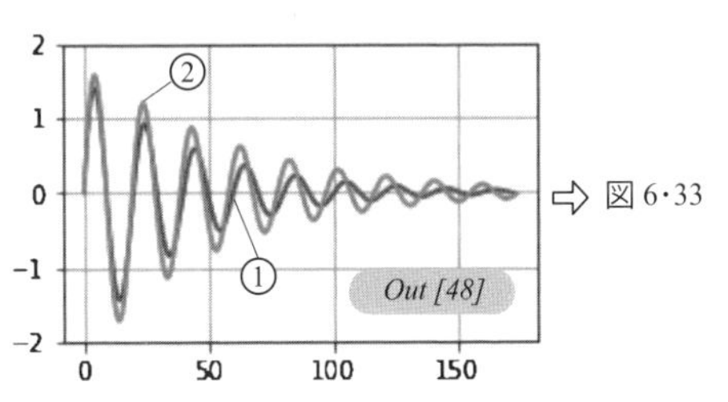

⇨ 図 6·33

PAD [47]

qtd1/2←L^{-1}による**ggd1/2**の応答

両応答**qdt1/2**の描画

補遺：工学書の制御系の説明では，多くの場合「PID」と簡単に総称されているが，実際にはチューニング段階で高周波数域のゲインを抑えたりして，実質「PL＋I」が採用されている。最初からこちらで設計することを勧める。

6·4　フィードバック制御系の安定性

6·4·1　安定性の概念

図 6·34 の波形に示すように，系に何らかのショック外乱が入って少し動いたとき

・図（a）のように，元に戻れば「安定」

・図（c）のように，さらにずれていけば「不安定」

・図（b）のように，その境を「安定限界」

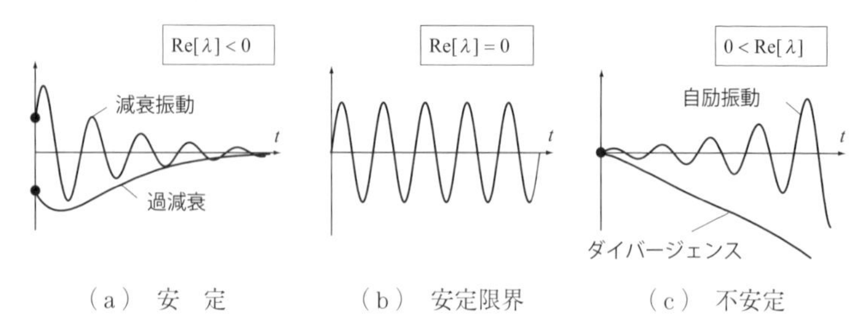

図 6·34　安定性（=λ 特性根）

という。工学的には図（a）が希望する状態で，それを安定な系という。

6·4·2　特性方程式・特性根

前出の図 6·24 に示すフィードバック制御系の制御量の応答式（6·21）で，一巡（開ループ）伝達関数 $G_o(s) = G_r(s)G_p(s)$ を用いると

$$X(s) = \frac{G_o(s)}{1 + G_o(s)}R(s) + \frac{G_p(s)}{1 + G_o(s)}D(s) \tag{6·28}$$

と表される。右辺の分母を 0 とする式が特性方程式である。

$$1 + G_o(s) = 0 \tag{6·29}$$

式（6·29）から特性根 $s = \{\lambda_1, \lambda_2, \cdots, \lambda_n\}$ が求まる。図 6·34 が示すように，安定性は特性根 λ_i の実部 $\mathrm{Re}[\lambda_i]$ に依存する。安定になるのはすべての特性根の実数部が負，すなわち，すべての特性根が複素平面の左半面にあるときである。

【例題 6·16】　**図 6·35** に示す位相進み補償を応用した磁気浮上制御系において

$$G_r(s) = K_g\frac{s+1}{\alpha s+1} \times \frac{10}{s+10} \qquad G_p(s) = \frac{1}{ms^2} \tag{6·30}$$

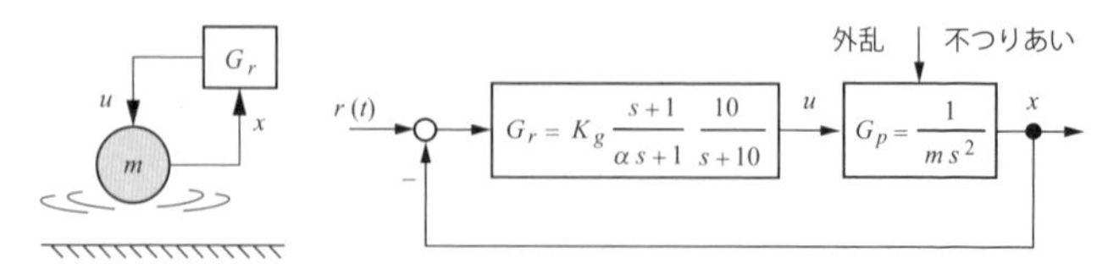

図 6·35　磁気浮上制御系

ただし，$m=1$ kg，$\alpha=0.4$，$K_g=1$（デフォルト値）とする。この系の特性根を求めよ。

解：以下，Python で計算してみよう。

Python [50] 磁気浮上系の機械システム　（シンボル変数リストアップ）　PAD [50]

```
s,t,w,m,kg,α=sp.symbols('s,t,w,m,kg,α')
para=[(m,1),(α,0.4)]
ggr = kg*(s+1)/(α*s+1)*10/(s+10)
ggp = 1/(m*s**2)
ggo = ggr*ggp
display(ggo)
```

para0←パラメータ定義$\{m=1,\ \alpha=0.4\}$

ggr←制御器$G_r(s)=\dfrac{kg(s+1)}{\alpha s+1}\times\dfrac{10}{s+10}$

ggp←制御対象$G_p(s)=1/(ms^2)$

ggo ←開特性**ggr* ggp**

$$\frac{10kg\,(s+1)}{ms^2\,(s+10)\,(s\alpha+1)}$$ ggo

Python [51-53] 磁気浮上系の特性根　PAD [53]

```
chrg=(sp.fraction(sp.factor(1+ggo))[0]).subs(para)
display(chrg)
pole=sp.solve(chrg.subs(kg,1),s)
display(pole)
```

chrg←特性式([1+Go]の分子=0)の定義パラ代入

pole←k_g=1のときの**chrg**を**solve**関数で解く

$0.4s^4+5.0s^3+10s^2+10kgs+10kg$ chrg

（係数：a_0，a_1，a_2，a_3，a_4）

結果：極(Pole) = [-10.28, -1.75, -0.23 ±1.15j]

```
kon=pole[3]#振動根
print("wn =",sp.Abs(kon),"  z= ",-sp.re(kon)/sp.Abs(kon))
```

kon←特性根**pole**の4番目に振動根あり

固有振動数 wn = 1.18　減衰比 z = 0.2

固有振動数 ω_n=1.18と減衰比 ζ=0.2を算出

6・4・3 フルビッツの安定規範

すべての特性根を求め，その実部の正負を調べなくても，系の安定性を判別することができる。そのためのフルビッツの安定判別法を紹介する。特性方程式が

$$a_0s^n+a_1s^{n-1}+\cdots\cdots+a_{n-1}s+a_n=0 \qquad (6\cdot31)$$

で表されるとき，系が安定であるための必要十分条件は

① 係数 $a_1, a_2, a_3, \cdots, a_n$ がすべて存在し，正で，かつ

② フルビッツの行列式 $H_i(i=2, \cdots, n-1)$ がすべて正である。

$$H_{n-1}=\begin{bmatrix} a_1 & a_3 & a_5 & a_7 & \cdots & 0 & 0 \\ a_0 & a_2 & a_4 & a_6 & \cdots & 0 & 0 \\ 0 & a_1 & a_3 & a_5 & \cdots & 0 & 0 \\ 0 & a_0 & a_2 & a_4 & \cdots & a_n & 0 \\ \vdots & \vdots & \vdots & \vdots & \ddots & a_{n-1} & 0 \\ 0 & 0 & \vdots & \vdots & \cdots & a_{n-2} & a_n \\ 0 & 0 & \vdots & \vdots & \cdots & a_{n-3} & a_{n-1} \end{bmatrix} \tag{6·32}$$

【例題 6·17】（例題 6·16 の続き）　図 6·35 の制御系（p.162）において，系が安定になるゲイン K_g の範囲を求めよ。

解：以下，Python で計算してみよう。

Python [56]　Routh-Hurwitz の安定判別

```
L1 h3 =sp.Matrix( [[5,10*kg,0],[0.4,10,10*kg],[0, 5, 10*kg]])
L2 display(h3)
L3 h2 = h3[0:2,0:2] # 左上の2x2行列抽出
L4 display(h2)
L5 # 安定限界探索
L6 display(sp.solve(sp.det(h3),kg))
L7 display(sp.solve(sp.det(h2),kg))
```

$$\begin{bmatrix} 5 & 10kg & 0 \\ 0.4 & 10 & 10kg \\ 0 & 5 & 10kg \end{bmatrix}$$

$$\begin{bmatrix} 5 & 10kg \\ 0.4 & 10 \end{bmatrix}$$

[0.0, 6.25]
[12.5]

PAD [56]

- **h3**←特性式**chrg**を見てフルビッツの行列(3x3)を定義
- **h2**←**h3**の左上(2x2)の小行列を抽出
- **h2, h3**→**display**で表示
- L6：行列式**det**を用い **|h3|=0, |h2|=0** を解く　安定範囲0<kg<6.25を知る。

安定範囲は Det[h3] $=250K_g-40K_g^2>0 \rightarrow 0<K_g<6.25$ かつ Det[h2] $=50-4K_g>0 \rightarrow K_g<612.5$ より，$0<K_g<6.25$

6·4·4　極配置と根軌跡

特性根が左半面にあれば安定であるが，制御系は安定であればよいというだけではない。制御では，速応性や収束性が問題になる。これらの特性は，**図 6·36** に示すように，特性根が左半面のどこにあるかによる。虚軸に近かければ，減衰比が悪く，振動がなかなかおさまらない。減衰比 ζ は特性根 λ から次式で換算される。

$$\zeta = -\frac{\mathrm{Re}[\lambda]}{|\lambda|} = \sin\beta \qquad (6\cdot33)$$

また，同図の b_b は減衰が極めて遅い根を除くための制限である。

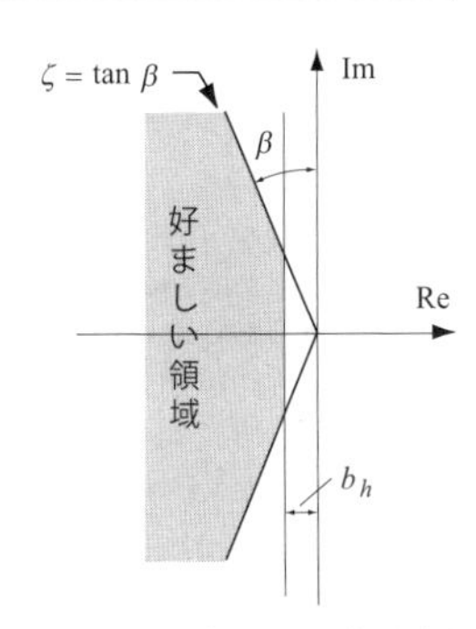

図 6·36　好ましい根配置

【例題 6·18】（例題 6·17 の続き）　図 6·35 の制御系（p.162）において，$K_g = 0 \sim 3$ に変化させた場合の特性方程式 $1 + K_g G_o(s) = 0$ の根軌跡をプロットせよ。

解：Python 演算を効かせ，仔細に答えよう。

Python [57]　根軌跡（根計算データの準備）

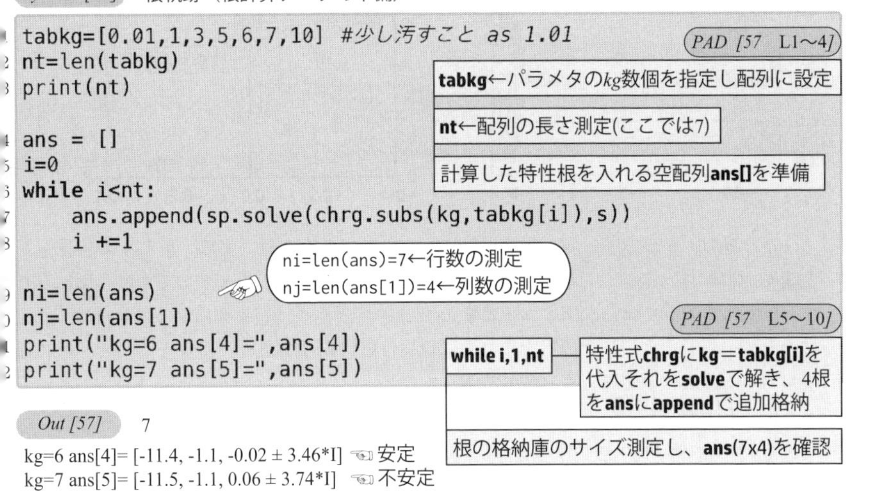

```
tabkg=[0.01,1,3,5,6,7,10] #少し汚すこと as 1.01
nt=len(tabkg)
print(nt)

ans = []
i=0
while i<nt:
    ans.append(sp.solve(chrg.subs(kg,tabkg[i]),s))
    i +=1

ni=len(ans)
nj=len(ans[1])
print("kg=6 ans[4]=",ans[4])
print("kg=7 ans[5]=",ans[5])
```


Out [57]　7

kg=6 ans[4]= [-11.4, -1.1, -0.02 ± 3.46*I]　安定
kg=7 ans[5]= [-11.5, -1.1, 0.06 ± 3.74*I]　不安定

注 1：*Out [57]* には kg=6 と kg=7 のときの複素固有値計算 sp.solve の結果（ans[4] と ans[5]）を載せている。3 番目の根は $\pm j$ の形をしており共役根で，それがここで問題の振動根である。ans[4] と ans[5] の振動根の実部は負から正へと転じている。すなわち，この間で安定から不安定に転じたことを意味しており，試行的に kg の値を変えてこの計算を試してみると kg = 6.25 がその境界であることを知る。これは例題 6·17 で求めた安定限界の解析解に一致している。

Python [58]　根軌跡の描画

```
ans1=sp.flatten(ans)
nt1=len(ans1)

ans3=np.zeros((nt1,3))
```

PAD [58]
ans1←2次元配列ansをflattenで1次元配列に書換え
nt1←ans1の長さ測定

```
L16 i=0
L17 while i<ni:
        j=0
        while j<nj:
            ij=i*nj+j
            ans3[ij,0]=sp.re(ans1[ij])
            ans3[ij,1]=sp.im(ans1[ij])
            ans3[ij,2]=tabkg[i]
            j +=1
        i +=1
    my_p10_freq(ans3[:,0],ans3[:,1],ans3[:,2],'r')
L27 plt.xlim(-12,1)
L28 plt.ylim(-6,6)
```

ans3←根位置指定用の3次元配列**(nt1,3)**を用意
{実部@j=1、虚部@j=2、k_g値@j=3}

while i=1,ni ─ **while j=1,nj** ─ **ij=(i-1)*nj+j**
ans3(ij,1)= ans1(ij)の実部
ans3(ij,2)= ans1(ij)の虚部
ans3(ij,3)= tabkg(i)の実部

私設関数**my_p10_freq**にて**{Re,Im}**位置に**kg**値を描く

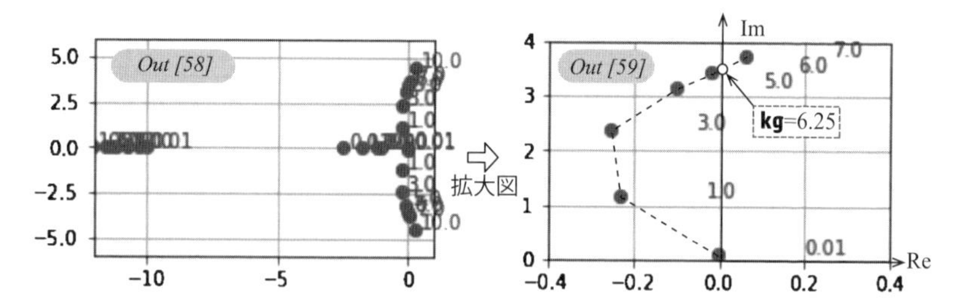

Out [58] は，パラメータ kg を変えながら求めた複素固有値（実部，虚部）の根位置を複素平面にプロットしたものである。この図を根軌跡と呼ぶ。根が一つでも左半面に存在すれば系は不安定である。*Out [58]* では kg = 7, 10 のとき根は右半面に出ており系は不安定になっている。その仔細を観察するために境界付近に絞った図 *Out [59]* を求めた。求めたプログラム作成は下記による。試してみられたし。

（1） *Python [57]* と *Python [58]* をコピーし，一つのセルに納める。
　→ これを *Python [59]* とし，L1, L2, …, L27, L28 とする。

（2） L1：tabkg の内容を選別 → `tabkg=[0.01,1,3,5,6,7]`

（3） L7：ans にプラスの振動根のみを選別格納（4 番目から 4 番目までと考え）
　変更 → `ans.append(sp.solve(chrg.subs(kg,tabkg[i]),s)[3:])`

（4） L27 ～ 28：描写範囲拡大する設定
　変更 → `plt.xlim(−0.4,0.4); plt.ylim(0,4)`

注 2：安定限界は根軌跡が左半面から右半面へ移るところだから，根軌跡詳細図 *Out [59]* より，kg = 6 と kg = 7 の間で虚軸を通過するところとして kg ≒ 6.25 が確認される。

6·4·5　開ループ特性

実際の制御系ループの細部には不確定部分が多く，制御器の伝達関数 $G_r(s)$ と制御対象の伝達関数 $G_p(s)$ を区別することができない。しかし，その積である一巡（開ルー

プ）伝達関数 $G_o(s) = G_r(s)G_p(s)$ を測定することは容易である。**図 6･37** の閉ループ系において，任意の一端から正弦波信号 E を重畳する。その重畳点の前後の信号比が開ループ伝達関数 G_o を与える。

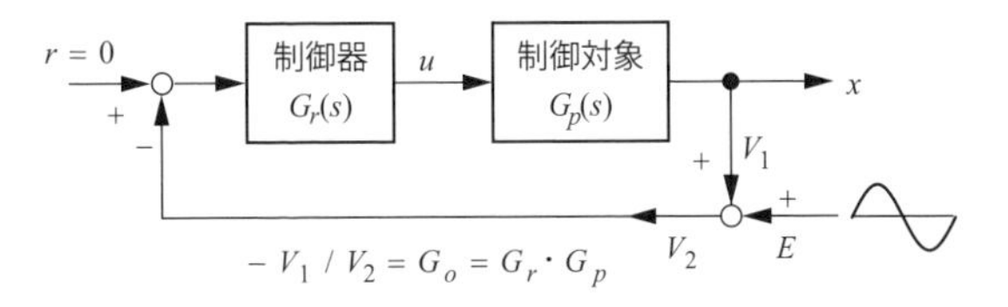

図 6･37 閉ループ特性の測定

$$G_o = -\frac{V_1}{V_2} \tag{6･34}$$

開ループ特性 $G_o(j\omega)$ と閉ループ特性 $G_c(j\omega)$ 間の相互変換は次式である。

$$G_c = \frac{G_o}{1+G_o} = \frac{G_rG_p}{1+G_rG_p} \Leftrightarrow G_o = \frac{G_c}{1-G_c} = G_rG_p \tag{6･35}$$

6･4･6 ボード線図による固有振動数および安定余裕判別

開ループ伝達関数 $G_o(j\omega)$ のボード線図の一例が**図 6･38** である。同図でゲイン曲線が 0 dB と交わる点がゲイン交差周波数 $\omega_g = 1.18$ で，これが固有振動数 ω_n に相当する。この交点における位相 $\angle G_o(j\omega_g)$ と $-180°$ との差が位相余裕 $\phi_m = 18°$ である。マイナスを付した開特性の位相 $\angle -G_o(j\omega_g)$ を描くと，位相余裕 ϕ_m は下図の右端のス

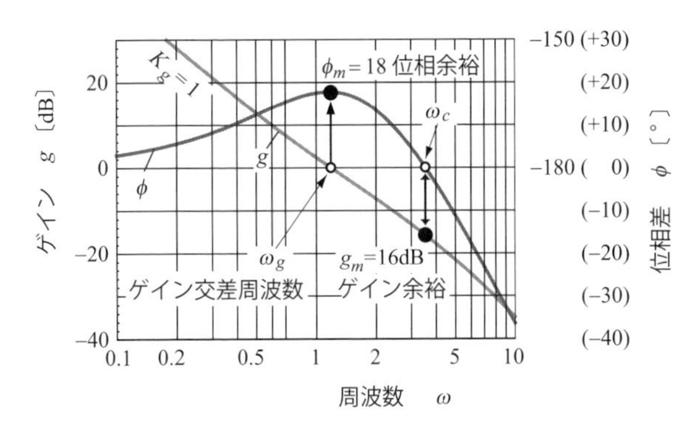

図 6･38 ボード線図における位相余裕，ゲイン余裕

ケール〔°〕から直読できるので便利である。よって，系の減衰比$\zeta = 0.5\tan 18° \approx 0.16$と推定される。隠し技として，減衰比$\zeta$は位相余裕〔°〕を100で割った値で近似でき，例えば$18°/100 = 0.18$と換算できる。また，同図に示すように，位相曲線$\angle -G_o(j\omega_g)$が0°の線と交わる点$\omega_c = 3.5$におけるゲイン$|G_o(j\omega_c)|$をdB値で表したものがゲイン余裕$g_m = 16$ dB$= 6.3$倍である。

以上のことのまとめとして，制御対象が単振動系の2次系ではつぎのことが知られている。

・系の固有振動数ω_nはゲイン交差周波数ω_gにほぼ等しい。

・系の減衰比ζは位相余裕ϕ_mから，$\zeta = 0.5\tan\phi_m \approx \phi_m°/100$で換算できる。

【例題6·19】（例題6·18の続き）　図6·35の制御系（p.162）において，開ループ伝達関数のボード線図を描き，ゲイン交差周波数ω_gよび位相余裕ϕ_mならびにゲイン余裕g_mを求めよ。

解：以下，Pythonで計算してみよう。

Python [60]　開特性G_o，「距離D」，感度G_s

```
display(ggo)
ggow = ggo.subs(para).subs(kg,1).subs(s,1j*w) #Open
ggdw=sp.factor(1+ggow) #距離
ggsw = 1/ggdw #感度
```

（L2）

$$\frac{10kg(s+1)}{ms^2(s+10)(s\alpha+1)}$$ ☞ $G_o(s)$

PAD [60]

ggow ← 開ループ伝達関数$G_o(s=j\omega$, **para**, $k_g=1)$

ggdw=1+ ggow ← 臨界点からの**ggow**までの距離D

ggsw=1/ ggdw ← 感度関数G_s

Python [61]　開特性のボード線図

```
L1 plt.xscale("log")
L2 my_logplot(my_dB(ggow),'w',0.1,10,"r")
L3 my_logplot(my_dg(-ggow),'w',0.1,10,"b")
L4 plt.xlim(0.1,10)
L5 plt.ylim(-30,30)
```

☞ 図6·38

PAD [61]

L1: x軸をlogスケールに設定

開特性ボード線図
L2: ゲイン**my_dB**[G_o]の表示
L3: 位相**my_dg**[$-G_o$]の表示

注：表示を割愛している*Out [61]*において，ゲイン交差周波数ω_g＝固有振動数$\omega_n = 1.18$ rad/s，位相余裕$\phi_m = 18°$ → 減衰比$\zeta = 0.5\tan 18° = 0.16$，ゲイン余裕$g_m = 16$ dB$= 6.3$を確認されたい。

6·4·7 ベクトル軌跡による安定性解析

s 平面から w 平面への写像を $w=G_o(s)$ とすると，**図 6·39** に示すように，s 平面の虚軸は w 平面でベクトル軌跡 $G_o(j\omega)$ に，$G_o(s)+1=0$ の特性根 s はすべて w 平面の臨界点（-1, $0j$）に，s 平面の左半面はベクトル軌跡の左側にそれぞれ写像される。よって，閉ループ系が安定であるための必要十分条件である「すべての特性根が s 平面の左半面にある」ことと，「w 平面でのベクトル軌跡の左側に臨界点（-1, $0j$）が存在する」ことが等価であるといえる。

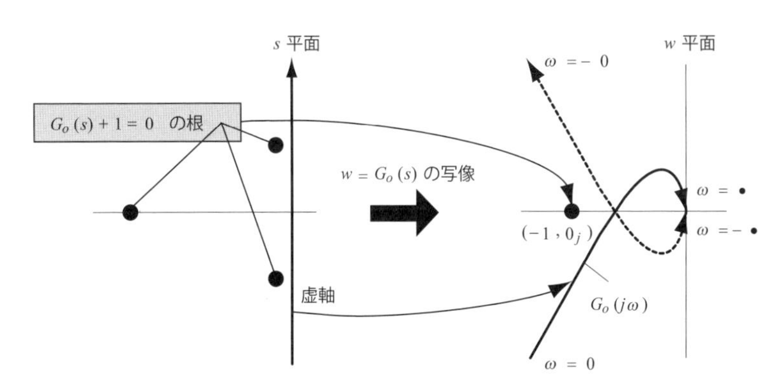

図 6·39 ベクトル軌跡による安定判別

また，臨界点からのベクトル軌跡の離れ方によって安定度が判断できる。この離れ方を表す指標として，位相余裕 ϕ_m とゲイン余裕 g_m がある。**図 6·40** で

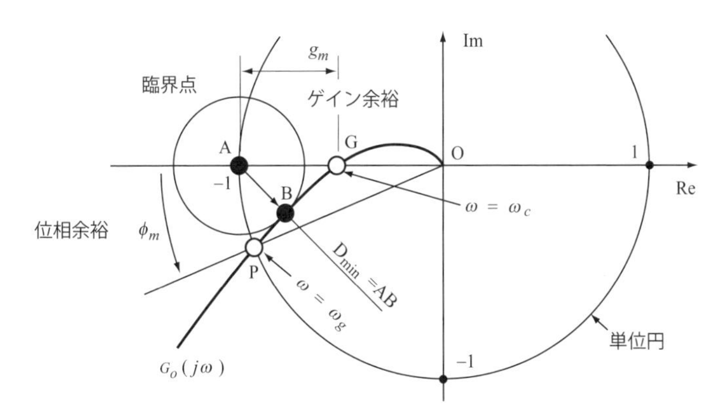

図 6·40 ナイキスト線図における位相余裕，ゲイン余裕，最小距離

① 位相余裕 ϕ_m　　ベクトル軌跡が単位円と交わる点（ゲイン交点という），すなわち，$|G_o(j\omega)|=1$ となるときに，その位相遅れ $\angle G_o(j\omega)$ が $-180°$ に対してどれだけ余裕があるかを度数で表したもので，$\phi m=\angle\mathrm{AOP}$。

② ゲイン余裕 g_m　　ベクトル軌跡が実軸と交わる点，すなわち $\angle G_o(j\omega)=-180°$ となるときに，そのゲインが 1 に対してどれだけ小さいかを表したもので

$$g_m = 20\ \mathrm{Log}_{10}\left(\frac{1}{|OG|}\right)\quad \text{〔dB〕}$$

【例題 6·20】（例題 6·19）の続き　　図 6·35 の制御系（p.124）において，開ループ伝達関数のベクトル軌跡を描き，ゲイン余裕および位相余裕を求めよ。

解：以下，Python で計算してみよう。

Python [62]　開得性ベクトル軌跡（ナイキスト線図）

```
L1 plt.figure(figsize=(3,3))
L2 my_parametricplot(sp.re(ggow),sp.im(ggow),'w',0.8,10,"r")←ベクトル軌跡
L3 my_parametricplot(sp.cos(w),sp.sin(w),'w',0,2*sp.pi,"g")
   plt.xlim(-2,1.2)                              ☜単位円
   plt.ylim(-1.6,1.6)

L6 wtab=[0.8,1,1.2]
L7 tabxyw=my_p10_tabxy(sp.re(ggow),sp.im(ggow)+0.1,'w',wtab);
L8 my_p10_freq(tabxyw[:,0],tabxyw[:,1],tabxyw[:,2],"r") ←周波数打点
```

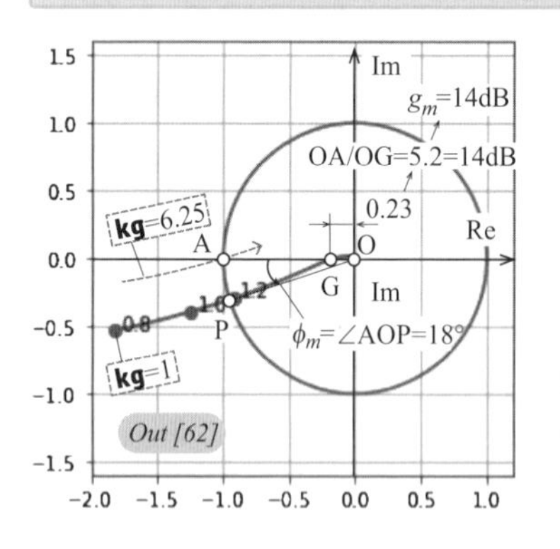

PAD [62]

私設**my_parametricplot**にてベクトル軌跡 $G_o(s=j\omega)$ を描く

L3:単位円を重ね描き

wtab←打点するための周波数値

tabxyw ←私設 **p10_tabxy**（周波数打点位置（実数，虚数），変数名**w**, 配列値**wtab**）を定義

私設関数**p10_freq**による $G(j\omega)$ 上に周波数値を打点

注 1：kg＝1 曲線から，臨界点 A（−1, 0）　点 G（−0.23, 0）　点 P（半径＝1，角度＝198°）を読む。よって，ゲイン余裕 g_m＝OA/OG＝1/0.23＝5.2＝14 dB，位相余裕 ϕ_m＝∠AOP＝18°，減衰比 ζ＝18/100＝0.18 を推定。

注 2：いままでの解析で，安定限界 kg＝6.25 は既知である。そこで，前述の *Python [60]* L2 に戻り，*Python [62]* までをコピーして *Python [63]* とし，subs(kg, 1) → subs(kg, 6.25)，*Python [62]* L6 で wt＝[2.5, 3.5, 10] に変更し，一括実行。その結果が *Out [63]*

で，ボード線図ではゲイン交差周波数において位相余裕＝0，発生自励振動周波数 $\omega=3.53$ を知る。また，ベクトル軌跡では $\omega=3.5$ において臨界点 A の真上を通過していることから，安定限界が再確認される。

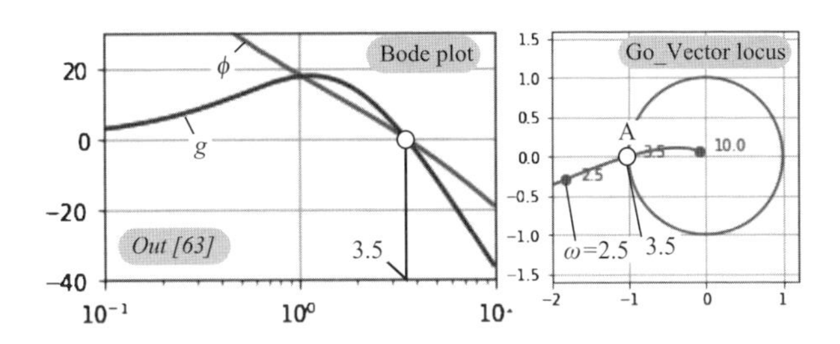

注 3：私設関数 No.8 の `my_dBp1` は，-40 dB 以下の入力は原点とした私設 dB 関数である。

ここから先は新しい表現法としてログスケールの方眼紙を紹介しよう。先のベクトル軌跡はリニア軸の方眼紙に軌跡を描いている。しかし，これでは観察する範囲が狭い。もっと，広範囲に大局からベクトル軌跡を観察したい。そのために，方眼紙の半径方向大きさをログ軸に変更する。具体的にはボード線図と同様に，半径方向を dB 軸とする描画法を推奨する。

ここで問題が発生する。単位円は 1＝0 dB で，単位円の中の dB 値は負であるので，半径距離に表せない。そこで，単位円を 40 dB とみて，40 dB かさ上げし，－40 dB＝0.01 以下は原点と考えた `dBpl()` を流用する。本関数の入力と出力の関係を**表 6.1** に示す。本章はじめの *Python [13]* の前段階にて，付録にて示す私設関数（No.8）シフト機能付き `dB polar` 関数として，`my_dBpl` としてすでに導入している。以上の準備のもと，この関数を使ってさっそく *Python [62]* の図を描き換えてみよう。

表 6·1 my_dBp1

入力		出力
数値	dB	dB
100	40	80
10	20	60
1	0	40
0.1	-20	20
0.01	-40	0
0.001	-60	0

Python [64] dB_polar によるベクトル軌跡の再描画

```
wtab=[0.1,0.8,1,1.2,10]
zu1=my_dBpolarplot(ggow,'w',0.1,10,-40,'r')
my_p10_circle(40,'g')
tabxyw=my_p10_tabdBpl(sp.re(ggow),sp.im(ggow),'w',wtab);
my_p10_freq(tabxyw[:,0],tabxyw[:,1],tabxyw[:,2],"r")
plt.xlim(-85,45)
plt.ylim(-45,45)
```

PAD [64]

wtab←打点するための周波数値をdB図用に再選択

㊟

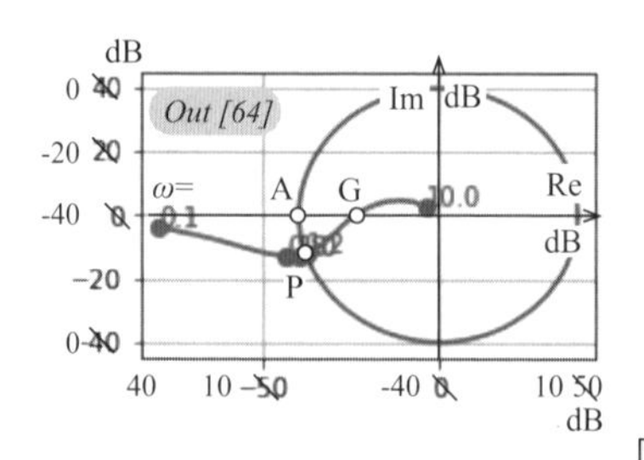

⊛

私設**my_dBpolarplot**にてベクトル軌跡$G_o(j\omega)$を描く

私設**my_p10_circle**にて単位円を描く

tabxyw ←私設 **p10_tabxy** (周波数打点位置(実数，虚数),変数名**w**, 配列値**wtab**)を定義

私設**my_p10_freq**にて$G_o(j\omega)$上に周波数値を打つ

メモ	原点-40 dB以下、単位円は0 dB、グリッド20 dB/div. 左端の点40 dB=100〜右端の点10 dB＝3.16

注 1：図のポーラ軸はかさ上げして描いているので，下端水平軸の左端垂直軸の値はでたらめである。見え消しで，正しい値を手作業で上書きした。

注 2：リニア軸表示 *Out [62]* に比べ，位相余裕∠AOP＝18°は同じに見えるが，ゲイン余裕は G 点はくっきりよく見える。G 点の大きさは－14 dB だから，その逆数がゲイン余裕＋14B＝5 倍と理解される。

臨界点 A（－1,0）＝0 dB∠180°に最も接近した点が複素固有値の近似値と考えられる。そこで，臨界点（－1,0）を原点としてそこからの距離としてベクトル軌跡を再検討してみよう。その距離 D は $D=1+G_o$ である。それを「距離」ベクトルとここでは呼び，それを描画してみよう。

Python [65]　「距離」ベクトル軌跡　$D=1+G_o$　　　*PAD [65]*

```
L1  wtab=[0.1,0.8,1,1.15,1.5,10]
L2  my_dBpolarplot(ggdw,'w',0.01,10,-40,'r')
L3  plt.xlim(-85,45)
L4  plt.ylim(-45,45)
L5  my_p10_circle(40,'g')
L6  tabxyw=my_p10_tabdBpl(sp.re(ggdw),sp.im(ggdw),'w',wtab);
L7  my_p10_freq(tabxyw[:,0],tabxyw[:,1],tabxyw[:,2],"r")
L8  xtick=[-40,-20,0]
L9  ytick=[0,0,0]
L10 tabtick=[0,-20,-40]
L11 my_p10_tick(xtick,ytick,tabtick,'r')
```

wtab←打点するための周波数値を選択

私設**my_dBpolarplot**にてベクトル軌$D(j\omega)$を描く

my_p10_circle 関数にて単位円を描画

tabxyw←**my_p10_tabdBpl(dBpolar**での周波数打点位置(実数，虚数)，変数名 w，配列値)を定義

私設**p10_freq**による $Go(s=j\omega)$上に周波数値を打点

L8〜10：タグを打つための配列(x位置，y位置，打ちたいタグの値)

私設 **p10_tick**←(**xtick,ytick**) 付近に **tabtick** の値を打つ

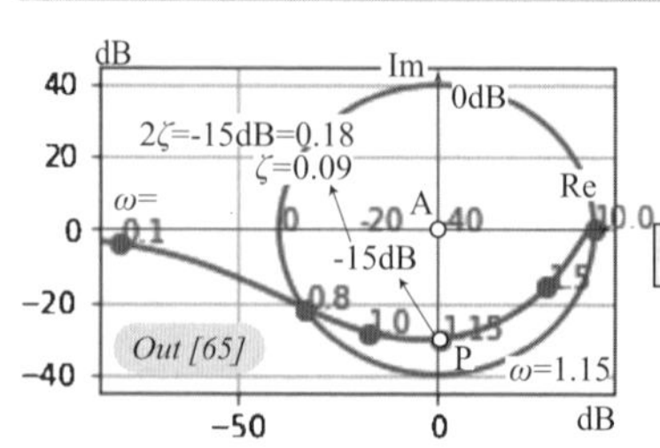

Python [66]

```
sp.plot(my_dB(ggsw),(w,0.1,10),xscale='log')
```

PAD [66]

感度関数$G_s(j\omega)$をプロット
ピーク周波数が固有振動数**wn**

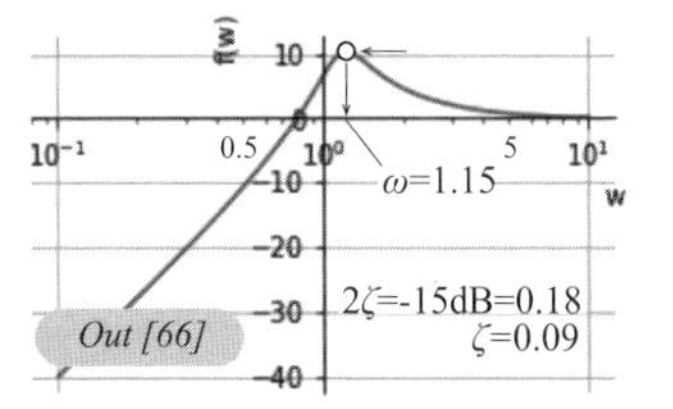

注 1：*Out [64]* では手作業で軸ラベルを修正した。同等のことをここでは私設関数 **my_p10_tick**（第 7 章 No.13）で実行した。その結果が *Out [65]* である。打刻（tick）したい x 軸付近の位置 **{xtick, ytick}={x=[−40, −20, 0], y=0}** を指定。そこに打刻すべき正しい dB 値 **tabtick=[0, −20, −40]** を格納。この準備のもと，私設 **tick** 関数で独自に座標値を追記。

注 2：*Out [65]*「距離」ベクトル軌跡が最も原点（臨界点 A）に接近した点，すなわち距離ベクトル軌跡が虚軸を横切る P 点が複素固有値である。よって，固有振動数 ω_n を 1.15 と推定。その P 点は − 10 dB = 0.316 = 2ζ だから，減衰比 ζ = 0.16 と推定される。この結果は *Python [61]* と一致している。

注 3：感度関数 *Out [66]* のピーク周波数が固有振動数 ω_n，ピーク値が Q 値 = 1/(2ζ) である。ここでも，ω_n = 1.15，Q 値 = 10 dB = 3.16，減衰比 ζ = 1/(2Q) = − 10 − 6 dB = − 16 dB = 0.16 が推定される。

6·4·8　閉ループ特性

開ループ伝達関数を解析し，閉ループ系の振動特性

$$\text{ゲイン交差周波数}\omega_g \rightarrow \text{固有振動数}\omega_n = 1.18\ rad/s \rightarrow f_n = 0.19\ \text{Hz}$$

$$\text{位相余裕}\phi_m \rightarrow \text{減衰比}\zeta = 0.16 \rightarrow Q = 1/(2\zeta) = 3.1$$

を予測した。つぎの例題を通じ，これらの予測値の妥当性を閉特性から確認検証してみよう。

【例題 6·21】（例題 6·20 の続き）　図 6·35 の制御系（p.162）の閉ループ特性を示す**図 6·41** を吟味せよ。

① 閉ループ系の周波数応答を示す同図（a）を描け。

② 不つり合い振動応答の共振曲線を示す同図（b）を描け。

③ 共振周波数と Q 値を計測し，開ループ特性からの予測値と比較せよ。

④ ステップ状応答図（c）を求め，振動特性を計測せよ。

⑤ ステップ状外乱のもと，同図（d）に示すように，積分器の投入によって定常偏差は消えることを確認せよ。

解①：

Python [67]　閉特性 $G_c = G_o/(1+G_o)$ のボード線図

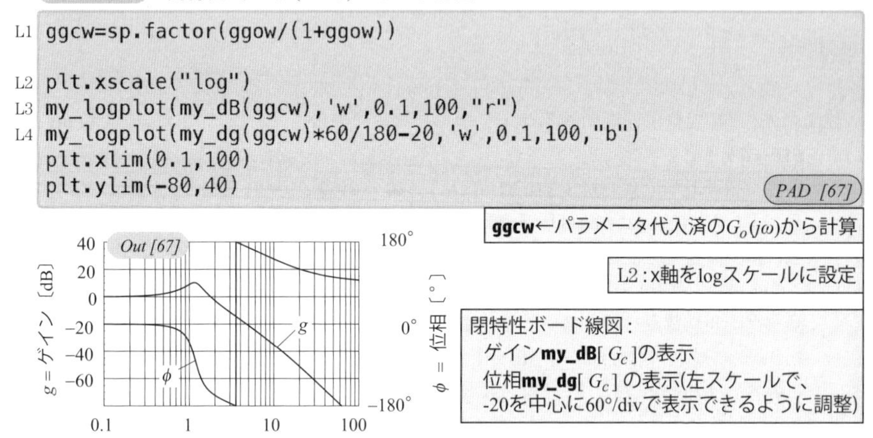

```
L1 ggcw=sp.factor(ggow/(1+ggow))

L2 plt.xscale("log")
L3 my_logplot(my_dB(ggcw),'w',0.1,100,"r")
L4 my_logplot(my_dg(ggcw)*60/180-20,'w',0.1,100,"b")
   plt.xlim(0.1,100)
   plt.ylim(-80,40)
```


図 6・41（a） 閉ループ特性（ボード線図）

解②：

Python [68-69]　不つり合い応答の共振曲線

```
e = sp.symbols('e')
ggu=sp.factor(ggp/(1+ggo))*m*e*w**2
display(ggu)
gguw=ggu.subs(para).subs(kg,1).subs(e,1).subs(s,1j*w)
display(gguw)
```

（シンボル変数リストアップ）

```
my_fxplot(sp.Abs(gguw),'w',0,5,"r")
plt.xlim(0,5)
plt.ylim(0,5)
```

解③：Q 値＝2.78@ 危険速度 ω_n＝1.24 を計測（予測値にほぼ一致）

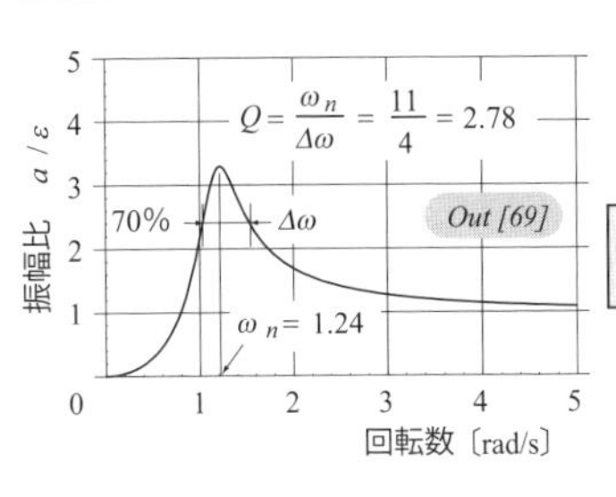

図 6·41（b）　閉ループ特性
（共振曲線）

PAD [68]

- **e**←偏心量εをシンボリック変数定義
- **ggu**←不つり合い振動の伝達関数$G_u(s) = \dfrac{G_p(s)}{1+G_o(s)} \times m\varepsilon\omega^2$
- **gguw**← $G_u(j\omega)$ にパラメータ{**para**, k_g =1など }代入
- 振幅**|gguw|**を描画

解④：

Python [70]　ステップ応答

```
ggc=sp.factor(ggo/(1+ggo)).subs(para).subs(kg,1)
display(ggc)
my_gs2gtplot(ggc/s,20,500,'r');
```

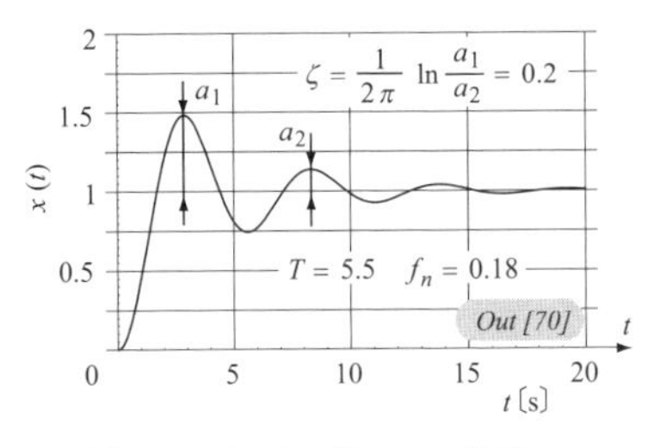

図 6·41（c）　閉ループ特性
（ステップ応答）

PAD [70]

- ggc←閉特性 $G_c(s) = \dfrac{G_o(s)}{1+G_o(s)}$ に
  パラメータ{**para**, kg=1 }代入
- 私設関数**gs2gtplot**に$G_c(s)/s$を入力し、時間応答を求め、波形描画
- 注：減衰波形から減衰比ζ=0.2を計測
  （予測値にほぼ一致）

解⑤：

Python [71]　ステップ外乱に対する応答

```
sp.var('ki')    ☜ シンボル変数リストアップ
ggri=ggr+ki/s
ggo=ggri*ggp
ggc=(ggp/(1+ggo)).subs(para).subs(kg,1)
display(ggc)

zu1=my_gs2gtplot((ggc/s).subs(ki,0  ),40,500,'r')
zu2=my_gs2gtplot((ggc/s).subs(ki,0.1),40,500,'g')
zu3=my_gs2gtplot((ggc/s).subs(ki,0.3),40,500,'b')
```

ki←積分係数K_i をシンボリック変数定義

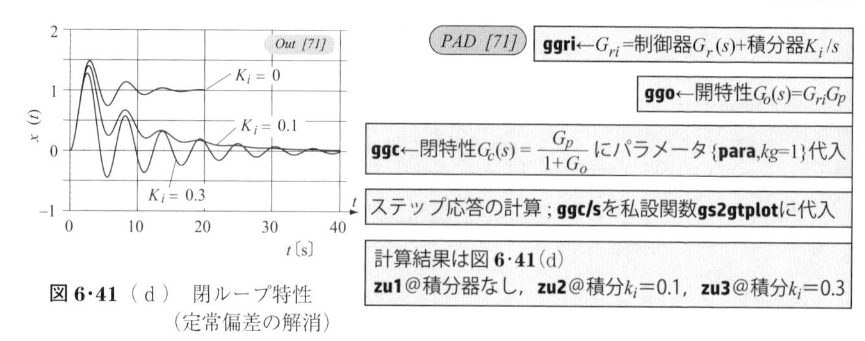

図 6·41（ｄ）　閉ループ特性（定常偏差の解消）

注：積分器ゲイン → 大にすると定常偏差解消されることがわかる。しかし，安定度は低下し振動的になることに留意されたい。

私　設　関　数

本書では標準の関数では用意されていない機能を拡張したり，頻繁に使用する機能をまとめた私設関数を導入使用している。そこで本章では，**表 7・1** に私設関数の紹介をし，使用例とともに解説する。

表 7・1　私設関数一覧

No	関数名と引数	掲載ページ
1	**my_dB**（複素数）	178, 146
2	**my_dg**（複素数）	178, 146
3	**my_fxplot**（$f(x)$，'x', 最小値，最大値，色）	178, 94, 144
4	**my_logplot**（$f(x)$，'x', 最小値，最大値，色）	179, 146
5	**my_xyplot**（x リスト，y リスト，色）	180
6	**my_parametricplot**（$fx(t)$，$fy(t)$，'t'，最小値，最大値，色）	180, 105, 147
7	**my_show_plus**（図のリスト）	181, 101, 134
8	**my_dBpl**（複素数，dB0）	182, 186
9	**my_p10_circle**（半径，色）	182,171
10	**my_p10_tabxy**（$fx(t)$，$fy(t)$，'t'，周波数リスト）	183, 147
11	**my_p10_tabdBpl**（$fx(t)$，$fy(t)$，'t'，周波数リスト）	183, 171
12	**my_p10_freq**（x リスト，y リスト，周波数リスト，色）	184, 147
13	**my_p10_tick**（x リスト，y リスト，座標ラベルリスト，色）	184, 172
14	**my_p10_slope**（速度リスト，変位リスト，色）	185, 134
15	**my_dBpolarplot**（$f(x)$，'x'，最小値，最大値，dB0，色）	186, 171, 172
16	**my_gs2gtplot**（$g(s)$，終了時間，時間分割数，色）	188, 127

■：No.3, 4, 5, 6, 7, 9, 15, 16 の戻り値は **my_show_plus** 関数で重ね描き可能
□：No.10, 11, 12, 13, 14 の my_p10 シリーズは **my_show_plus** 関数で重ね描き不可

まず，私設関数の解説で使用する標準ライブラリを import する。

```
import sympy as sp
import numpy as np
from scipy.integrate import odeint
import matplotlib.pyplot as plt
plt.rcParams['figure.figsize' ] = (3.2,2)
plt.rcParams['axes.grid' ] = True

t,s,w,zn,wn,ki =sp.symbols('t,s,w,zn,wn,ki')
```

私設関数で使用するライブラリをimport

私設関数で使用する変数を定義する.
ここで定義されている変数
t, s, w, zn, wn, ki
はシンボルとして扱っているので注意

No.1　dB 演算：my_dB

```
def my_dB(z):
    return sp.N(20*sp.log(sp.Abs(z),10.))
```

引数 z：複素数 $a+bj$
戻り値　ゲイン $\mathrm{dB}=20\log_{10}|z|$

dB（デシベル）を計算する。引数は複素数でもかまわない。伝達関数のボード線図のゲイン計算などに使用している。

No.2　複素数の偏角：my_dg

```
def my_dg(z):
    return sp.N(sp.im(sp.log(z))*180/sp.pi)
```

引数 z：複素数 $a+bj$
戻り値　偏角 θ〔°〕

複素数の偏角を計算する。戻り値の角度単位は〔°〕である。伝達関数のボード線図の位相計算などに使用している。

例

```
w1=100*sp.exp(1j*np.radians(30.0))
print(my_dB(w1),my_dg(w1))
```

```
40    30
dB    度
```

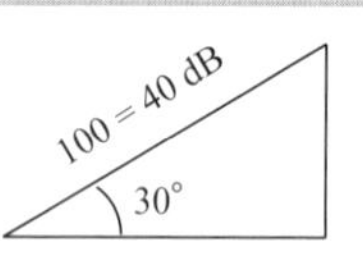

・my_dBとmy_dgの使用例
w1 ：複素数を定義
（大きさ 100=40dB，偏角30°）
計算：my_dB(w1), my_dg(w1)
結果：40, 30

No.3　関数描画（リニア）：my_fxplot

```
def my_fxplot(fx,x,x1_in,x2_in,col_in):
    x = sp.symbols(x)
    nn=250
    dx=(x2_in-x1_in)/nn
    tabxyw= np.zeros((nn,2));
    xw=np.arange(x1_in,x2_in,dx);
    i=0
```

引数 fx：一変数関数
x：変数名 例 'x' 't'
x1_in：横軸最小値
x2_in：横軸最大値
col_in：描画の色
例 赤"r" 青"b" 緑"g"
戻り値　計算後の x_i，$f(x_i)$,色文字

```
    while i<nn:
        tabxyw[i,0]=xw[i]
        tabxyw[i,1]=fx.subs(x,xw[i])
        i+=1
    plt.plot(tabxyw[:,0],tabxyw[:,1],color=col_in)
    return [[tabxyw[:,0],tabxyw[:,1],col_in]]
```

戻り値は階級3

x:シンボル変数
nn:横軸分割数
dx:横軸刻み
tabxyw:格納庫初期化
xw:横軸 x_i 作成

while i=0,nn
tabxyw[i,0]に x_i 格納
tabxyw[i,1]に $f(x_i)$ 格納
plt.plot(x_i , $f(x_i)$, 色指定)で描画
戻り値[[[x_i],[$f(x_i)$], 色]]

シンボル変数を含む関数を描画する。描画するために作成したデータ（**nn**＝250個）が戻り値となっており，階級は3となる。時間のかかる描画を後から **my_show_plus** 関数によって再表示したり，別の図を重ね描きできるのが特徴である。

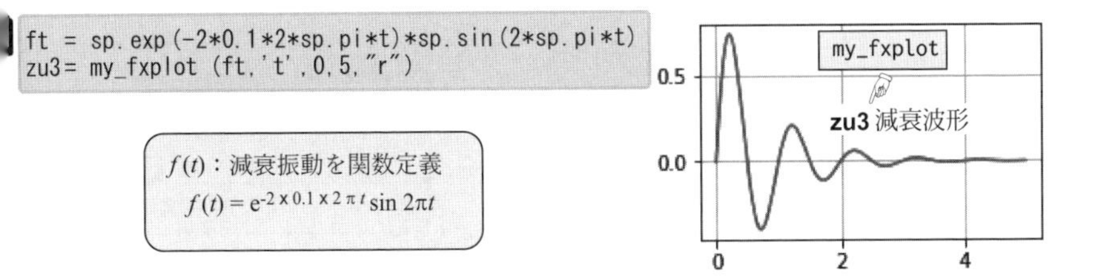

No.4　関数の片対数グラフ：my_logplot

```
def my_logplot(fx,x,n1_in,n2_in,col_in):
    x = sp.symbols(x)
    nn=250
    sw=np.log10(n1_in)
    ew=np.log10(n2_in)
    ns=(ew-sw)/nn
    tabf=np.zeros(nn)
    xw1=np.arange(sw,ew,ns)
    xw2=10**xw1
    i=0
    while i<nn:
        tabf[i]=fx.subs(x,xw2[i])
        i+=1
    plt.plot(xw2,tabf,color=col_in)
    return[[xw2,tabf,col_in]]
```

x:シンボル変数
nn:横軸分割数
sw:log(n1_in)
ew:log(n2_in)
ns:横軸刻み幅
tabf:格納庫初期化
xw1: swと ewをnn分割
xw2:横軸 x_i

引数	
fx：	一変数関数
x：	変数名　例 'x' 't'
n1_in：	横軸最小値(ただし >0)
n2_in：	横軸最大値
col_in：	描画の色 例 赤"r" 青"b" 緑"g"
戻り値	計算後の $x, f(x)$, 色文字

while i=0,nn
tabf[i]に $f(x_i)$ 格納
plt.plot(x_i , $f(x_i)$, 色指定)で描画
戻り値[[x_i , $f(x_i)$, 色]]
戻り値は階級3

関数の片対数グラフを描画する。描画で作成したデータ（250個）が戻り値となっており，my_show_plus 関数によって，離れた**セル**で後から重ね描きできる。

例
```
ggw = (1/(s**2+2*0.1*1*s+1**2)).subs(s,1j*w)
plt.xscale("log")
zu41=my_logplot (my_dB(ggw),'w',0.05,50,"r")
zu42=my_logplot (my_dg(ggw)*20/180,'w',0.05,50,"b")
plt.xlim([0.1,10]) ;plt.ylim([-40,20])
```

ggw：伝達関数を定義

$$G(s=jw)=\frac{1}{s^2+0.2s+1}$$

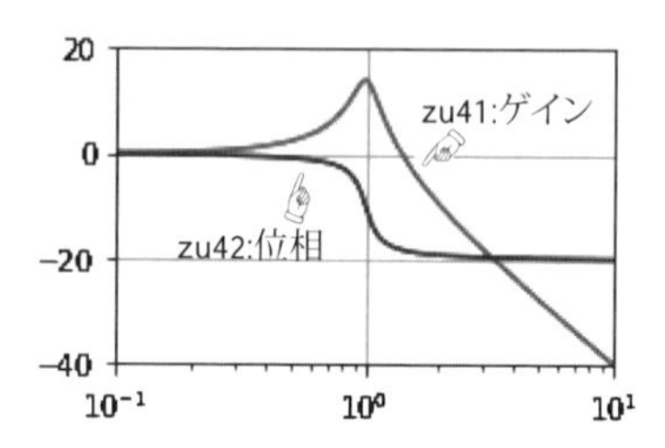

plt.xscale("log")：x 軸を対数
zu41, zu42　：ゲイン (dB) と位相(度)を my_logplot で描画

No.5　[x], [y] データのグラフ表示：my_xyplot

```
def my_xyplot(x_in, y_in, col_in):
    plt.plot(x_in, y_in, color=col_in)
    return  [[x_in, y_in, col_in]]
```

戻り値は階数3のリスト

引数	
x_in：	xリスト
y_in：	yリスト
col_in：	描画の色
例	赤"r" 青"b" 緑"g" 黄"y"
戻り値	x, yリスト, 色文字

[x], [y] リストのデータを使用して描画する。関数の引数として入力したデータで描画し，その入力データが戻り値なっている。その戻り値 [[入力]] の階級は 3 となっている。よって，my_show_plus で重ね描き可。

使用例 1（色使い）　→ 詳細は Web

使用例 2

例
```
x=np.arange(0,5,0.1)
y=np.sin(2*1*np.pi*x)
zu55=my_xyplot(x,y,'r')
```

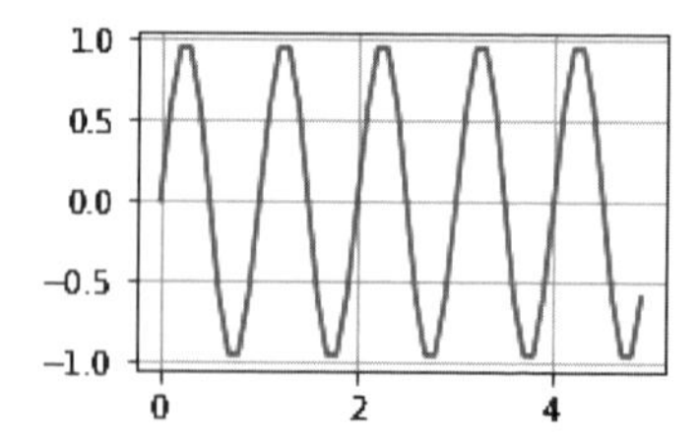

x ：0〜5まで0.1刻みのリスト
y ：x に対応するsinのリスト
zu55 ： my_xyplot にて[x],[y] を描画

No.6　媒介変数関数の描画：my_parametricplot

```
def  my_parametricplot(fx_in, fy_in, t_in, t1_in, t2_in, col_in):
    t_in = sp.symbols(t_in)
```

```
    nn=250
    ns=(t2_in -t1_in )/nn
    fx=fx_in
    fy=fy_in
    tabxyw =np.zeros((nn,2))
    tw=np.arange(t1_in,t2_in,ns)
    i=0
    while  i<nn:
        tabxyw[i,0]=fx.subs(t_in,tw[i])
        tabxyw[i,1]=fy.subs(t_in,tw[i])
        i+=1
    plt.plot(tabxyw[:,0],tabxyw[:,1],color =col_in )
    return  [[tabxyw[:,0],tabxyw[:,1],col_in ]]
```

引数 fx_in：一変数関数
fy_in：一変数関数
t_in：変数名 例 'x' 't'
n1_in：t_{in} 最小値
n2_in：t_{in} 最大値
col_in：描画の色
例 赤"r" 青"b" 緑"g"

戻り値 計算後の $x, f(x)$, 色文字

t_in:シンボル変数
nn:横軸分割数
ns:横軸刻み
fx,fy: f_x f_y
tabxyw:格納庫初期化
tw: t_i 作成

while i=0,nn
tabxyw[i,0]に $f_x(t_i)$ 格納
tabxyw[i,1]に $f_y(t_i)$ 格納
plt.plot($f_x(t_i)$, $f_y(t_i)$, 色指定)で描画
戻り値 [[$f_x(t_i)$, $f_y(t_i)$, 色]]

媒介変数のグラフを描画する。描画するために作成したデータが階級3のリストとして戻り値となる。my_show_plus 関数によって，いつでも重ね描きできる。

```
gg = w**2/(s**2+2*0.1*1*s+1**2)
ggw = gg.subs(s,1j*w)
plt.figure(figsize=(5,5))
zu6=my_parametricplot(sp.re(ggw),sp.im(ggw),'w',0.1,5,"r")
```

0
−1
−2
−3
−4
−5
−3 −2 −1 0 1 2

ggw：伝達関数を定義

$$G(s=jw)=\frac{w^2}{s^2+0.2\,s+1}$$

plt.figure(figsize=(5,5))：縦横比5:5に指定
zu6 ：実部と虚部を my_parametricplot で描画

No.7 複数グラフの重ね描き関数：my_show_plus

```
def my_show_plus(zu_in):
    nn =len(zu_in)
    i = 0
    while i < nn :
        plt.plot( zu_in[i][0],zu_in[i][1],color=zu_in[i][2])
        i+=1
    return  zu_in
```

引数 zu_in：my_fxplot(), my_logplot() などの出力リスト

戻り値 zu_in

nn：引数zu_inで渡された図の数
while i=0,nn ― plt.plot(i番目の図の x , i番目の図の y , 色指定)で描画
戻り値 zu_in ☜ 戻り値は引数

my_fxplot()，my_logplot()，my_xyplot()，my_parametricplot()，my_dBpolarplot()，my_gs2gtplot() の戻り値を使って重ね描きする。

my_show_plus() 自身のデータも対象となる。重ね描きする複数の図は zu1+zu2+… と “+” で追加する。

例

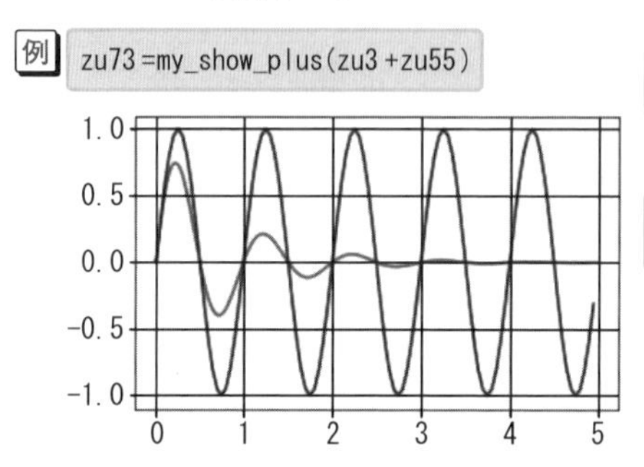

zu73：**my_show_plus()** にて**zu3**に**zu55**を重ね描きし結果を出力

入力の**zu3**, **zu55**,は階級3どうしなので足し合わせることで 階級3となる. **zu73**も階級3となる.

補遺：my_xyplot() に限らず，描画の私設関数は階数 3 でデータを出力するため，同様の手順で重ね描きができる。そのために用意された本描画関数をご活用願いたい。

No.8　シフト機能付きデシベル dB 計算：my_dBpl

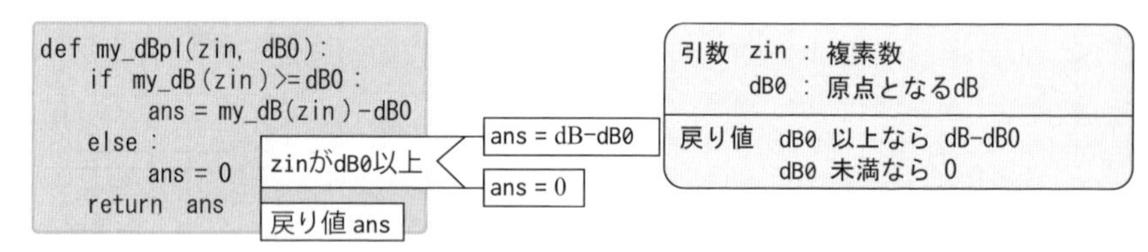

dB 計算を行い，dB0 に指定した数字以下を 0 として再計算する関数である。例えば dB0＝-40 のときは，-40dB 以下は原点にあるとして処理される。私設関数 my_dBpolarplot()，および my_p10_tabdBpl() で参照されている。

No.9　指定した半径の円を描画：my_p10_circle

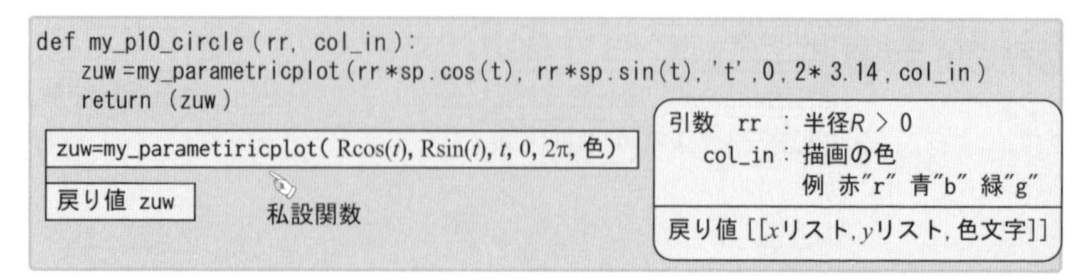

指定半径の円を描く関数である。戻り値は **my_show_plus** にて参照，重ね描きができる。

No.10　ポーラ線図の周波数表示用の座標作成：my_p10_tabxy

```
def my_p10_tabxy ( fx_in, fy_in, w_in, tabw_in ):
    nn=len(tabw_in)
    fx  =  fx_in
    fy  =  fy_in
    w_in = sp.symbols(w_in )
    tabxyw = np.zeros ((nn, 3))
    i=0
    while i<nn:
        tabxyw[i,0]=fx.subs(w_in , tabw_in[i])
        tabxyw[i,1]=fy.subs(w_in , tabw_in[i])
        tabxyw[i,2]=tabw_in [i]
        i+=1
    return  (tabxyw )
```

引数　fx_in：x座標関数
fy_in：y座標関数
w_in：変数名　例 'w'　't'
tabw_in：周波数のリスト
戻り値　$f_x(w)$, $f_y(w)$, w

nn：周波数の数
fx, fy：f_x　f_y
w_in：シンボル変数
tabxyw：格納庫初期化

while i=0,nn ― tabxyw[i,0]に$f_x(w)$格納 / tabxyw[i,1]に$f_y(w)$格納 / tabxyw[i,2]にw格納
戻り値 tabxyw

周波数リストに対応する，関数の x, y の座標を計算する。戻り値はプロット関数 my_p10_freq() で用いる。

No.11　dB ポーラ線図の周波数表示用の座標作成：my_p10_tabdBpl

```
def my_p10_tabdBpl (fx_in, fy_in, w_in, tabw_in ):
    nn=len (tabw_in)
    fx  =  fx_in
    fy  =  fy_in
    w_in  =  sp. symbols (w_in )
    tabxyw =np. zeros ((nw, 3))
    i=0
    while i<nw:
        zxy =(fx_in + fy_in *sp. I). subs (w_in , tabw_in[i])
        ampxy   =  sp. Abs (zxy )
        amp  =  my_dBpl (ampxy , -40)
        phase   =  my_dg (zxy )
        tabxyw  [i,0]= amp *sp.cos(phase /180 *sp . pi )
        tabxyw  [i,1]= amp *sp.sin(phase /180 *sp . pi )
        tabxyw  [i,2]= tabw_in [i]
        i+=1
    return  (tabxyw )
```

引数　fx_in：x座標関数
fy_in：y座標関数
w_in：変数名　例 'w'　't'
tabw_in：周波数のリスト
戻り値　dBpl($f_x(w)$), dBpl($f_y(w)$), w

nn：周波数の数
fx, fy：f_x　f_y
w_in：シンボル変数
tabxyw：格納庫初期化

while i=0,nn ― zxy = $f_x(w_i) + j f_y(w_i)$ 複素数に変換
ampxy = | zxy | 絶対値
amp = my_dBpl(ampxy) シフト付きdB
phase = my_dg(zxy) 偏角
tabxyw[i,0] = amp x cos (偏角)
tabxyw[i,1] = amp x sin (偏角)
tabxyw[i,2]に w_i 格納
戻り値 tabxyw

周波数リストに従い，後述する No.15 の dB ポーラ線図に対応した x,y の座標を計算する。内部でシフト付き dB 関数の **my_dBpl** 関数を呼び出す。戻り値はプロット関数 **my_p10_freq()** で用いる。

No.12　指定座標に点と文字を配置プロット：my_p10_freq

```
def my_p10_freq(xdat_in,ydat_in,wdat_in,col_in):
    nn=len(wdat_in)
    plt.plot(xdat_in,ydat_in,marker="o",color=col_in,linestyle='None')
    i=0
    while i<nn:
        plt.text(xdat_in[i]+0.2, ydat_in[i],wdat_in[i],color=col_in)
        i+=1
```

nn:周波数のデータ数

plt.plot(xdat，ydat，色指定)で点を描画

while i=0,nn ─ plt.text(x_i，y_i，周波数，色指定)
指定座標に文字列(周波数)を表示

引数 xdat_in：x座標リスト
ydat_in：y座標リスト
wdat_in：周波数リスト
col_in：色

戻り値　なし(return は省略可)

指定した座標に点と数字を描くことができる。つぎの例では伝達関数の指定周波数を対数ポーラ線図に表示している。

例

```
para = [(wn,1),(zn,0.1)]
gg = (2*zn*wn*s+wn**2)/(s**2)
display(gg)
ggw = gg.subs(para).subs(s,sp.I*w)
display(ggw)
wtab=np.array([0.1,1.0,10])
xyw=my_p10_tabdBpl(sp.re(ggw),sp.im(ggw),'w',wtab)
my_p10_circle(40,'g');
my_p10_freq(xyw[:,0],xyw[:,1],wtab,'r');
```

para：定数設定
$\omega_n = 1 \quad \zeta_n = 0.1$

ggw：伝達関数を定義

$$G(s = jw) = \frac{2\,\zeta_n \omega_n s + \omega_n^2}{s^2}$$

wtab：点を打つ周波数のリスト

xyw：my_p10_tabdBpl()関数にて点を打つ座標を計算

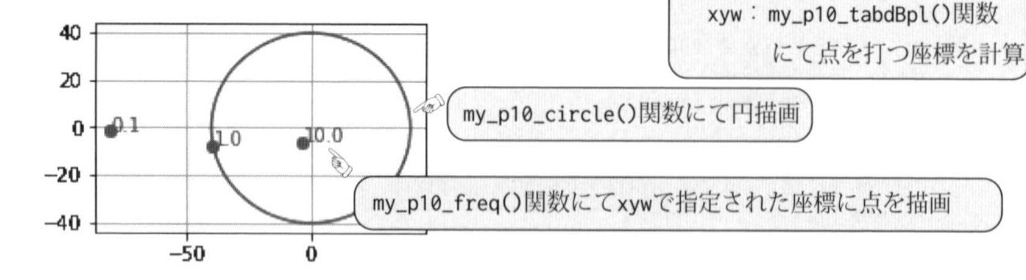

No.13　座標軸に数字を配置プロット：my_p10_tick

```
def my_p10_tick(xdat_in, ydat_in, wdat_in, col_in):
    nn=len(wdat_in)
```

```
    i=0
    while  i<nn:
        plt.text(xdat_in[i]+0.2,ydat_in[i],wdat_in[i],color=col_in)
        i+=1
```

引数 xdat_in：x座標リスト
ydat_in：y座標リスト
wdat_in：数字リスト
col_in：色
戻り値 なし(return は省略可)

nn:数字のデータ数

while i=0,nn ― plt.text(x_i，y_i，数字，色指定）指定座標に文字列(数字)を表示

指定した座標に数字を描画する。dB ポーラ線図などで，座標軸を再描画したい場合に用いる。

```
plt.figure(figsize=(5,5))
my_show_plus(zu6)
tick=[-20,'origin',20]
xtab=[-2,0,2]
ytab=np.array([0,0,0])+np.array([0.05])
my_p10_tick(xtab,ytab,tick,'g')
plt.xlim([-3,3])
plt.ylim([-5,1])
```

plt.figure(figsize=(5,5))：縦横比5:5に指定
my_show_plus() でzu6を再描画

tick：座標に表示する文字列
xtab：文字列を表示するx座標のリスト
ytab：文字列を表示するy座標のリスト
+np.array([0.05])でy座標に一律0.05を足す

-20　origin　20　my_p10_pick
zu6

my_p10_tick() で文字列を指定した座標に表示
plt.xlim([-3,3])：横軸表示範囲を-3～3に
plt.ylim([-5,1])：縦軸表示範囲を-5～1に

No.14　スロープ描画関数：my_p10_slope

引数 vdat_in：v 速度リスト
xdat_in：x 変位リスト
col_in：色
戻り値 なし(return は省略可)

```
def my_p10_slope(vdat_in, xdat_in, col_in):
    nx=len(xdat_in)
    nv=len(vdat_in)
    dx=xdat_in[1]-xdat_in[0]
    dv=vdat_in[1]-vdat_in[0]
    ll=np.sqrt(dx**2+dv**2)
    i=0
    while i<nx:
        j=0
        while j<nv:
            slope=slopevx(vdat_in[j],xdat_in[i])
            q=np.arctan(slope)
            x2=xdat_in[i]+0.2*ll*np.cos(q)
            v2=vdat_in[j]+0.2*ll*np.sin(q)
            x1=xdat_in[i]-0.2*ll*np.cos(q)
            v1=vdat_in[j]-0.2*ll*np.sin(q)
            plt.plot([x2,x1],[v2,v1],color=col_in)
            j+=1
        i+=1
```

$q = \tan^{-1}(\boldsymbol{slope}(v_i, x_j))$
0.4xL　q　L　(x_i, v_j)

nx, nv:変位、速度リストの数
dx,dv:変位、速度の間隔
ll：$L=\sqrt{\mathrm{dx}^2+\mathrm{dv}^2}$

while i=0,nx ― while j=0,nv

slope = slovevx(v_j, x_i) 傾き計算

q = arctan(傾き) 傾きを[rad]に

x2 = $x_i + 0.2\,L\cos(q)$
v2 = $v_j + 0.2\,L\sin(q)$
x1 = $x_i - 0.2\,L\cos(q)$
v1 = $v_j - 0.2\,L\sin(q)$

plt.plot (xリスト、vリスト、色)
(x2, v2) から(x1, v1) まで線分描画

第5章の *Python [78]* に記載の傾きを各点［vdat_in, xdat_in］で求め，その傾きを描画する関数。線分の長さは間隔の 0.4 の長さとしている。

No.15　dB ポーラ線図の描画：my_dBpolarplot

```
def  my_dBpolarplot(fw_in, w_in, w1_in, w2_in, dB0_in, col_in):
    fw = fw_in
    w_in = sp.symbols(w_in)
    nn = 251
    sw = np.log10(w1_in)
    ew = np.log10(w2_in)
    ns = (ew-sw)/(nn-1)
    ww1 = np.arange(sw, ew+ns, ns)
    ww2 = 10**ww1
    tabxyw = np.zeros((nn, 2))
    i=0
    while i<nn:
        amp = my_dBpl(fw.subs(w_in, ww2[i]), dB0_in)
        phase =  my_dg(fw.subs(w_in, ww2[i]))
        tabxyw[i, 0]=amp*sp.cos(phase/180*sp.pi)
        tabxyw[i, 1]=amp*sp.sin(phase/180*sp.pi)
        i+=1
    plt.plot(tabxyw[:, 0], tabxyw[:, 1], color=col_in)
    return  [[tabxyw[:, 0], tabxyw[:, 1], col_in]]
```

引数 fw_in：$f(w)$ 複素関数
w_in：変数名 例 'w'
w1_in：w 最小値(ただし $w>0$)
w2_in：w 最大値
dB0_in：原点となるdB
col_in：描画の色
例 赤"r" 青"b" 緑"g"

必要私設関数 my_dBpl(), my_dg()

戻り値　xリスト, yリスト, 色文字

fw：$f(w)$
w_in：シンボル変数
nn：w 分割数
sw：log(w1_in)
ew：log(w2_in)
ns：w 刻み幅
ww1：swとewをnn分割
ww2：横軸 w_i
tabxyw：格納庫初期化

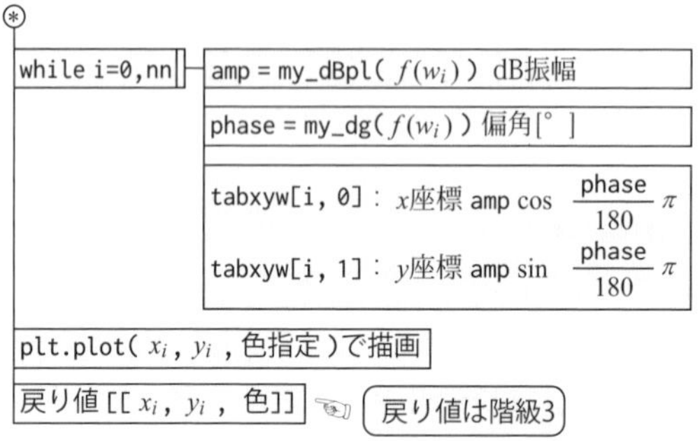

(*)

while i=0,nn
- amp = my_dBpl($f(w_i)$) dB振幅
- phase = my_dg($f(w_i)$) 偏角[°]
- tabxyw[i, 0]：x座標 amp cos $\frac{\text{phase}}{180}\pi$
- tabxyw[i, 1]：y座標 amp sin $\frac{\text{phase}}{180}\pi$

plt.plot(x_i, y_i , 色指定)で描画

戻り値 [[x_i, y_i , 色]]　☜ 戻り値は階級3

伝達関数のポーラ線図を dB スケールで表示する。内部で my_dBpl 関数を呼び出して描画する。第6章の *Python [64]* に記載の dB ポーラ線図を描く関数。従来のリニアポーラ線図に比べ，低周波数から高周波数まで広範囲なベクトル軌跡を描ける。

```
para = [(wn,1),(zn,0.1)]
gg = (2*zn*wn*s+wn**2)/(s**2)
display(gg)
ggw = gg.subs(para).subs(s,sp.I*w)
display(ggw)
plt.figure(figsize=(4,4))
zue=my_dBpolarplot (ggw,'w',0.01,50,-40,"r");
```

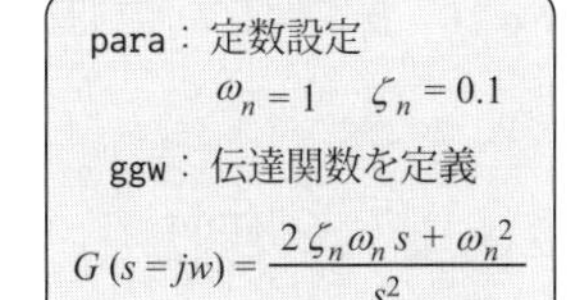

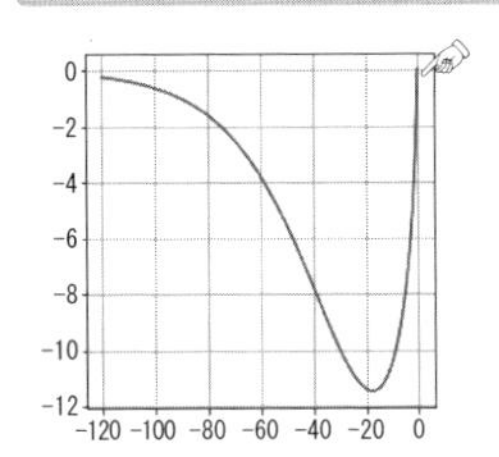

plt.figure(figsize=(4,4))：縦横比4:4に指定
zue ：G をmy_dBpolarplot で描画

```
plt.figure(figsize=(5,5))
my_show_plus(zue);
my_p10_circle(40,'g');
my_p10_circle(20,'b');
tick=[0, -20, -40,-20,0,20]
xtab=[40,20,0,-20,-40,-60]
ytab=np.array([0,0,0,0,0,0])+np.array([2])
my_p10_tick (xtab,ytab,tick,'g')
plt.xlim([-80,40])
plt.ylim([-60,60])
wtab=np.array([0.1,1.0,10])
xyw=my_p10_tabdBpl (sp.re(ggw),sp.im(ggw),'w',wtab)
xywt=xyw.T
my_p10_freq (xywt[0],xywt[1],xywt[2],'r');
```

plt.figure(figsize=(5,5))：縦横比5:5に指定
my_show_plus()：zueを再描画
my_p10_circle()：半径40,20の円を描画
tick, xtab, ytab：座標軸の数字と座標を設定

my_p10_tick()：座標軸の数字を描画

plt.xlim(), plt.ylim()：横軸，縦軸の範囲設定

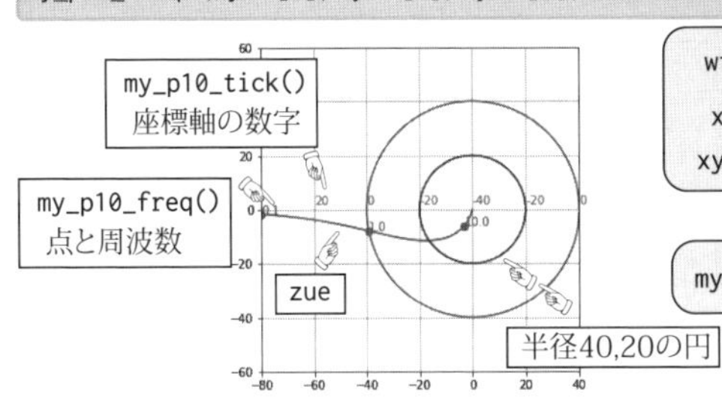

wtab：点を打つ周波数設定
xyw：wtabで設定した周波数の座標と数字
xywt：xywを転置

my_p10_freq()：zue上に点と周波数を描画

No.16 伝達関数の時刻歴応答への変換：my_gs2gtplot

```
def my_gs2gtplot (ggs , tte_in , ns_in , col_in ):
    z1   =  sp . symbols('z1' )
    tt   =  tte_in/ns_in
    ggz1 = ggs . subs (s, 2*(1-z1) / (tt*(1+ z1)))
    ggz1n , ggz1d = sp.fraction (sp.factor(ggz1))
    eqn  = sp. poly (sp.expand (ggz1n ));
    eqd  = sp. poly (sp.expand (ggz1d ));
    num1  = np . array(eqn . all_coeff(s)) ; nn = len (num1)
    den1  = np . array(eqd . all_coeff(s)) ; nd = len (den1)

    num  = num1 /den1[nd -1]
    den  = den1 /den1[nd -1]
    fin  = np.zeros(ns_in);fin[nd]= 1/tt

    yout= np.zeros(ns_in);
    ttab= np.zeros(ns_in);
    i=nd
    while i< ns_in:
        snum = np.dot(fin [i-nn+1:i+1],num )
        sden = np.dot(yout [i-nd+1:i+1],den )
        yout[i]= snum -sden
        ttab[i]= (tt*(i-nd))
        i+=1
    plt.plot(ttab,yout,color = col_in)
    return  [[ttab,yout,col_in]]
```

z1= z^{-1}

双一次変換 $s=\dfrac{2}{T}\dfrac{1-z1}{1+z1}$

引数	
ggs	伝達関数（sの関数）
tte_in	時間[s] 例 10s
ns_in	時間分割数 例 100個
col_in	色
戻り値	計算後の $x, f(x)$, 色文字

z1	シンボル変数z^{-1}
tt	時間刻み
ggz1	双一次変換 G(z1)
ggz1n ggz1d	G(z1)の分子、分母
eqn	G(z1)の分子多項式化
eqd	G(z1)の分母多項式化
num1	G(z1)の分子係数
nn	分子係数の数
den1	G(z1)の分母係数
nd	分母係数の数

num	正規化された分母係数
den	正規化された分母係数
fin	力(インパルス)初期化
fin[nd] = 1/tt	時間積分1
yout	計算結果格納庫初期化
ttab	時間格納庫初期化

while i=nd,ns_in
- snum= $\boldsymbol{F}_{i-nn+1,i+1}$ ・num
- sden= $\boldsymbol{y}_{i-nd+1,i+1}$ ・den
- yout[i]= s_{num} - s_{den}
- ttab[i] = t_{i-nd}

過渡応答の漸化式計算

plt.plot(t_i , y_i , 色指定)で描画

戻り値 [[t_i , y_i , 色]]　戻り値は階級3

伝達関数のいわゆるインパルス応答相当を描画する関数である。s 領域の式を双一次変換によって z 変換し，その係数を用いて時間履歴の漸化式を計算する仕組みである。対象とする伝達関数の周波数特性と時間間隔に留意し時間を指定すると，適切なインパルス応答を表示する。第5章の *Python [64]* の使用例を参考にされたい。

索　　引

索引は以下の順に掲載する。

1.　コマンド一覧（計 115）　np. および sp. の後がアルファベット順に並んでいる。
ただし，私設関数 my_○○○○ は第 7 章 p. 177 に掲載。

2.　専門用語一覧（計 281）

1. コマンド一覧

2. 専門用語一覧

――著 者 略 歴――

松下　修己（まつした　おさみ）
1972年　東京大学大学院工学系研究科博士課程修了（機械工学専攻）
　　　　工学博士
1972年　株式会社日立製作所機械研究所勤務
1993年　防衛大学校教授
2010年　防衛大学校名誉教授

保手浜　拓也（ほてはま　たくや）
2005年　神戸大学大学院自然科学研究科博士後期課程修了（システム機能科学専攻）
　　　　博士（工学）
2005年　独立行政法人 産業技術総合研究所にて学振特別研究員や産総研特別研究員など博士研究員として勤務
2016年　三菱電機株式会社先端技術総合研究所勤務
　　　　現在に至る

藤原　浩幸（ふじわら　ひろゆき）
1998年　東北大学大学院情報科学研究科博士後期課程修了（システム情報科学専攻）
　　　　博士（情報科学）
1998年　防衛大学校助手
2005年　防衛大学校講師
2007年　防衛大学校准教授
2020年　防衛大学校教授
　　　　現在に至る

Pythonの基本と振動・制御工学への応用

Fundamentals of Mechanical Vibration-Control Engineering with Python

2024年 2月22日　初版第1刷発行　★

検印省略

著　者　松　下　修　己
　　　　藤　原　浩　幸
　　　　保手浜　拓　也
発行者　株式会社　コロナ社
　　　　代表者　牛来真也
印刷所　壮光舎印刷株式会社
製本所　株式会社　グリーン

112-0011　東京都文京区千石4-46-10
発 行 所　株式会社　コ ロ ナ 社
CORONA PUBLISHING CO., LTD.
Tokyo Japan
振替00140-8-14844・電話(03)3941-3131(代)
ホームページ　https://www.coronasha.co.jp

ISBN 978-4-339-03246-8　C3053　Printed in Japan　（柏原）

機械系教科書シリーズ

（各巻A5判，欠番は品切です）

■編集委員長　木本恭司
■幹　　　事　平井三友
■編 集 委 員　青木　繁・阪部俊也・丸茂榮佑

配本順	書名	著者	頁	本体
1.（12回）	機械工学概論	木本恭司 編著	236	2800円
2.（1回）	機械系の電気工学	深野あづさ 著	188	2400円
3.（20回）	機械工作法（増補）	平井三友・和田任弘・塚本晃久 共著	208	2500円
4.（3回）	機械設計法	三田純義・朝比奈奎一・黒田孝春・山口健二 共著	264	3400円
5.（4回）	システム工学	古川正志・荒井誠・吉村斎・浜克己 共著	216	2700円
6.（34回）	材料学（改訂版）	久保井徳洋・樫原恵藏 共著	216	2700円
7.（6回）	問題解決のための Cプログラミング	佐藤次男・中村理一郎 共著	218	2600円
8.（32回）	計測工学（改訂版）―新SI対応―	前田良昭・木村一郎・押田至啓 共著	220	2700円
9.（8回）	機械系の工業英語	牧野州秀・生水雅之 共著	210	2500円
10.（10回）	機械系の電子回路	髙橋晴雄・阪部俊也 共著	184	2300円
11.（9回）	工業熱力学	丸茂榮佑・木本恭司 共著	254	3000円
12.（11回）	数値計算法	藪忠司・伊藤惇 共著	170	2200円
13.（13回）	熱エネルギー・環境保全の工学	井田民男・木本恭司・山﨑友紀 共著	240	2900円
15.（15回）	流体の力学	坂田光雄・坂本雅彦 共著	208	2500円
16.（16回）	精密加工学	田口紘一・明石剛二 共著	200	2400円
17.（30回）	工業力学（改訂版）	吉村靖夫・米内山誠 共著	240	2800円
18.（31回）	機械力学（増補）	青木繁 著	204	2400円
19.（29回）	材料力学（改訂版）	中島正貴 著	216	2700円
20.（21回）	熱機関工学	越智敏明・老固潔一・吉本隆光 共著	206	2600円
21.（22回）	自動制御	阪部俊也・飯田賢一 共著	176	2300円
22.（23回）	ロボット工学	早川恭弘・櫟弘明・矢野順彦 共著	208	2600円
23.（24回）	機構学	重松洋一・大高敏男 共著	202	2600円
24.（25回）	流体機械工学	小池勝 著	172	2300円
25.（26回）	伝熱工学	丸茂榮佑・矢尾匡永・牧野州秀 共著	232	3000円
26.（27回）	材料強度学	境田彰芳 編著	200	2600円
27.（28回）	生産工学―ものづくりマネジメント工学―	本位田光重・皆川健多郎 共著	176	2300円
28.（33回）	CAD／CAM	望月達也 著	224	2900円

定価は本体価格+税です。
定価は変更されることがありますのでご了承下さい。

図書目録進呈◆